南开大学化学学科创建100周年系列丛书

南开化学百年贡献

南开大学化学学院　编

南开大学出版社

天　津

图书在版编目(CIP)数据

南开化学百年贡献 / 南开大学化学学院编. —天津：南开大学出版社，2021.10
(南开大学化学学科创建100周年系列丛书)
ISBN 978-7-310-06136-5

Ⅰ.①南… Ⅱ.①南… Ⅲ.①南开大学－化学－学科建设－研究 Ⅳ.①O6

中国版本图书馆CIP数据核字(2021)第186557号

版权所有　侵权必究

南开化学百年贡献
NANKAI HUAXUE BAINIAN GONGXIAN

南开大学出版社出版发行
出版人：陈　敬
地址：天津市南开区卫津路94号　邮政编码：300071
营销部电话：(022)23508339　营销部传真：(022)23508542
https://nkup.nankai.edu.cn

天津泰宇印务有限公司印刷　全国各地新华书店经销
2021年10月第1版　2021年10月第1次印刷
240×170毫米　16开本　24.5印张　2插页　400千字
定价:132.00元

如遇图书印装质量问题,请与本社营销部联系调换,电话:(022)23508339

总　序

2021年，是南开大学化学学科创建100周年的重要时间节点。自1921年南开大学建立化学系始，南开化学秉承"允公允能，日新月异"的校训，一步一个脚印行至今日。百年的风风雨雨，百年的沧桑巨变，记载着南开化学不平凡的发展历程。历经一百年的磨砺、坚韧、不懈、奋进，南开化学人始终心系祖国，脚踏实地，以严谨的科学理念和严格的学术精神，勤勉治学，育人不辍。

为纪念南开大学化学学科创建100周年，南开大学化学学院组织出版了"南开大学化学学科创建100周年系列丛书"。丛书包括《南开化学百年简史（1921—2021）》《南开化学百年耕耘》《南开化学百年树人》《南开化学百年贡献》四部作品，兹将各部作品的创作历程和主要内容简要介绍如下。

《南开化学百年简史（1921—2021）》　南开大学化学学科对国家经济建设和科技发展作出了重要贡献，是在海内外具有较大影响的高校化学学科。该书较为全面地还原和记录了南开大学化学学科创建以来机构、人员、教学、科研等方面的发展历程以及各种重要事件，展现了几代南开化学人的艰苦努力和忘我付出；在以往掌握的资料的基础上，通过查阅大量原始档案和文件，访问许多老教师以及邱宗岳、杨石先等学科开创者的亲属，并利用现代网络技术和数字化资源等，获得了很多新的线索和资料。该书分为"百年历程"（以文字记叙方式展示，着重记述重要人物、历史事件等）、"百年图史"（以照片和图表形式展示，包括不少具有重要历史意义的照片）、"百年纪事"（以纪年方式展示，力求详细记录学科发展史上的重要事件）三个部分，各部分内容平行但有侧重地呈现了南开大学化学学科的百年历史。

《南开化学百年耕耘》　在南开大学化学学科创建和发展的进程中，有一些伟岸的身影令人难以忘怀——邱宗岳、杨石先、张克忠、朱剑寒、高

振衡、何炳林、陈茹玉、陈荣悌、申泮文、王积涛、陈天池……他们将自己的人生融入了国家命运与时代变迁，融入了南开大学化学学科的发展，并因而不朽、因而伟大、因而纯粹；虽时光流转、岁月更迭，但仍令后人念之弥深，思之弥切，仰之弥高，历久而弥新。该书记录了自1921年以来在科研、教学、管理服务等方面作出突出贡献的南开化学人，共涉及108位教师，包括两院院士、讲席教授、杰出教授、长江学者、国家杰出青年科学基金获得者、学术带头人、国家级教学名师、天津市教学名师、长期从事"大班课"授课的教师、化学奥赛国家级教练，以及校级、院级与各系所主要负责人等。这108位教师是南开大学化学学科百年发展历程中不同阶段的代表人物，尽管工作岗位不同、经历不同，但他们都以各自的成绩与贡献诠释了对南开化学的无限热爱和对科教事业的无悔付出。

《南开化学百年树人》 百年之中，几代师长呕心沥血，无怨无悔，以渊博的学识、无私的奉献和严于律己、甘为人梯的高尚情操，潜移默化地影响着一代代后来者。百年间，南开化学的历届莘莘学子秉承"允公允能、日新月异"的校训，为着国家强盛、民族复兴的目标，严谨笃学，孜孜以求；成千上万的化学精英，从南开走上人生旅途，成为振兴祖国的砥柱中流。该书分为三部分：第一部分"峥嵘岁月"，收录了新中国成立前9位毕业生的文章，他们中有南开大学化学学科的首位毕业生赵克捷，有知名化学化工专家张燕刚，有"一二·九"运动领袖王绶昌，有民主党派的领导人江子砺……第二部分"院士风采"，收录了刘新垣等9位被评为院士的南开化学学子的辉煌事迹；第三部分"学子征文"，收录了60余篇各个时代学生代表的回忆文章，里面有对南开母校沧桑历史的回顾，也有对在南开大学化学学科沐受精心沾溉与良好教泽的感恩，特别是其中对师生情谊的描述令人感慨、动容。

《南开化学百年贡献》 自1921年邱宗岳先生创建南开大学化学系以来，南开化学一直秉承"知中国、服务中国"的理念，为国家培养了大量优秀人才，并致力于面向国家重大战略需求开展科学研究工作。学科创建伊始，南开化学即竭力为中国化工产业的兴起贡献自身力量——应用化学研究所与天津利中制酸厂、永利碱厂的密切合作，打破了日本在华北地区对酸碱工业的垄断；1949年以来，南开化学更是开创了新中国的农药和高分子树脂工业，生产出全国首个"马拉硫磷"杀虫剂和用于铀元素富集的"离子交换树脂"，为我国的粮食安全、核工业发展等作出巨大贡献。该书梳理了南开大学化学学科发展历程中的重要科研教学贡献，图文并茂地展示学科风采，闪耀出南开化学在中国化学科教事业历史长河中独有的璀璨光芒。书中共收录教学科研成果百余项，覆盖所有南开大学作为第一完成单位的国家级奖项和省部级二等奖以上奖项，还涉及部分未获奖但对国家和社会具有突出贡献的成果。通过与成果相关完成人沟通，对成果进行整理合并，最终形成稿件67篇，未成稿成果全名单亦附于书后。

一百年来，南开大学化学学科紧随中华民族复兴的步伐，从近代以来的孱弱一步步走向当代的强盛，其间虽历经坎坷艰难，但始终初心不改，忠实履行着科研报国、教育兴国、实业救国的使命和担当。

百年沧桑，弦歌不辍，万千桃李，薪火相传。流金岁月，拾阶而上，俯仰天地，不胜感怀：我们何其有幸，躬逢其盛！忆往昔悲欣交集，看今朝扬眉吐气，展未来信心倍增，我们欣然领受历史的责任和担当，决意在新的征程中再创南开化学的辉煌。

南开大学化学学院

2021年9月

目　录

科研成果贡献

高效手性螺环催化剂的发现 …………………………………………… 3

粉锈宁新技术开发 ……………………………………………………… 7

ZSM-5 分子筛的新合成方法 …………………………………………… 10

大孔离子交换树脂及新型吸附树脂的结构与性能 …………………… 14

分子磁性的基础研究 …………………………………………………… 18

超高效生态友好谷子专用除草剂单嘧磺隆的创制开发 ……………… 23

高性能血液净化医用吸附树脂 ………………………………………… 32

大环超分子体系的分子识别与组装研究 ……………………………… 38

几类无机材料的氢、锂、镁储存与电池性能研究 …………………… 43

功能配位体系构筑调控及性质研究 …………………………………… 48

面向能源转化与存储的有机和碳纳米材料研究 ……………………… 53

D390 树脂合成工艺及应用于链霉素的精制工艺 …………………… 58

测定高价金属元素用的三羟基荧光酮胶束增敏分光光度法 ………… 62

高效氯氰菊酯的开发 …………………………………………………… 67

化学键能量学数据库 …………………………………………………… 72

基于若干先进功能材料的分离分析新方法 …………………………… 78

钠离子电池关键电极材料与反应机制 ………………………………… 83

超分子化学基础研究

　　——识别、组装、化学传感及超分子金属有机化学研究 ………… 87

功能性有机-无机杂化材料的组装与性质研究 ………………………… 92

过渡金属有机化合物化学的研究 ……………………………………… 94

金属组学和环境化学中的分析新技术和新方法研究 ………………… 103

新型发光配合物的设计、合成和性质研究 …………………………… 107

微纳结构与电化学能源器件 …………………………………………… 109
功能导向金属-有机框架的设计、合成与性质研究 ………………… 113
高容量长寿命纳米电极材料的锂/钠储存研究 ……………………… 115
合成氯乙烯高效绿色无汞催化剂的研发与产业化应用 …………… 119
新型吸附树脂和碳化树脂的合成及应用基础研究 ………………… 124
氢化物化学 ……………………………………………………………… 127
聚合物固载化络合物催化剂 …………………………………………… 137
树脂法提取甜菊糖新工艺 ……………………………………………… 141
计算机辅助色谱优化分离 ……………………………………………… 145
氢键吸附剂合成、结构和吸附剂性能研究 …………………………… 148
胺基磷酸型螯合树脂产业化及应用 …………………………………… 152
生物合理方法设计合成新农药及其构效关系研究 ………………… 155
选择性树脂吸附法银杏叶提取物及生产工艺 ……………………… 160
喹禾灵（禾草克）右旋光学化工艺技术 ……………………………… 164
基于新型储氢合金材料的高效储能应用研究 ……………………… 167
甲氨基阿维菌素苯甲酸盐合成技术 …………………………………… 175
弱酸性阳离子交换树脂 ………………………………………………… 180
有机锡化合物的合成、结构及其应用 ………………………………… 183
富勒烯化学的理论研究 ………………………………………………… 188
"自由基-金属"配合物及多自旋体系的基础研究 ………………… 191
紫外荧光防伪纤维的研制以及在火车票防伪中的应用 …………… 195
分子模板-分子识别联用的基础研究和应用 ………………………… 201
新型纳米催化剂设计及在重要化学反应中的应用 ………………… 205
病原体基因及生物大分子检测新方法的研究 ……………………… 210
典型软物质系统自组装行为的研究 …………………………………… 215
锂离子电池关键材料的计算研究、设计制备与性能优化 ………… 218
几类典型医药中间体源头减排关键技术 ……………………………… 222
基于植物免疫调控的新农药创制 ……………………………………… 227

教学成果贡献

《化学元素周期系》多媒体教科书软件及教学成果 ………………… 239
构建学生科研平台，积极培养创新人才 ……………………………… 246

高等化学资源共建共享平台 …………………………………… 252

南开大学近代化学教材系列（教材） …………………………… 259

多媒体辅助有机化学及生物教学 ………………………………… 271

深化化学课程体系改革，创建"化学概论"精品课程 ………… 277

理工复合型人才培养的改革与实践 ……………………………… 285

全面发展、主动成长——南开大学素质教育体系的探索与实践 …… 294

多层次、立体化、系统性无机化学教材新体系的建设 ………… 301

教学与科研紧密结合，培养高层次人才 ………………………… 305

有机化学（教材） ………………………………………………… 310

以国家级实验教学示范中心为平台 培养创新型高素质优秀化学人才 … 313

基于现代技术的结构化学精品课程的建设与实践 ……………… 319

化学类专业本科生科研与创新能力培养探索与实践 …………… 327

基础学科拔尖学生培养的探索与实践 …………………………… 335

培养国际化创新型化学化工复合人才的协同育人机制的建立与实施 … 346

物理化学课程建设 ………………………………………………… 350

附　录 ……………………………………………………………… 363

后　记 ……………………………………………………………… 380

科研成果贡献

南开化学百年贡献

成果名称

高效手性螺环催化剂的发现

手性是指物体与其镜像不能重叠的现象，如同人的左右手。从分子、原子等微观粒子到宏观物质世界，手性现象普遍存在。

许多分子都具有手性，尤其是生物活性分子和药物分子。目前市售药物中超过一半都是手性分子，包括中国人合成的胰岛素和发现的青蒿素。在新药研究领域，在研的1200种新药中有820种是手性药，占比近7成。除了手性医药、农药外，手性分子还涉及香精香料、精细化学品和液晶材料等诸多领域。"左手"和"右手"手性分子的作用可能有天壤之别。如何控制手性分子合成的选择性，一直是摆在科学家面前的难题。

而对手性的认识不足，则有可能造成灾难性的后果。"左手天才，右手疯子"，在手性分子研究领域并不是夸张的诗句，而是现实的警示。20世纪50年代末，用于治疗妊娠反应的药物"反应停"被广泛使用。但在短短几年里，全球就产生了过万例以往极其罕见的海豹肢畸形儿。科学家们后来研究发现，原来"反应停"的右手分子具有镇静效果，左手分子却有致畸作用，而当时市售的"反应停"是两种手性分子的混合物。

农药中也有很多是手性农药，这些农药只有一半有效，另一半无效甚至对环境有害。

用传统方法合成手性化合物，总是得到两种手性分子的混合物，需要再通过复杂的手性拆分（把左右手分子分开）办法，得到单一手性分子。这样做的缺点显而易见：成本高，浪费巨大。

在化学合成反应中，经常用到催化剂。普通催化剂没有手性识别功能，会生成两种手性分子的混合物。而手性催化剂能识别手性，让反应只生成单一手性的分子。手性催化是合成手性分子的主要方法，是合成化学的前沿研究领域，其核心是发展手性催化剂。但是在过去几十年，由于缺少广谱性的手性配体基本骨架，真正高效、获得广泛应用的手性催化剂很少。

周其林，1957年出生，1982年从兰州大学化学系获得学士学位，1987年从中科院上海有机化学研究所获得博士学位，此后曾在德国、瑞士、美国从事博士后研究，1996年回国，到华东理工大学任教。

1999年，周其林被教育部聘为第一批"长江学者"，转任南开大学教授。也正是在这一年，他选定了一类螺环结构作为配体骨架，来发展高效手性催化剂。

"螺环"指的是一种配体骨架结构。具有这种螺环骨架结构的手性配体是周其林团队首次提出和发现的。

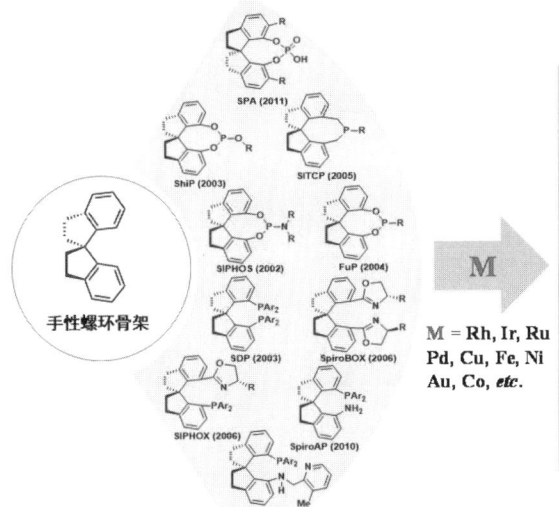

将手性螺环配体与不同的金属原子结合，可形成一系列的手性催化剂。催化剂分子中，金属原子提供反应位点、活性中心，让反应得以发生；配体赋予催化剂手性识别功能，让反应有选择性地进行。手性催化剂需要在三维空间上控制反应的选择性，要发展出高效高选择性并且广泛适用的手性催化剂极具挑战性。

经过 20 年的潜心研究，周其林团队设计发展出了一类全新的手性螺环骨架结构，又从这类骨架结构出发，合成了几百种手性螺环配体和催化剂。这些催化剂被国内外同行称为"周氏催化剂"。

手性螺环催化剂对许多不对称合成反应都表现出极高的催化活性和对映选择性，已被应用于 200 余种不对称合成反应，在多个不对称合成反应中都保持着催化活性和选择性记录。例如，在不饱和羧酸化合物的不对称催化氢化反应中，手性螺环铱催化剂将反应效率提高了两个数量级，"为不对称催化树立了高标杆"；在酮化合物的不对称氢化反应中，手性螺环铱催化剂取得了高达 450 万的转化数，是目前"最高效的分子催化剂"；在多种金属卡宾对杂原子—氢键的不对称插入反应中，手性螺环铜和铁催化剂首次实现了不对称控制，"解决了该领域半个多世纪的难题"。

手性螺环催化剂的原创性和先进性得到了国际同行的广泛认可。手性螺环催化剂在许多反应中都表现优异，被广泛应用，成为"优势手性催化剂"。周其林及其团队还系统地发展了相关手性配体和催化剂的设计方法。

这些成果拓展了人们设计手性催化剂的想象空间，显著推动了合成化学的发展。

手性螺环催化剂具有高选择性、高效率、普适性，是合成化学不可或缺的工具，已经被用于多种手性药物的生产。

手性螺环催化剂是新世纪不对称催化领域最具影响的突破。项目2007年和2013年两次获天津市自然科学一等奖，2019年获国家自然科学一等奖。周其林2018年获"未来科学大奖—物质科学奖"和中国化学会—中国石油化工股份有限公司"化学贡献奖"。

成果完成人：周其林、谢建华、朱守非、王立新

国家自然科学奖
证书

为表彰国家自然科学奖获得者，特颁发此证书。

项目名称：高效手性螺环催化剂的发现
奖励等级：一等
获 奖 者：周其林（南开大学）

2019年12月18日

证书号：2019-Z-103-1-01-R01

南开化学百年贡献

成果名称

粉锈宁新技术开发

"粉锈宁"是一种新型农用杀菌剂。"粉锈宁新技术开发"项目是对旧工艺的改进、发展和提高。由多个单位分工协作,最终顺利开车,成功安全生产出合格产品。本项目1993年获国家科技进步奖一等奖。

我国粮食作物因病害流行而蒙受损失的情况屡屡发生。1950年因小麦锈病和禾谷作物黑穗病流行损失粮食多达600万吨。1964年因北方地区小麦条锈病大流行损失粮食300万吨。小麦条锈病除大流行外,局部地区如陕西、甘肃、四川等省常有中等程度的流行,损失数万吨乃至损失20万～30万吨。

防治小麦条锈病的主要办法是靠育种,但是由于锈病病菌生理小种的变化(即出现新的生理小种),往往造成当家品种抗病性的丧失。如遇到适宜的气候条件,所种品种过于单一,导致病害的大流行。除培育抗病品种外,施用化学药剂也是一种必要的补充手段。20世纪60至70年代防治小麦锈病的药剂只有石硫合剂、氟硅酸钠、敌锈钠、敌锈酯等数种,药源不足,效果也不十分理想。

禾谷作物黑穗病是又一大类作物病害。据1979年内蒙古自治区临河召开的禾谷类黑穗病会议的统计,因我国北方六种作物(大麦、小麦、高粱、玉米、莜麦、谷子)的九种黑穗病,每年损失粮食达100万吨。防治禾谷作物黑穗病,作物种子需要药剂拌种。由于西力生、赛力散等含汞制剂的禁用(环境污染问题)以及无适用的代汞药剂(萎锈灵的性能不十分理想),一段时间内禾谷作物黑穗病显著回升。

小麦白粉病在山东、四川、湖北等地都有发生,也是造成减产的大病害。

总之,当时需要研制一款高效、低毒、内吸、广谱、长效的杀菌剂品种。经筛选及药效试验表明,粉锈宁杀菌剂是适宜的杀菌剂品种,既可用于叶面喷洒也可用于拌种剂,对小麦锈病、白粉病以及禾谷作物黑穗病均有显著的防治和保产效果。

粮食生产是关系国计民生的最基本的大事。我国是个大国,人口众多,人均耕地面积目前已然不足两亩①。因此,确保粮食的高产量是应时刻关注的目标。

粉锈宁杀菌剂为三唑类杀菌剂,对小麦锈病而言,每亩可保产25～30

---

① 1亩≈0.067公顷。

公斤，投入产出比为 1∶8 以上。对玉米丝黑穗病而言，药效可提高至 60%（仍有提高空间，改进剂型提高附着效果很有必要）。

粉锈宁杀菌剂填补了国内空白，新工艺的开发提高了产品的产率和纯度，大幅降低了成本，有利于推广普及。它终结了对小麦锈病（主要是小麦条锈病）、小麦白粉病、禾谷作物黑穗病防治效果不理想的局面，终结了一年损失上百万吨粮食的不利局面。

小麦条锈病田间试验

成果完成人：秦裕基、陈宗庭、梁淑君、唐湖、陈强华、李正名、章希知、徐敏、陈雄飞、黄润秋、孙致远、张国凡、梁美发、邵维忠、薛国夏

南开化学百年贡献

成果名称

ZSM-5 分子筛的新合成方法

ZSM-5分子筛是20世纪70年代问世的美国专利产品，由于它的良好性能，引起国际与国内许多学者的兴趣，相继开展了合成与应用研究，其间大家有一个共同的感受，就是在ZSM-5分子筛的合成中，使用的有机胺模板剂的价格过于昂贵。

我院李赫咺先生坚持理论联系实际，注意将基础研究与应用研究密切结合，在分子筛合成和新催化剂研制方面与合作者开发出多项有应用价值的研究成果。如NKF-分子筛（ZSM-5分子筛）的新合成方法——"直接法"。

李赫咺（1926—），物理化学家。1948年入南开大学化学系学习，1949年加入中国共产党，1952年毕业后留校任教，1956年赴苏联莫斯科大学就读研究生，1960年获副博士学位，是南开大学催化专业的奠基人。长期从事催化方面的科研与教学工作，在分子筛合成方法、改性规律、催化原理和新催化剂开发等研究方面取得了许多有特色的成果。

李赫咺先生从分子筛形成的机制入手，调配初始混合凝胶中次级结构，使易形成ZSM-5分子筛晶核；突破了合成这类分子筛的传统方法和理论，在不加有机胺模板剂条件下"直接法"合成出NKF-分子筛（ZSM-5分子筛），经过放大确定了NKF-分子筛具有优良催化性能。抚顺石油化工研究院将南开大学提供的NKF-分子筛样品用于柴油临氢降凝，催化剂寿命经过了一万小时的考核。国家基金委拨专款购置一千升高压釜在南开大学催化剂厂生产不同硅铝比的NKF-分子筛，并向全国感兴趣进行新催化剂开发研究的兄弟单位提供样品。抚顺石油化工研究院用NKF-分子筛开发的柴油临氢降凝催化剂在山东淄博投入工业生产，并通过鉴定。为解决一些没有氢气源地区的需要，兄弟单位用NKF-分子筛开发出柴油非临氢降凝催化剂，在全国南北许多地方中小企业进行了柴油降凝工业生产。由于NKF-分子筛价格便宜，有良好的催化性能，在裂化催化剂中掺添NKF-分子筛有良好的效果，国内的需求量不断攀升，南开大学催化剂厂的生产规模也不断扩大。此项成果已获得国家发明二等奖、天津市十佳专利奖等多项奖励。李赫咺与合作者在分子筛改性研究的基础上开发多项新催化剂成果，其中：①合成乙二醇乙醚NKC-01催化剂获国家教委科技进步二等奖；②乙醇脱水制乙烯NKC-03A催化剂获国家发明四等奖；③乙苯、乙醇合成对二乙苯NKC-8912催化剂获国家发明四等奖；④NKC-5碳五芳构化催化剂被国家科委、国家技委等单位列为1995年国家级新产品。分子筛新催化剂对不同反应的研究还取得了许多创新的成果，相关研究成果均已在工业生产中取得显著经济效益和社会效益：

1. 掺添硼元素部分取代铝元素，提高分子筛的硅铝比：Y 型分子筛只能合成出 $SiO_2/Al_2O_3=5$ 的原粉，想得到更高的硅铝比，则需掺添硼部分取代铝。由于 Y 型合成初始混合凝胶碱性较强，硼部分取代铝最高量能达 20%；Fu-9 型、Ω 型硼部分取代铝可取代 50%；在合成 β 型分子筛时随着合成硅铝比的增加，有机胺模板剂用量也相应地加大；β 型硼杂原子取代铝，从 0 到 100%。硼原子半径比铝原子小，硼原子容易从分子筛骨架上解脱，且对某些催化反应，硼存在的影响是很微小的。β 型分子筛掺添硼部分取代铝的催化剂已在工业生产上应用。

2. 酯化反应：有机酸与醇反应生产酯类是有机化学工业中的一大类反应。液相硫酸催化剂、树脂催化剂有较强的酸性催化性能，但在某些情况下不易再生及怕溶胀的缺点。分子筛催化剂具有利于环境保护、寿命长、易再生等优点，文献报道很多。大型的酿酒企业，生产的白酒产品要经过老熟后再出售，老熟要容器、厂房储存，酒量又大。若改用分子筛催化剂，在一定空速下，通过 80℃ 催化剂床层，经过酯化反应的产品质量相当于半年多的时间老化酒。该项技术很受各地酒厂的欢迎，如河南一些酒厂就是使用南开大学催化剂厂生产的 NKF-分子筛催化剂进行白酒催化老熟的。

3. 醚化反应：醚类的重要性有两个方面，一是作为工业溶剂、萃取剂和化工原料；二是作为汽油的添加剂。由于我国车用汽油主要是 FCC 汽油提供，FCC 油中含 C5-C6 烯烃与甲醇反应转化成醚，提高汽油的辛烷值，增加汽油含氧量（美国提出要求新汽油含氧量 2wt% 以上），同时降低油中烯烃含量，降低汽油蒸汽压，增加安定性。或者异丁烯与甲醇反应制成甲基叔丁基醚，异丁烯与乙醇反应制成乙基叔丁基醚，异戊烯与甲醇或乙醇制成甲（乙）基叔戊基醚，将这些添加剂加入汽油，能达到同样的目的。对上述反应的催化剂进行比较发现：从催化活性上高分子树脂、改性 β 型分子筛催化剂最优，但树脂小球不易再生、易溶胀，不如改性 β 型分子筛催化剂。南开大学催化剂厂改性 β 型分子筛的丙烯与异丙醇的醚化反应工业装置在江苏已运转多年，情况良好。

李赫咺于 1983—1996 年主持完成了国家自然科学基金关于分子筛催化基础研究的两项重大和一项重点项目课题及其他部委多项科研任务，取得了一系列有特色的研究成果。他与合作者研究了分子筛的合成，共合成了数十种不同结构类型,不同骨架组成的沸石分子筛、磷酸盐分子筛、介孔催化材料,各种杂原子分子筛以及超微粒分子筛和分子筛膜等特殊聚集态材料;系统考察了分子筛的结构、性质、催化性能及相互间的关系,广泛探讨了分子筛的改性方法,研究了分子筛表面性质和催化性能的调变规律和机制;并用核磁共振等系列新技术探讨了改性过程中分子筛中铝的状态的变化和酸位的存在形式,为指导分子筛新催化剂设计提供了理论和实验依据。他在国内外重要学术刊物上发表研究论文一百多篇。

"NKF-分子筛(ZSM-5分子筛)的新合成方法——直接法"曾获国家发明二等奖和天津市十佳专利奖;"乙醇脱水制乙烯 NKC-03A 催化剂"和"乙醇合成对二乙苯 NKC-8912 催化剂"均获国家发明四等奖。在教学方面,李赫咺培养了 30 多名硕士、博士研究生和博士后。1990 年被国家教委和国家科委授予全国高等学校先进科技工作者称号。曾任南开大学化学系主任,中国化学会催化专业委员会委员,《催化学报》《分子催化》等刊物的编委。南开大学设有李赫咺奖学金,用以奖励在催化研究中取得突出成绩的优秀硕士生和博士生。

成果完成人:李赫咺、项寿鹤、刘述全、吴德明、刘月亭

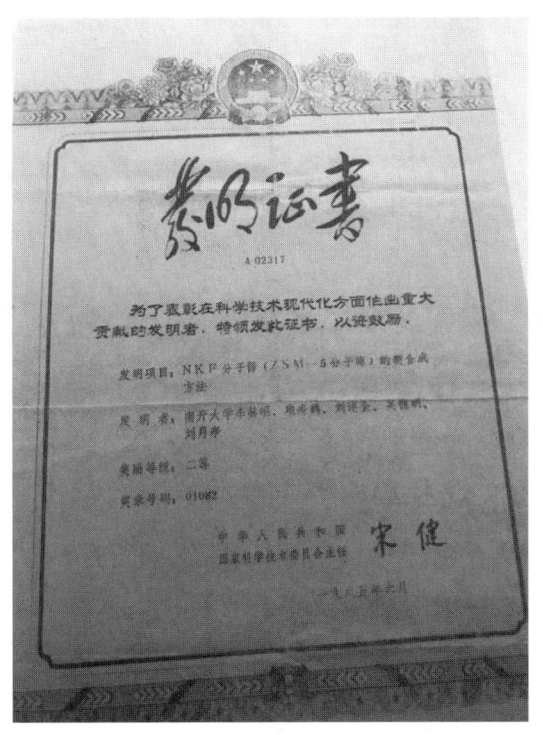

南开化学百年贡献

| 成果名称 | 大孔离子交换树脂及新型吸附树脂的结构与性能 |

离子交换树脂由酚醛型到聚苯乙烯型的转变是一个质的飞跃，这使离子交换树脂的性能大幅度提高，品种成倍地增加，应用范围迅速扩大。其中最引人注意的两个应用领域是纯水的制备和核燃料的提取，对世界经济、政治、军事的发展产生了巨大的影响。用离子交换树脂脱盐是制备软化水和纯水最有效的方法，解决了锅炉用水对水质的严格要求问题，大大促进了化工企业、火电厂、医药、食品、电子、环保等行业的发展。进入20世纪50年代以后，核技术和核能的利用成为世界性的科学、技术、经济、军事课题。核燃料的生产，包括铀的提取和U^{235}的分离浓缩两项关键技术，成为由极少数国家控制、许多国家积极开发的绝密技术。前一项技术就是采用阴离子交换树脂从含量很低的矿石中将铀提取出来。铀的特点是能与SO_4^{2-}形成带负电荷的络合物，可被交换到阴离子交换树脂上，从而与其他金属阳离子分离。因此季铵基阴离子交换树脂当时也是作为战略物资受到严格的控制。

南开大学从1956年开始研制离子交换树脂，交联聚苯乙烯型季铵基阴离子交换树脂是其中的主要品种之一，为发展我国现代离子交换树脂事业奠定了技术基础。从树脂的结构上说，当时的各种离子交换树脂均属凝胶型，干时无孔，但在水中可以溶胀。

离子交换树脂在用于提取铀的过程中会受到核射线的作用，研究证明，这种作用的结果包括：聚合物的骨架断链，使树脂的溶胀增大，强度降低；季铵基团破坏，离子交换能力下降；在当时我国有机化工基础还比较薄弱的情况下，阴离子交换树脂的造价还比较高，延长树脂的使用寿命是很重要的。基于此，本项目开展了以提高离子交换树脂的辐射稳定性和机械强度为目标的多孔性离子交换树脂的研究。

何炳林，1918年出生，1942年毕业于西南联合大学，1952年获得美国印第安纳大学博士学位。1956年在周恩来总理帮助下回国，在南开大学工作。何炳林教授不仅是我国离子交换树脂事业的创始人，还把离子交换树脂生产技术普及到全国，堪称我国的"离子交换树脂之父"。何炳林教授对南开大学高分子学科的建立和发展做出了重要贡献。研究工作中强调理论联系实际、基础研究与应用研究并重；重视科研成果的产业化，取得了非常突出的经济社会效益。

传统的聚合方法有本体聚合、溶液聚合、悬浮聚合、界面聚合等。本项目实际上是发现了一种新的聚合方法，用这种聚合方法可以制备球状大孔聚合物，并可进一步制成性能优良的新型离子交换树脂。对致孔剂与树脂的孔结构以及孔结构与树脂的性质的关系的研究表明，致孔剂可以是多种多样的，按其性质可分为：良溶剂致孔剂（能与单体混溶，并能溶胀共聚物）；非良溶剂致孔剂（能与单体混溶，但不能溶胀共聚物）；混合致孔剂（由良溶剂和非良溶剂按一定比例混合）。

多孔共聚物的孔结构（包括比表面积、孔径、孔体积）可由所用致孔剂的种类和比例来调节。这样便可制备出许多结构、性能、用途不同的离子交换树脂，这些多孔树脂在许多方面有不可替代的重要用途。

吸附树脂的性能取决于孔表面积的大小和孔表面的性质，这可由合成工艺来调节。基于本研究，已经形成了合成大孔树脂的系统的技术体系，可以制备出多种多样的吸附树脂。

大孔树脂的发现，既属科学创新也是技术创新。吸附分离材料的诞生是这一发现的最重要的成果。

传统的凝胶型离子交换树脂在水中被溶胀，高分子链间有一定的空隙，其尺寸在1纳米以下，这对早期用于无机离子的交换是可以的。但此种树脂在干燥状态无孔，不能在有机溶剂中使用，也不能用于吸附或交换分子体积较大的有机化合物。大孔离子交换树脂在溶胀状态下既有高分子链间的空隙，也有合成时由致孔剂所产生的大孔（几个到上百个纳米）；在失水后尽管链间的空隙消失，但大孔仍然可以保留，此部分孔后来被称为物理孔，此种树脂被称为大孔树脂。研究表明，大孔结构的存在使离子交换树脂的用途从凝胶型树脂对无机离子的交换，扩展到交换或吸附有机物，从水溶液扩展到了非水体系。

本项研究推动了功能高分子材料的发展，包括大孔离子交换树脂和吸附树脂在内的吸附分离材料已成为品种最多、应用范围和规模最大的功能高分子材料。相对于高分子结构材料来说，功能高分子材料的经济价值要高出好多倍，对经济的发展贡献很大。为了提高吸附分离材料的选择性，其物理化学结构需要精确控制，这大大地推动了高分子合成技术的发展。

吸附分离材料发展的深远影响是极大地促进了相关学科和应用领域的发展。在医药、食品添加剂、化工催化、环保等领域都具有广泛的应用，提高了这些领域的技术水平。发展至今，不仅多孔树脂的品种增多、质量提高、应用规模和范围大大地扩展，其在科学技术和国民经济中的重要性也日益增大。特别是在中草药有效成分的提取、纯化方面已成为不可缺少

的关键技术，对中药的振兴、实现中药现代化正在发挥重要的作用。

成果完成人：何炳林、张全兴、史作清、钱庭宝、陈洪彬、孙君坦、李效白

南开化学百年贡献

成果名称

分子磁性的基础研究

20世纪80年代,化学领域的重要发现是由分子组成的分子磁体。分子磁体是指在某温度下具有磁石一样的由分子组成的物质。分子磁体的示意图如下:

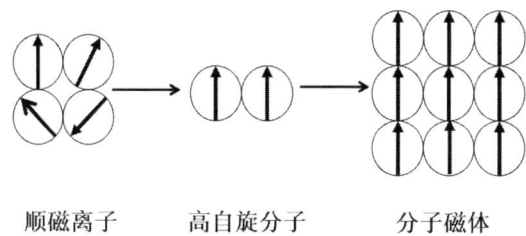

顺磁离子　　　高自旋分子　　　分子磁体

由于分子合成方式的无限性和分子结合形式的多样性,分子磁体的发现将使先进磁性材料的开发取得突破性的发展。作为分子磁体的首要条件是在分子集合体的晶格中自旋必须有序且平行为主排列,由于这种排布违背了电子成对的一般倾向,显然探讨自旋之间的磁相互作用,研制新型分子磁体是化学家面临的一个新挑战。

廖代正,1962年毕业于复旦大学化学系,同年来南开大学化学系任教,1990年被聘为南开大学化学系教授。2011年退休,2012年被授予南开大学荣誉教授称号。

廖课题组的研究方向为"桥联多核配合物的合成、结构及磁性分子设计",重点探讨顺磁离子间的磁交换作用及结构与磁性的关系,目标是获得具有预期磁性的多核偶合体系和有应用价值的高自旋基态分子、分子磁体和自旋转换材料。

廖课题组于1986年开始涉足配合物磁性和配合物型分子磁体的研究,是我国最早开展此前沿课题的研究集体。20多年来,先后承担了19项国家自然科学基金(包括3项重点基金)、3项国际合作基金、6项教育部基金(包括5项博士点基金和首届优秀青年教师奖励计划)、3项天津市自然科学基金(含1项重点基金)。由于廖课题组的不懈努力,其研究项目"分子磁性的研究基础"获2003年度国家自然科学二等奖,其研究工作为我国分子磁学的发展做出了突出的贡献:

1. 提出了合成单核及多核磁耦合配合物的几种新方法,使设计具有预期磁性的新型化合物能快速方便地实现。共合成了2000多个新型化合物,解析了350多个单晶结构,某些异双、三、四核配合物,金属大环配合物和金属自由基配合物为未见文献报道的新类型配合物。

2. 在磁偶合配合物的分子磁性研究中归纳出某些新规律,并将分子力学和量子化学计算方法率先应用于多金属偶合体系,为磁偶合体系的分子设计和晶体组装提供了某些指导性信息。

3. 提出了某些定量评估多核复杂体系磁交换作用的理论处理方法,为阐明结构与磁性内在关系提供了理论依据,同时推广和使用了"非正规自旋态""磁轨道正交""自旋极化"等预测模型进行分子磁性设计。

4. 合成一批结构新颖、性质独特的具有高自旋基态的铁磁偶合配合物和金属-自由基配合物,丰富和发展了配合物磁化学和自由基配位化学。

5. 在国内首次获得分子铁磁体和分子变磁体以及转换温度接近室温并伴有滞后和热致变色现象的自旋转换配合物,向分子磁性材料的实用化迈出了一大步。

该项研究成果已在美国、德国、英国、法国、日本、瑞士、荷兰、芬兰、加拿大、意大利、澳大利亚等国际化学杂志和《中国科学》《科学通报》等国内化学杂志上发表论文 515 篇,其中被 SCI 收录 345 篇,被引用 1024 篇次。某些论文被多次引用,某些合成方法已被国内外同行仿照使用。

该项目为国家培养了一批从事教育和科学研究的高级人才,其中包括博士后和博士生 34 人,硕士生 52 人,国内访问学者 11 人。

成果完成人:廖代正、王耕霖、姜宗慧、阎世平、程鹏

项目组主要成员工作照

项目组获奖照

廖代正指导学生科研工作

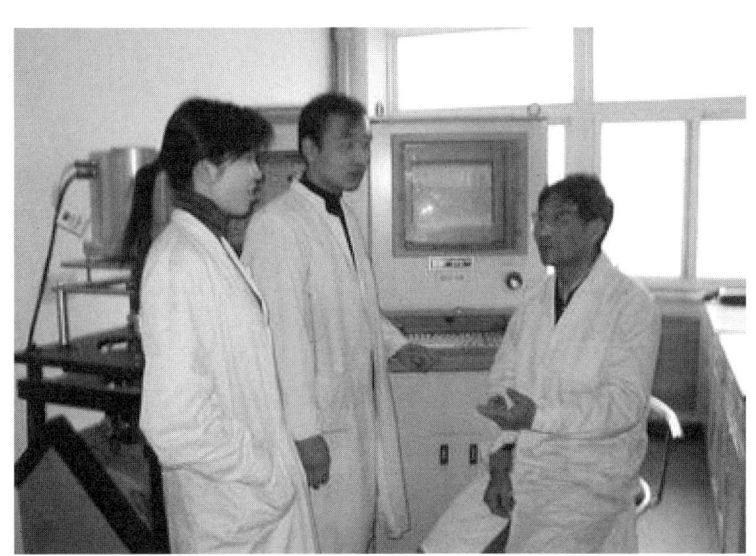

廖代正指导学生科研工作

南开化学百年贡献

成果名称：超高效生态友好谷子专用除草剂单嘧磺隆的创制开发

粮食、人口、资源和环境已成为当今世界普遍关注的重大问题。农业作为国民经济的基础产业，直接关系到国家的稳定和发展。农药是用来影响和调控有害生物生长发育或繁殖的特殊功能分子。2011年联合国世界粮农组织FAO公布由于病虫害造成的庄稼减产幅度达30%～40%，每年全世界有10亿吨左右的庄稼毁灭于病虫草害，农药对人类社会和畜牧业间流行的诸多严重传染病（霍乱、伤寒、鼠疫、血吸虫、寄生虫等）也能有效控制。因此农药自发明以来就在人类发展史中扮演重要角色，直到今天在发达国家现代化中作用仍然不可替代。

改革开放后，南开大学杨石先老校长始终主张科研工作要坚持"繁荣经济、发展学术"的指导思想，先后主持研制了有机磷32号及47号、灭锈一号、除草剂一号、大豆激素、矮健素、螟蛉畏、燕麦敌、叶枯净、多霉净、久效磷新工艺、氯氰菊酯转位新技术等，填补了国内技术空白，多次获得国家科研奖励。当时我国创制基础十分薄弱，主要依靠仿制外国的农药品种发展起来。由于国际对知识产权保护的日益重视，少数科技发达国家垄断了世界新农药科研主流方向。中国作为世界人口大国，用世界7%的耕地，供养世界22%的人口，拥有自主知识产权的绿色创制农药，对我国农业的发展和粮食安全都有着重大意义。

李正名，南开大学讲席教授，我国著名有机化学家和农药学家。1931年出生于上海，在上海、苏州完成小学和中学。1948年苏州东吴大学高中毕业后考取了美国私立大学联合奖学金。1949年赴美求学，就读于位于南卡州的Erskine大学化学专业，1953年毕业。当时由于国际局势剧变，李正名决定放弃美国优越的学习与生活条件，回到祖国投身新中国的建设。回国后教育部分配李正名到南开大学工作，担任杨石先校长的科研助手，随后攻读杨校长的研究生。1956年研究生毕业于南开大学化学系。曾先后担任南开大学元素有机化学研究所所长、元素有机化学国家重点实验室主任、农药国家工程研究中心（天津）主任、化学院副院长等职务。1980—1982年在美国国家农业研究中心做访问学者。1995年当选中国工程院院士。曾参加国家科技攻关项目12项，国家自然基金课题8项，国际合作项目3项。指导研究生170名（含71名博士生与博士后），发表研究论文700篇，申请中国发明专利17项，主编专业书籍5本。曾获全国科技大会奖、国家自然科学二等奖、国家科技进步一等奖，日本农药学会成立20周年外国学者表彰奖等。

新中国成立以来，中国农药生产水平不断提升，到目前为止，生产能力已达到世界领先水平，但创制能力很薄弱。国际公认新农药创制难度大，且新农药品种必须同时满足"高效、安全、经济、对环境生态友好"的要求。据多年前 Phillips McDougall 公司统计，成功上市 1 个新农药品种，平均需要筛选 16 万个化合物，耗资约 3 亿美元，耗时 12 年，农药创制之艰巨性可见一斑。

中国是世界上最大的农药产品生产国，农药使用面积也居世界前列。但中国农药产品面临的突出问题在于曾大量仿制工艺简单、成本低廉的高毒农药（国外 20 世纪 80 年代起已被禁用）造成农药残留、环境污染以及农药中毒事件等。在 2002 年北京香山科学会议中，作为绿色农药的主要倡导者之一，李正名在共同主持的第 188 次学术讨论会上提出"绿色农药创制"的指导思想，在大会报告中阐述了绿色农药的定义和具体内涵，殷切希望大家开拓绿色农药化学研究的方向。农药具有保护农作物免受各种有害生物体严重侵害功能，重要的是除了要求高效无毒外，特别要对人类的环境安全、生态平衡、非靶生物体、农业可持续发展负起其社会责任，使"绿色农药"为我国农业现代化做出应有的贡献。

众所周知，经济发达国家的农业现代化都离不开除草剂大面积使用，在高产优种推广中，最大威胁来自各类杂草群的激烈竞争，与农作物争夺水分、营养和阳光。一般导致作物减产 20%～30%，严重情况下造成绝产。原来农业依靠人工除草费用往往占总用工 50% 以上，而化学除草由于效果好、成本低及大幅度减轻劳动强度等优点，除草剂在发达国家早已普遍采用。我国除草剂长期依靠进口和仿制生产。李正名决定将研究工作重心转移到自主创制对环境生态友好的新型绿色除草剂。

李正名团队在 20 世纪 90 年代启动新磺酰脲除草剂的创制研究工作，从长期基础研究中首次发现含单取代嘧啶环的磺酰脲新结构分子呈现卓越药效。因其结构不符合国际公认的 Levitt 构效规则，李正名在 1999 年联合国工业发展组织（UNIDO）国际会议上提出了磺酰脲除草剂三点构效新规则，指导合成了近千个新结构分子，从中发现单嘧磺隆（编号#92825）等 5 个新分子具有超高效除草活性。

经与澳大利亚 Duggleby 教授团队协作进行了与 AHAS 靶酶成功对接，观测到其作用机制与经典磺酰脲除草剂有细微差别。从国内原料综合考虑出发选定了单嘧磺隆进一步田间试验，发现其除草效果虽然突出但对狗尾草无效。根据辩证思维的推论,证明了单嘧磺隆对与狗尾同族的谷子具有特殊优越的安全性。同时也确认了其除草效果很好(药效>90%)、施药量少(2克/亩)、对温血动物基本无毒性(LD50>4640 mg/kg,比日用牙膏毒性低25倍)、土壤降解时间短(DT50=5.82天),谷子增产30%以上,单嘧磺隆的最大特色是对谷苗和下茬作物都十分安全,解决了我国多年探索所有商品除草剂对谷苗都有药害的瓶颈问题。

从基础研究、专利申请、技术开发、质控检测、工艺开发、中试验收到最后阶段已耗时十几年。除此之外,作为自主创制的新农药还必须接受国家有关领导部门对毒理、环境、生态等38项基础指标的严格评审,通过了农业部农药鉴定所的全部安全评审程序,然后申请国家颁发的创制新除草剂的国家级三证(农药正式登记证、农药生产批准证书、质检证),最终国家正式同意单嘧磺隆投入生产和进入市场,达到了原来我们创制开发具有自主知识产权的"绿色除草剂"的总目标。2018年南开大学已将其单嘧磺隆绿色工艺技术独家转让给石家庄河北兴柏药业集团有限公司投入市场。

单嘧磺隆曾以 Monosulfuron,Dan Mi Huang Long,NK92825 等命名被收录入2010年英国新农药品种手册(Ag Chem New Compound Review V.28, 73-74)。

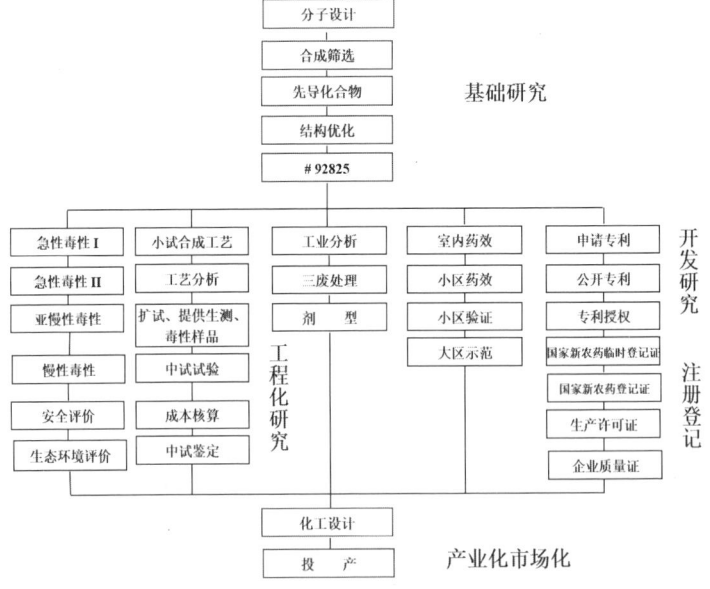

创制新除草剂#92825研发流程图(1991—2006)

改革开放以来，农村劳动力大规模向城市转移成为中国经济快速发展中的一道亮丽风景线。在我国农业劳动力剧烈减少的情况下农业产量仍能稳定发展，除草剂的贡献功不可没。

全国单嘧磺隆（商品名称"谷友"）已示范推广累计 600 万亩。以推广单位河北治海农业科技公司为例，截至 2019 年在河北省邢台市、保定市、石家庄市，以及河南省、山西省等地区与当地政府合作，采用"张杂谷"（张家口农科所赵治海教授成功开发的高产优种）+"单嘧磺隆（谷友）除草剂"被誉为"黄金搭档"推广使用 100 多万亩，支援地方脱贫致富为农民增产粮食 1 亿公斤，增加农民收入 3.5 亿元。河北治海农业科技有限公司自 2015 年起，在河北省总计推广 200 万亩谷田，以每亩增产 125 公斤计算，累计增产谷子 2.5 亿公斤，达到经济效益 10 亿元以上。

由于非洲大部分地区严重干旱缺粮，近年我国政府启动对非洲农业援助项目。"张杂谷优种"配合"单嘧磺隆（谷友）除草剂"作为我国自主创新的重要科技成果被埃塞俄比亚、乌干达、纳米比亚、尼日利亚等国家先后引进并推广，将在非洲等干旱国家的粮食生产中发挥巨大作用，造福世界。

李正名团队自主研发创制的单嘧磺隆，是新中国成立后第一个有自主知识产权的绿色超高效除草剂，打破了发达国家在创制新除草剂领域在我国的长期垄断，使中国成为继美国等发达国家之后，很少数的几个仍在独立进行创制新除草剂的国家。李正名及团队在不同阶段荣获以下奖励：1999 年获教育部科技进步二等奖；2004 年获天津市发明专利金奖和天津市科学技术发明奖一等奖；2006 年获全国发明创业奖；2007 年获国家技术发明二等奖和中国农药工业"杰出成就奖"；2012 年获天津市最有价值发明专利称号；2014 年获天津市科技成果重大成就奖；2016 年获天津市优秀共产党员和中国化工学会农药专业委员会终生成就奖。

前后参加单嘧磺隆研究者：王玲秀、贾国峰、王素华、王建国、赖成明、马翼、李永红、王立坤、么恩云、钱宝英、黑中一、王红学、童军、寇俊杰、郑占英、鞠国栋、王海英、王满意、陈沛全等

专家顾问：R. G. Duggleby 教授（澳大利亚 Queensland 大学教授）；董宇辉（中科院高能所研究员）；赵治海（张家口农科院研究员）

本组科研成果"创制谷子除草剂单嘧磺隆"曾参加各展览会如下：

1. 代表南开大学入选改革开放 40 周年高校科技创新成就展览会（北

京，2018）；

2. 代表教育部参加国家"985"工程成果展览会（北京，2020年6月）；

3. 代表南开大学参加中国工程院专家成果展示与转化中心（IEID 2020）展览会（上海，2021年4月）；

4. 应邀参加中国国际服务贸易交易会成果展览会（北京，2021年9月）。

为表彰天津市技术发明奖获得者，特颁发此证书。

项目名称：对环境友好的超高效除草剂的创制和开发研究

奖励等级：一等

获奖者：李正名

天津市技术发明奖

证 书

证书编号：2004FM-1-001-R1

天津市科技重大成就奖

证 书

为表彰天津市科技重大成就奖获得者，特颁发此证书。

获奖者：  李正名

二〇一四年 月廿一日

为表彰在促进科学技术进步工作中做出重大贡献，特颁发此证书。

奖励日期：1999年1月

证书号：98-560

获奖项目：新超高效除草剂#92825等的创制研究

获奖者：李正名（第1完成人）

奖励等级：二等

一九九九年一月三十日

成果名称	高性能血液净化医用吸附树脂

自身免疫性疾病属疑难疾病，发病率很高，如我国系统性红斑狼疮（SLE）发病率约 0.3‰~0.7‰，类风湿性关节炎发病率约 0.35%~0.4%，且每年新增病例约 400 万。由于医学界对发病机制尚不完全明了，临床上仅依靠激素和免疫抑制剂，没有其他有效治疗方法，致残、致死率很高。我国肝炎患者众多（病毒携带者占人口 10%），急性药物中毒人数居世界首位，都是迫切需要解决的医疗问题。

血液净化方法直接去除患者血液中存在的致病物质，是一种十分有效的治疗方法，具有操作方便、安全性高、价格相对较低的特点，适合我国国情。目前临床常使用的净化方法为血液透析，但很多毒素易于血液蛋白结合，如：胆红素在人体内主要以胆红素-白蛋白结合的大分子形式存在，常规的血液透析技术不能清除这类物质，因此临床对开发新型血液净化技术的需求日益迫切。国外在 20 世纪 60 年代开始血液灌流净化疗法，如 Yatzidis 研究了活性炭血液净化疗法清除尿毒症患者血中的肌酐、尿酸等。1979 年 Terman 首次报道了免疫吸附柱治疗免疫性疾病。目前德国 Fresenius、日本 Kuraray 和 Kaneka、美国 Gambro 分别有自己的产品，主要以血浆吸附树脂为主。德国和日本的产品几乎占领了全球市场，价格昂贵。近年来，Kaneka 和 Fresenius 公司先后上市了适用于全血灌流的吸附柱。该疗法所使用的医用吸附树脂是决定疗效的关键因素。

俞耀庭，出生于 1932 年，1955 年本科毕业于南开大学化学系，1959 年研究生毕业，导师为杨石先先生，毕业后担任何炳林院士的科研秘书。1979 年起，在南开大学化学系高分子教研室从事生物医学材料研究，1981—1983 年公派到加拿大麦吉尔大学研修，1984 年担任新组建的南开大学分子生物学研究所所长，1994 年创立了生物活性材料教育部重点实验室。历任中国生物材料联合会副主席，中国生物医学工程学会常务理事长，天津市生物医学工程学会副理事长。2000 年，获得国际生物材料科学与工程学会 Fellow 称号；2007 年获得何梁何利奖。因为血液成分复杂，血液净化吸附树脂技术含量高，难度大。1979 年 Terman 等采用活性炭为载体材料，制成 DNA 免疫吸附剂，经血浆灌流治疗了一名 SLE 患者，使病人生命延长了 31 天。活性炭虽然吸附性能好，但是机械强度差，易破碎造成血管栓塞。而利用蛋白 A 免疫吸附柱治疗 SLE，同样存在载体强度低，具有免疫源性的问题。临床治疗时只能进行血浆灌流，而血浆灌流费用高，治疗过程复杂，且一支吸附柱售价 5000 美元以上，尽管反复使用，但治疗费用仍然高昂。我国20世纪80年代以前没有开展血液净化吸附疗法，吸附树脂的研究与生产均属空白。

为了推动该疗法在我国的临床应用，开发具有自主知识产权、适合国情的吸附树脂，1980年起南开大学高分子化学教研室及分子生物所在国内率先组成血液净化研究团队，进行攻关。经过20多年的努力，先后承担多个国家863计划项目、973项目、重大攻关项目，研究成功十余种吸附树脂。其中三种已经批量生产并在全国范围推广应用，不仅有效消除患者病痛，挽救了病危患者的生命，而且大幅度降低了治疗费用，打破了国外产品在我国血液净化吸附树脂市场的垄断，对提高人民健康水平，构建和谐社会均具有十分重大的意义。

1. 免疫吸附剂的研制

针对国外免疫吸附树脂存在的力学强度差、价格高昂的缺点，俞耀庭课题组首次采用丙烯腈共聚物经自创的两步高温碳化技术处理，生产出高强度、多孔球状碳化树脂，用火棉胶包膜固定高纯小牛胸腺DNA，制成特异性免疫吸附剂，用于全血灌流治疗系统性红斑狼疮患者。制成的吸附树脂在强度上远高于活性炭，在治疗中不会产生微小颗粒脱落，保证了在全血灌流应用中的安全可靠性。火棉胶包膜既有固定DNA的作用，又能充分暴露DNA分子的结合位点，血液相容性优良，保证了对抗核抗体致病因子及其复合物的特异性吸附能力。该免疫吸附树脂对抗核抗体（ANA）具有85%的选择性和平均55%（临床数据）的吸附率。该产品是我国第一个具有自主知识产权的全血灌流吸附剂，其性能达到国际领先水平。SLE患者经过本项目产品治疗1～2次后，症状在1～2天后消失，2周后绝大多数患者的红斑狼疮完全消失，治疗总有效率达90%。这也是国际上第一个治疗SLE的全血灌流树脂。

2. 高比表面/大孔径选择性吸附树脂的研发

针对胆红素在人体内主要以胆红素-白蛋白结合的大分子形式存在，难以用常规的血液透析技术清除的问题，俞耀庭课题组充分发挥吸附树脂结构设计和制备的学科优势和丰富经验，制成各种不同孔结构的大孔吸附树脂，对胆红素进行大量筛选性吸附实验，发现树脂孔径对吸附容量具有决定性作用。根据扩散吸附理论，设计制备了一系列不同大小孔径的树脂，发现当树脂孔径在160 Å，比表面为500m^2/g时，对胆红素吸附率最高，达到87.5%。而美国大孔吸附树脂Amberlite XAD-4虽然比表面积为750 m^2/g，但是孔径只有 50 Å，小于胆红素复合物的分子直径，吸附率仅为 16.7%。临床治疗结果显示该产品可使患者血液中结合胆红素下降 29.6%，非结合胆红素下降 31.7%，总胆红素下降 30.8%，有效率达 90%。

3. 纤维素—氨基酸吸附树脂的研发

俞耀庭课题组和袁直课题组通过分子识别机制的研究，首次发现了治疗内毒素血症、类风湿关节炎和重症肌无力的三种最佳氨基酸配基，制备出了三种新型选择性吸附树脂，提高了氨基酸树脂对毒素的清除率。

内毒素血症、类风湿关节炎、重症肌无力是自身免疫性疾病，目前无良好治疗方法。课题组针对该问题进行了技术攻关，以纤维素为载体，与不同的氨基酸进行键联筛选，发现纤维素键联赖氨酸、苯丙氨酸、色氨酸，制成的选择性吸附树脂，对内毒素、类风湿因子、乙酰胆碱受体抗体有较好的吸附性能，分别治疗内毒素血症、类风湿关节炎及重症肌无力。血液相容性良好，七项生物检测指标全部符合中国 SFDA 要求。

以上技术 2001 年起由珠海丽珠医用生物材料有限公司（现为：健帆生物科技集团股份有限公司）生产，形成两个系列 6 种产品。其中固定化 DNA 配基碳化树脂的商品名为健帆伊美诺，注册号为国食药监械（准）字 2005 第 3451460 号；高比表面积和大孔径吸附树脂的商品名为 HA 系列"一次性使用无菌血液灌流器"，注册号为国食药监械（准）字 2002 第 3450870 号（更），已在全国许多省市的医院得到应用，该治疗方法疗效显著，副作用小，适应性广，操作简便，在治疗和挽救急症和危重病人生命中起到关键作用。上述产品近三年来已销售 20 多万支，产值达到 1.5 亿，产值呈逐年成倍增加趋势，产品覆盖国内 2300 多家医院。

课题组研发的具有自主知识产权的吸附树脂打破了国外公司对我国血液净化吸附树脂市场的垄断，大幅度降低了治疗成本，能为大多数患者接受。本项研究对减轻患者痛苦，挽救垂危病人生命，提高人民健康水平，构建和谐社会起到了推动作用。

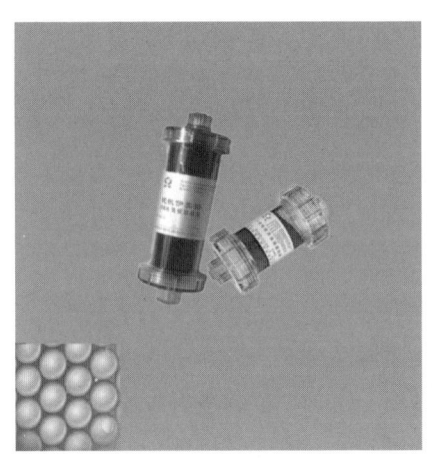

据第三军医大学附属新桥医院的医疗器械临床报告以及收集到的 23 家医院的应用证明显示：固定化 DNA 配基的碳化树脂主要治疗系统性红斑狼疮合并症、狼疮性肾炎、狼疮性肺炎、类风湿关节炎、妊娠合并系统性狼疮。该产品能有效清除患者体内的抗 DNA 抗体、抗核抗体及其免疫复合物，对红斑狼疮及其并发症有显著的治疗效果。通过免疫吸附治疗，系统性红斑狼疮患者能够在短时间内度过高度危重期和免疫风暴期，使病情缓解或消除，有效率达 90%，早期治疗的患者还可以达到临床治愈的效果。HA 系列"一次性使用无菌血液灌流器"，可以有效清除患者血液中的胆红素等致病因子，能够暂时替代肝脏的解毒功能，解除临床症状，同时为病损的肝细胞创造再生和功能恢复的内环境，用于治疗重症肝炎、肝衰竭、肝性脑炎等多种肝功能疾病。此外，还有其他 HA 系列树脂可以用于治疗中毒患者毒物清除、肾脏衰竭、尿毒症等，疗效显著。

本项目研究获得国际和国内发明专利授权 6 项，发表学术论文 138 篇，SCI 收录 69 篇，EI 收录 58 篇；提高了我国生物材料的研究和教学水平，编写了多部有关著作，为国家培养了大批科学和技术人才。获得 2009 年度国家科技进步二等奖和 2006 年度天津市科技进步二等奖。

获奖年度	所获奖项	成果完成人
2006	天津市科技进步二等奖	俞耀庭、何炳林、董凡、孔德领、袁直、张广海、陈长治、傅国旗
2009	国家科技进步二等奖	俞耀庭、董凡、杜智、孔德领、袁直、张广海、王永健、陈长治、李涛

国家科学技术进步奖
证 书

为表彰国家科学技术进步奖获得者，特颁发此证书。

项目名称：高性能血液净化医用吸附树脂的创制

奖励等级：二等

获 奖 者：俞耀庭

证书号：2009-J-214-2-04-R01

南开化学百年贡献

成果名称

大环超分子体系的分子识别与组装研究

超分子化学主要研究以非共价键弱相互作用力形成的超分子体系的分子识别和分子组装，处于化学、物理和生物等学科前沿。分子识别是主体（受体）对客体（或底物）的选择性结合，是分子组装及组装体功能的基础，是超分子化学的核心概念。分子识别可分为对离子客体的识别和对分子客体的识别。对超分子体系分子识别的研究，可以使我们从分子水平上去理解特殊的酶-底物相互作用等一些生命过程。基于分子识别而产生的分子或超分子器件，不仅在生命科学中具有重要的理论意义和应用价值，而且开拓了超分子化学在信息科学、材料科学等领域的广阔应用前景。另外，超分子自组装技术建立在人们对分子识别认识的基础上，运用各种有机、无机或生物小分子组分作为基本建筑块，通过适当的分子间相互作用，可以将多个小分子组分构筑成高度组织和结构化的纳米超分子体系。而以冠醚、环糊精、杯芳烃、葫芦脲等合成受体为基体构筑的超分子体系，虽然已显示了一些令人鼓舞的可与天然体系相媲美的功能，有的已在生命、材料、信息等领域展示了重要的应用前景，但总体看来尚处于发展阶段，任重而道远。因此，新的分子识别和自组装基元的设计一直是超分子化学研究的中心内容。根据国内外超分子化学的发展趋势，基于分子识别的超分子组装及其驱动力是目前亟待解决的科学问题。如构筑新的超分子识别体系，通过引入功能修饰基、靶向单元或刺激响应基团将组装基元进行功能化，通过创新设计思路建立新的自组装方法，从而建立新型的超分子自组装体系，特别是通过分子识别来达到结构可控的分子组装体构筑，实现超分子组装体系的高效传感、靶向传递、人工通道等功能，实现对组装基元功能的组合和放大。通过对组装机理和控制因素的研究，阐明多种分子间非共价相互作用的协同效果对分子组装的贡献，为超分子体系的功能化研究打开新的突破口，从而推动超分子化学和材料化学及化学生物学的交叉结合，为超分子技术在材料、生物和医药领域的应用建立新的原理和方法，从而推动超分子化学的进一步发展。

刘育，教授，1954年生于内蒙古呼和浩特，1977年毕业于中国科学技术大学，1991年获日本姬路工业大学博士学位，同年回国后在中国科学院兰州化学物理研究所从事博士后研究工作。1993年进入南开大学任教授，1994年教育部跨世纪人才，1996年获国家杰出青年科学基金资助，2000年教育部"长江学者奖励计划"特聘教授，并入选人事部"百千万人才工程"，2003年获宝钢优秀教师特等奖，2006年和2011年两次任国家重大研究计划项目首席科学家。

1987年和2016年,超分子化学家两次获得Nobel化学奖,标志着超分子化学已成为化学科学中最重要的研究领域之一。作为分子以上层次的化学,超分子化学已远远超越了原来的主—客体化学的范畴,并由分子识别逐渐向高级有序的复杂结构构筑发展。经过30多年的快速发展,超分子化学已经与生命、信息、材料等学科的发展相互交叉渗透,成为20世纪末发展最快的学科之一,也是21世纪化学科学知识创新的一个重要生长点。在主-客体化学和超分子化学所涉及的众多体系中,具有环状结构的超分子体系一直受到超分子化学家的重视,主要原因是其环状结构能够汇聚多个非共价键相互作用力位点,通过结合位点的预组织特征,能够实现分子间结合的高稳定性和选择性。近年来,大环超分子体系在许多领域展现出新的用途,其中在材料、生物和药物研究中的发展尤为引人注目。

分子识别在化学过程中的作用犹如酶的专一性在生命过程的作用一样重要。通过分子识别实现的高选择性可以解决生命科学、材料科学和分离科学等重要领域中的许多关键问题。刘育教授测定了4000多个超分子体系的热力学参数,阐述了识别机理、驱动力以及热力学起源,发现各识别位点的协同贡献——分子多重识别是控制分子识别过程的核心。团队从环糊精出发,合成了20多类共300多个分子受体,系统深入地研究了其分子识别行为。提出环糊精的分子识别主要取决于尺寸适合和外部增加的键合位点的协同贡献——分子多重识别。其中有机硒修饰环糊精分子识别的创新性成果被评价为"有机硒修饰环糊精在超分子化学领域正在成为一个引人注目的研究方向,其分子识别的研究导致了含硒人工酶的发展"。进而发展了一类新兴的高性能分子受体——桥式环糊精,显示出类似于生物体系的多点识别行为,开创了由简单分子获得复杂体系功能的新途径。由于在这一领域的突出贡献,刘育被邀请在 Acc. Chem. Res. 上发文介绍桥联环糊精的研究工作和撰写美国出版的《超分子化学百科全书》中"诱导契合"一章。

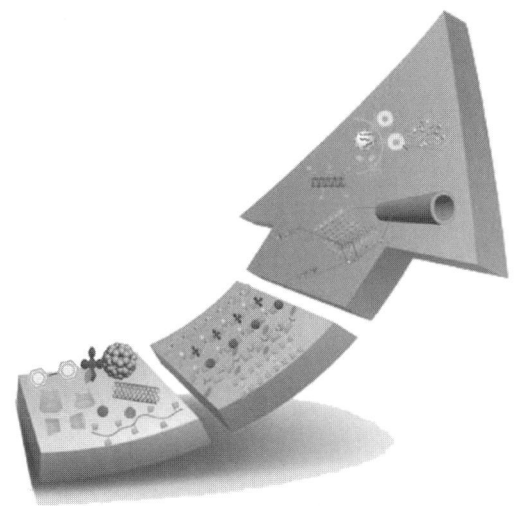

　　分子组装是超分子化学的核心目标，是使简单体系获得优异功能的最有效的途径之一。刘育通过设计合成的具有结构特色的组装基元，构筑了多个系列纳米尺度的有序高级结构，揭示了超分子体系分子组装的调控因素，从而阐明了合成受体如何通过非共价键的协同效应组装成稳定的有序高级结构，开创了以简单分子构筑功能纳米体系的一些新方法，而且该类组装体在生命科学和材料科学诸多领域具有重要的应用前景。例如，以含芳香功能基的环糊精为单元，利用高分子穿插的超分子组装方法构筑了一维纳米线，并将环糊精修饰壳聚糖缠绕在碳纳米管表面，均显示出较强的DNA凝聚能力。工作被国内外同行评价为"概念性的原始创新方法"和"基因表达和传递中的灵敏DNA分析工具"，并被Nature Asia作为基因传递的亮点加以重点介绍；利用大环主体的分子识别行为，将自组装策略和高效的合成方法相结合，成功地应用于结构新颖的双子索烃和双轴杂轮烷的合成，这些工作被国外同行在Chem.Rev.等综述中重点介绍。进而，创新性地构筑了可双重控制的准轮烷光控稀土开关。该工作不仅为多级驱动的分子机器和逻辑门提供了一种新的方法，而且在智能材料、光学存储器件和光电子学等方面具有潜在的应用前景。该研究成果被选为JACS的封面论文和Image Challenge，同时还作了JACS Spotlight的专题介绍，并被国外同行在Chem.Rev.等综述中重点介绍。

　　刘育团队在大环超分子体系的分子识别与组装研究方面做了大量的工作，研究成果已在国内外核心刊物发表论文500多篇，科学引文他人引用15000多次，主编专著4部。项目在1998年获教育部科技进步二等奖，

2002 年获教育部提名国家科学技术奖自然科学奖二等奖，2000 年、2005 年和 2015 年三次获天津市自然科学奖一等奖，2010 年获国家自然科学奖二等奖。

获奖年度	所获奖项	成果完成人
1998	教育部科技进步二等奖	刘育、韩宝航、童林荟、陈荣悌
2000	天津市自然科学奖一等奖	刘育、尤长城、厉斌、陈荣悌
2002	教育部提名国家科学技术奖自然科学奖二等奖	刘育、张衡益、陈湧、李莉、赵邦屯
2005	天津市自然科学奖一等奖	刘育、张衡益、陈湧
2010	国家自然科学奖二等奖	刘育、张衡益、陈湧
2015	天津市自然科学奖一等奖	刘育、郭东升、张瀛溟、张衡益、陈湧

南开化学百年贡献

成果名称

几类无机材料的氢、锂、镁储存与电池性能研究高能化学电源是实现能量高效储存与转化的关键，提升其能量转化、储存和利用效率在节约常规能源、开发和利用新能源方面具有重要的现实意义。

氢燃料电池、锂离子电池、太阳能电池等作为化学能或光能-电能转化的装置及器件，在便携式电子信息产品、节能环保型交通工具、新能源与可再生能源并网发电储能电站等领域都具有特殊的重要地位，是推动新能源与可再生能源发展的关键科学技术，对优化能源结构，实现节能减排目标，使能源供应多元化、清洁化和低碳化具有十分重要的意义。然而，现有的能量储存与转化装置存在关键材料反应活性低、动力学缓慢、物质输运和电荷传递受限等科学与技术难题，造成能量转化效率低，体系的实际能量和功率密度偏低，难以满足社会需求。

陈军，1967年生，1985—1992年在南开大学化学系学习，先后获学士、硕士学位，并于1992年留校工作；1996—1999年在澳大利亚Wollongong大学材料系学习，获博士学位；1999—2002年在日本大阪工业技术研究所任研究员。自2002年任南开大学教授、博士生导师，2017年当选中国科学院院士，2020年当选发展中国家科学院院士。现任南开大学副校长、先进能源材料化学教育部重点实验室主任。从事能源化学及高能电池的研究。项目针对氢、锂、钠、镁等无机材料的化学能/电能储存与转化所存在的反应活性低、动力学缓慢、物质输运和电荷传递受限等科学与技术难题，开展能量高效储存与转化探索研究，通过化学、纳米和能源的交叉学科研究，探索使用新材料，来提升能量转化效率与能量储存密度，提高电池安全性能，为降低电池电极材料成本及解决电池燃烧爆炸提供了新思路。

电池是储存化学能，并将其转化为电能的一个体系。电池研究有两个重点：一个是转化效率，一个是储存密度，需要不断提升转化效率和储存密度。项目正是关注这两点，通过化学、纳米和能源的交叉学科研究，探索使用新材料，来提升能量转化效率与能量储存密度，并从这两个方面优化电池效能。

能量储存与转化依赖于材料组成和结构，项目针对氢、锂、钠、镁等无机材料的化学能/电能储存与转化所存在的反应活性低、动力学缓慢、物质输运和电荷传递受限等科学与技术难题，将化学、材料、能源和纳米科技进行有机结合，围绕氢燃料电池、锂离子电池、太阳能电池等能量储存与转化装置所涉及的关键材料，深入研究关键材料的可控制备，优化材料的组成、结构与性能，旨在阐明反应过程中组成和结构变化、物质输运与电荷传递规律、能量储存与转化机理，指导设计高效能量存储与转化新器件。通过该项研究，设计合成性能优异的先进电池材料，组装成性能更高的化学电源，以满足当今高新科技如高性能电动车、氢能经济等对化学电源的迫切要求。

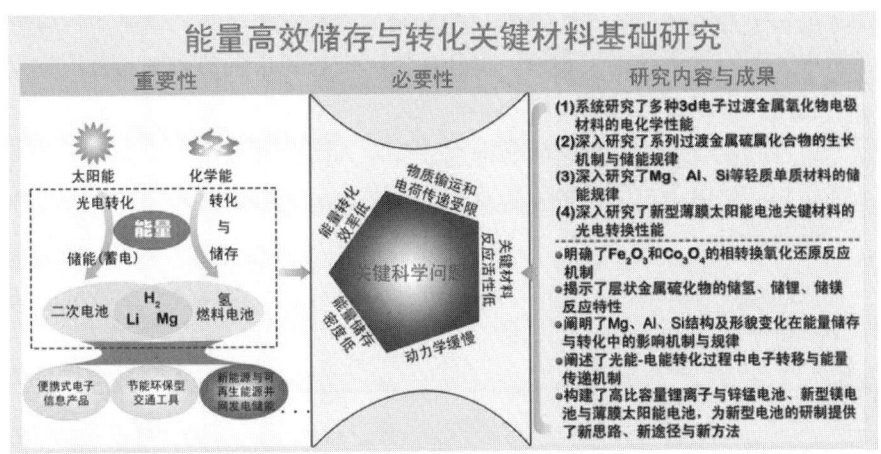

开发新型电池材料和技术是能量储存与转化领域最热点的研究课题之一，而发展高能量密度和高功率密度的电极材料又是研究的重点。该项目主要研究工作及创新点如下：

1. 系统研究了 Fe、Co、Ni、V、Mn、Mo 等 3d 电子过渡金属氧化物和复合氧化物的电化学性能和电荷转移行为，构建了基于 Fe_2O_3、MnO_2 等纳米电极材料的高比容量和高功率密度锂离子和锌锰电池，为新型电极材料和高能电池的研制与应用提供了新思路。

2. 通过调变含有金属（Ti、Mo、W）与非金属（S、Se、Te）元素的反应物，以及反应、成核和生长条件，实现了 TiS_2、$TiSe_2$、$TiTe_2$、MoS_2、WS_2 等硫属化合物材料形貌和尺寸的调控，发展的固相、液相及气相三种合成路径为国内外同行所采用，阐明了层状硫属化合物储能反应特性与结构变化规律，揭示了纳米管等纳米/微米材料独特的结构在能量储存与转化方面所显示出的优异性能。

3. 研究了 Mg、Al、Si 等轻质材料在能量储存与转化中的反应规律，阐明了反应体系中材料尺寸、形貌对热力学和动力学性质的影响规律和机制，发展了轻元素单质纳米材料较为普适的制备方法，优化了与之匹配的电解液体系，构筑了新型金属空气电池与锂离子电池，为高能量密度新型电池关键材料的研发提供了新途径。

4. 设计合成了 $ZnIn_2S_4$ 等三元硫属化合物纳米管的制备和成相机理，以及一系列具有不同"D-π-A"分子结构的新化合物，揭示了其光电转化性能的影响规律，为新型薄膜太阳能电池关键材料及器件的研发提供了理论指导与实验依据。

上述研究工作取得了一系列原始创新成果，处于国际领先水平，得到了国内外专家学者的高度评价，为新型氢、锂、镁电池的研制与应用提供了新思路，推动了新能源与可再生能源发展。

项目组在新型氢、锂、镁电池的研究中不断取得新成果，为新能源电池的研制与应用提供了新思路，推动了新能源与可再生能源发展。项目在 2006 年获天津市自然科学一等奖，2011 年获国家自然科学二等奖。陈军院士获 2007 年中国电化学青年奖和 2009 年通用汽车中国高校汽车领域创新人才一等奖。

获奖年度	所获奖项	成果完成人
2006	天津市自然科学一等奖	陈军、袁华堂、王一菁、陶占良、焦丽芳、程方益、蔡锋石
2011	国家自然科学二等奖	陈军、李玮瑒、陶占良、程方益、马华

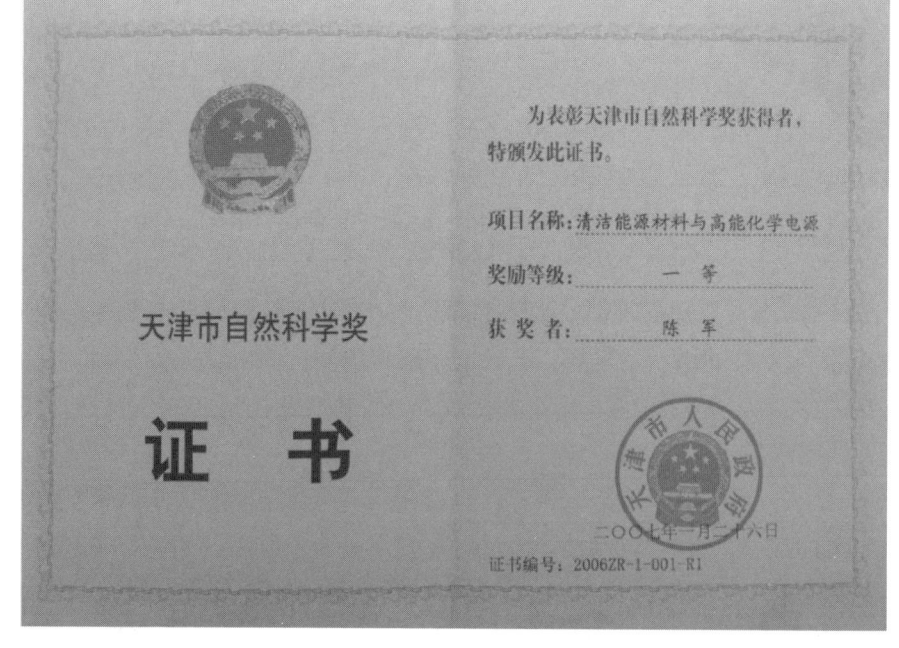

南开化学百年贡献

成果名称

功能配位体系构筑调控及性质研究

配位键是物质中普遍存在的基础化学键型之一。通过配位键的连接，可以实现无机金属中心和有机分子的结合，形成具有特定结构和功能的配合物。配合物的存在对于自然界和人类社会都具有重要的意义，例如在生物体中发挥重要生理功能的血红素是铁的配合物、叶绿素是镁的配合物、维生素 B12 是钴的配合物；顺式二氯·二氨合铂（Ⅱ）已被证明为抗癌药物；过渡金属配合物能作为催化剂催化重要的化学反应等。

随着人们对配位化合物研究的不断深入，发展形成了配位化学学科。配位化学以配位化合物的特点以及它们的成键、结构、反应、分类和制备为研究内容。随着量子理论、价键理论、分子轨道理论等的确立，配位化学蓬勃发展，时至今日已发展成为与有机、分析等化学领域以及生物化学、药物化学、化学工业有密切关系的重要学科。随着配位化学概念的不断发展，配位化学的研究范围不断扩大，并衍生出配位超分子化学、晶体工程等新研究领域。因此，配位化学被徐光宪院士称为"处于现代化学中心地位的二级学科"。

配合物是配位化学研究的核心。配合物具有特征化学组成和结构，由中心原子（或离子，统称中心原子）和围绕它的分子或离子（称为配体）完全或部分通过配位键结合而形成。它不仅与无机化合物、有机金属化合物相关联，并且与现今化学前沿的原子簇化学、配位催化及分子生物学都有很大的重叠。

中心金属与配体的多样性使得配合物可展现出多样的结构。配合物的多样性质和广泛应用也源于其多样的组成与结构。因此，实现配合物的组成和结构调控是实现其功能导向构筑的基础，是该领域的关键科学问题。

卜显和，1964 年出生，1986 年毕业于南开大学化学系获得学士学位，后师从陈荣悌院士攻读博士学位，开始接触配位化学研究。1992 年于南开大学化学系获得博士学位留校任教并独立开展工作，将功能配位体系的构筑与调控作为主要研究方向。1995 年任教授，1996 年评为博导，作为访问教授先后赴日本国立分子科学研究所、东京大学、香港科技大学短期交流。2002 年获国家自然科学基金委杰出青年基金资助，2004 年被教育部聘为"长江学者"特聘教授。

针对配合物的构筑与调控这一关键科学问题，卜显和从研究初期就确定以配体引导为核心的研究思路。配合物的构筑主要通过中心原子与配体的配位自组装进行，其组成、结构和性质由中心原子和配体共同决定。

其中，配体与中心原子直接连接，决定了中心原子的微环境和配合物的结构；配体还是配合物与外部环境相互作用的媒介，在很大程度上决定了配合物的性质。因此，配体是配合物构筑、调控和功能实现的关键。

卜显和的早期研究从结构较为简单的配体入手，侧重研究所构筑的离散型简单配合物的结构及体系中的超分子作用与配体结构、反应条件之间的关系。随着研究的深入开展，研究重心逐渐转向结构和性质更为多样的配位聚合物（包括金属-有机框架，MOF）体系的构筑调控和性质研究。配位聚合物微观上具有无限延伸的周期性网络结构，宏观上通常表现为具有特定形貌的晶态材料，因其无机-有机杂化组成和高度可调的微观结构在物质存储、吸附分离、识别检测等方面展现出独特性质，在能源、环境、信息等众多关键发展领域具有潜在的应用前景。

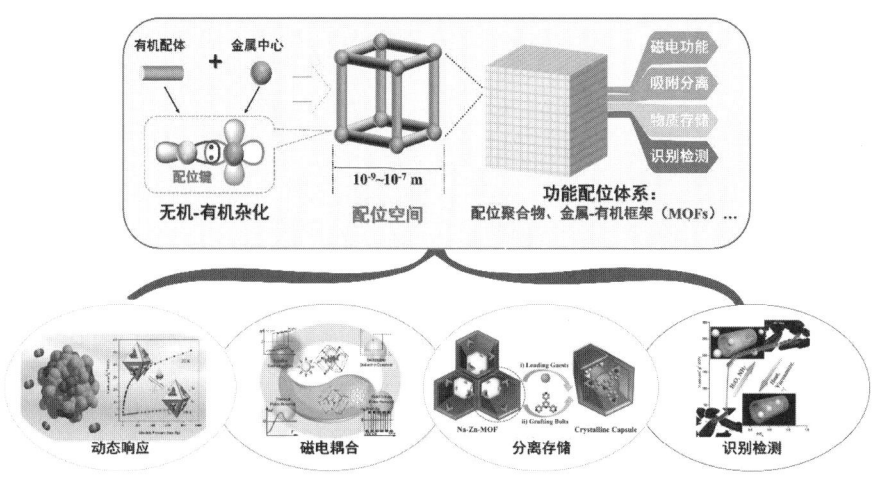

十几年来，卜显和教授课题组围绕功能配位体系的构筑问题开展了系统研究，取得了系列成果：建立并发展了配体引导的配合物设计合成与结构调控方法，在该领域率先开展了柔性配体配位体系构筑研究，获得了具有一维链、二维层、三维互穿及手性开放骨架结构的数百种配位聚合物；发展了混配策略混合分子构筑块策略，成功构筑了首例双壁、三壁金属有机框架材料，在方法学层面上丰富了配合物的合成策略；率先将水（溶剂）热方法用于叠氮体系，解决了辅助配体与叠氮电荷竞争体系中的协同配位问题，开拓了分子磁性材料研究的新领域；针对绿色化学和可持续发展理念，围绕功能导向设计了一系列性能卓越的有机-无机杂化功能材料，在气体选择性吸附、药物缓释、残留农药吸附、发光材料与探针、光催化降解

和新型二次电池等方面表现出良好的应用前景。

在过去研究的基础上，卜显和不断凝练研究方向，带领团队以国家重大战略需求为导向，以各类重大科研项目为牵引，对功能配位体系的构筑和性能调控开展了深入系统的研究，发展了新策略和新方法，发现了新的调控机制，实现了该类材料的功能拓展，提出了以"配位空间"为核心的多层次调控新理念。他在工作中勇于探索，不断开拓创新，克服了研究条件、人员力量等方面的种种困难，在努力实现理论和概念层面创新的同时取得了系列研究成果，为无机-有机杂化功能材料的定向构筑提供了新思路和新方法，实现了该类材料在功能上的提升和拓展。为无机-有机杂化功能材料的定向构筑提供了新思路和新方法，实现了该类材料在功能上的提升和拓展。相关研究成果有助于从微观分子尺度进行无机-有机杂化材料的构筑和结构、组成调控，理解该类材料的结构、组成与性能间的关系，从而为应用于光、电、磁、能源等领域的先进功能材料的定向构筑提供有效的手段。系列成果受到国内外同行的广泛关注，为天津市乃至国内相关学术领域的国际关注度和影响力的提升做出了贡献。

卜显和教授团队开展的以配体引导为核心的功能配位体系构筑调控及性质研究为配位化学的发展做出了突出贡献。项目在 2002 年和 2011 年两次获天津市自然科学一等奖，2014 年获国家自然科学二等奖，2018 年获天津市自然科学特等奖。卜显和 2012 年和 2016 年两次获中国侨界贡献奖，2016 年入选首批天津市杰出人才，2017 年被评为天津市优秀科技工作者。

获奖年度	所获奖项	成果完成人
2002	天津市自然科学一等奖	卜显和、杜淼、张若桦、陈巍、刘河
2011	天津市自然科学一等奖	卜显和、胡同亮、李建荣、刘福臣、曾永飞
2014	国家自然科学二等奖	卜显和、李建荣、杜淼、胡同亮、曾永飞
2018	天津市自然科学特等奖	卜显和、常泽、许健、赵炯鹏、章应辉

国家自然科学奖
证 书

为表彰国家自然科学奖获得者，特颁发此证书。

项目名称：配位聚合物构筑与结构性能调控

奖励等级：二等

获 奖 者：卜显和（南开大学）

2014年12月12日

证书号：2014-Z-103-2-03-R01

南开化学百年贡献

成果名称

面向能源转化与存储的有机和碳纳米材料研究

清洁能源高效转化与储存是当前和未来社会与经济持续发展的关键。作为一种新型技术，有机太阳能电池是实现上述目标的有效方案之一。同时，在电能应用过程中迫切需要各种安全先进的高容量、高功率、高效率的能源转化存储材料和器件。但是，现有的能量转化与存储器件存在材料效率低、机理不清、结构性能关系不明等科学问题。新型高效材料的设计与性能调控是解决上述问题的核心和基础。

有机太阳能电池具有柔性、质轻、半透明、可大面积低成本印刷制备、环境友好等优点，被认为是具有重大产业前景的新一代绿色能源技术。如果能利用地球及未来最丰富的元素之一——碳及碳基材料为基本原料实现高效低成本的绿色能源技术，将对解决目前人类面临的重大能源问题具有重大意义。早期的有机太阳能电池研究主要集中在聚合物给体材料的设计合成，随着有机太阳能电池的飞速发展以及器件工艺对材料的更高要求，具有确定化学结构的可溶液处理寡聚小分子材料开始引起人们的强烈关注。其中最重要的原因是这类材料具有结构确定、易提纯、光伏器件结果重现性好的特点。早期大多数小分子溶液处理成膜性不好，因此主要采用蒸镀的方法制备器件，使其应用前景受到很大限制。如何设计合成获得具有良好性能并有确定分子结构的光伏活性层材料是长期困扰各国研究者的关键难题。

2004年，陈永胜教授到南开大学任教，建立功能高分子及碳纳米材料研究团队。近年来，陈永胜教授带领团队围绕太阳能-电能-化学能转化与存储领域的关键科学问题，以突破太阳能/电能转化和能量存储效率为目标，设计并发展了一系列具有独特"受体-给体-受体"（A-D-A）结构与性质的新型高效有机太阳能电池材料和三维石墨烯体相材料及其复合能源材料，构建了多个系列的高效有机太阳能电池及能量存储与转化器件，取得了系列优秀研究成果，有力推动了该领域的发展与进步。

"当时整个有机太阳能电池研究领域处于低谷，光电转化效率在5%左右。许多研究者对有机太阳能电池的未来发展不抱信心。而作为最重要的碳纳米材料——石墨烯的研究，当时在国内还是空白。"陈永胜介绍，2004年前后，国内外从事有机太阳能电池领域研究的团队几乎全部集中在传统聚合物活性材料上，如果进行这方面的研究风险会很小，但难以形成特色和实现重大突破。另外，国内石墨烯的研究尚未开展。

据此，围绕高性能能源转化和储存有机与碳纳米功能材料，陈永胜教授提出了具有"受体-给体-受体"（A-D-A）构架及确定分子结构的可溶液处理高效有机寡聚物光伏材料设计理念；设计合成了一系列具有确定分子结构和精确分子量的高效有机寡聚物光伏材料，通过分子中各单元结构的调节，实现了对光谱吸收、能级、相分离、电荷分离传输、能级匹配和成膜性等的有效调控，并克服了聚合物分子量多分散性带来的器件性能重现性问题及传统小分子难于溶液加工的缺点；多次刷新了该领域的光电转化效率世界纪录，研究结果发表在 Science、Nature Photon.、Chem.Soc.Rev.、J.Am.Chem.Soc. 和 Adv.Mater. 等期刊。2018 年，陈永胜教授团队设计制备的具有高效、宽光谱吸收特性的叠层有机太阳能电池材料和器件，实现了 17.3% 的光电转化效率，再次刷新了文献报道的有机/高分子太阳能电池光电转化效率的世界纪录，相关成果发表于国际顶级学术期刊 Science 上。"这一研究结果缩小了有机太阳能电池与其他光伏技术效率之间的差距，提升了人们对有机太阳能电池的信心。它同时表明：有机太阳能电池可以实现和无机材料同样的效率。"陈永胜教授说。

石墨烯领域研究和应用面临的关键科学问题之一是如何在维持石墨烯二维本征结构和性质的前提下获得其宏观的体相（monolithic）材料。陈永胜教授提出了"三维交联石墨烯"高分子体相材料的设计理念，利用二维石墨烯边界基团的交联反应，实现了二维石墨烯单元的直接三维交联，获得了既保持石墨烯本征结构又同时具有多种宏观优良性能（光、电、机械等）的三维交联石墨烯高分子体相材料，并将其应用于能源储存和转化等器件。相关研究成果发表在 Nature Photon.、Sci. Adv. 和 Nat. Commun. 等期刊。

迄今，陈永胜教授已在 Science、Nature、Nature Photon.、J.Am.Chem.Soc. 和 Adv.Mater. 等国际著名学术期刊上发表研究论文 300 余篇，总引用 5 万余次，获得发明专利授权 30 余项；连续 7 年（2014—2020）入选汤森路透/科睿唯安全球高被引科学家；2018 年荣获国家自然科学二等奖。

近年来,陈永胜研究团队围绕该课题方向持续展开科技攻关,最近团队在柔性透明电极与柔性有机太阳能电池领域研究中获突破性进展。他们发展了一种可以规模制备的同时具有高透光、高导电性且表面平滑的银纳米线柔性透明电极,并将其用来构筑柔性有机太阳能电池,获得与商业的氧化铟锡(ITO)玻璃电极相当的器件性能,光电转化效率可达 16.5%,刷新了柔性有机/高分子太阳能电池光电转化效率记录。这一成果使得高效柔性有机太阳能电池距离实现产业化更近一步。该研究成果发表于国际顶级学术期刊 Nature Electronics 上。

有较大可逆形变功能的弹性材料在各种工程应用中具有广泛需求。然而,当温度显著降低时,材料延展性或弹性通常会受到损害。到目前为止,还没有材料能够实现在外太空等深低温下具有高弹性。陈永胜教授团队最近报道了一种三维交联的石墨烯材料,在 4 K 的深低温到 1273 K 的高温温度区间材料超弹性行为几乎不变。在 4K 超低温条件下,具有与室温相同的力学性能:几乎完全可逆的超弹性行为(高达 90%的应变),杨氏模量不变,泊松比接近零,循环稳定性好。原位实验和模拟结果表明,这种超弹性得益于独特结构的协同结果:单个石墨烯片层的本征弹性和片层之间的共价连接。这种新型"太空海绵"在极端条件下的生产与实验、航天装备制造等领域具有良好的应用前景。该成果发表于国际顶级学术期刊 Science Advances 上。

上述工作为高效新型能源材料的设计开发与应用研究提供了重要科学依据和新的方向。

获奖年度	所获奖项	成果完成人
2010	天津市自然科学一等奖	陈永胜、黄毅、马延风、田建国、印寿根
2015	天津市自然科学一等奖	印寿根、黄毅、万相见、陈永胜、杨利营、秦文静
2018	国家自然科学二等奖	陈永胜、万相见、黄毅、田建国、王成扬

国家自然科学奖
证 书

为表彰国家自然科学奖获得者，特颁发此证书。

项目名称：面向能源转化与存储的有机和碳纳米材料研究

奖励等级：二等

获 奖 者：陈永胜（南开大学）

2018年12月12日

证书号：2018-Z-103-2-05-R01

南开化学百年贡献

成果名称：D390 树脂合成工艺及应用于链霉素的精制工艺

链霉素是灰色链丝菌分泌出来的一种抗菌素,临床上广泛应用于治疗结核病和革兰氏阴性细菌及分枝杆菌所引起的疾病。链霉素分子中含有多个氨基,国内外早期研究中均使用羧基型树脂进行提纯,分离效果不佳。

我国从 20 世纪 60 年代初开始生产链霉素,在发酵生化代谢过程中,伴随链霉素产生的同时,也有杂质产生,如链霉胍、二链胺等,这些杂质的理化性质与链霉素近似,采用羧基型阳离子交换树脂无法选择性排除,使得病人使用链霉素时常常发生耳鸣、头痛、嘴麻等不良反应。开发吸附链霉素选择性高,符合工业化生产需求的树脂及精制工艺非常重要。

何炳林,1918 年出生,1942 年毕业于西南联合大学,1952 年获得美国印第安纳大学博士学位。1956 年在周恩来总理帮助下回国,在南开大学工作。何炳林教授不仅是我国离子交换树脂事业的创始人,还把离子交换树脂生产技术普及到全国,堪称我国的"离子交换树脂之父"。何炳林教授对南开大学高分子学科的建立和发展做出了重要贡献。研究工作中强调理论联系实际、基础研究与应用研究并重;重视科研成果的产业化,取得了非常突出的经济社会效益。

链霉素、链霉胍、二链胺均为阳离子化物质(其结构如下图所示),无法使用普通的羧基型阳离子交换树脂进行分离。

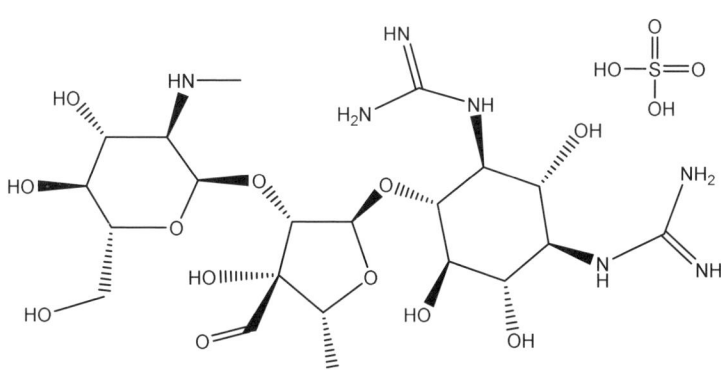

硫酸链霉素(Streptomycin sulfate)

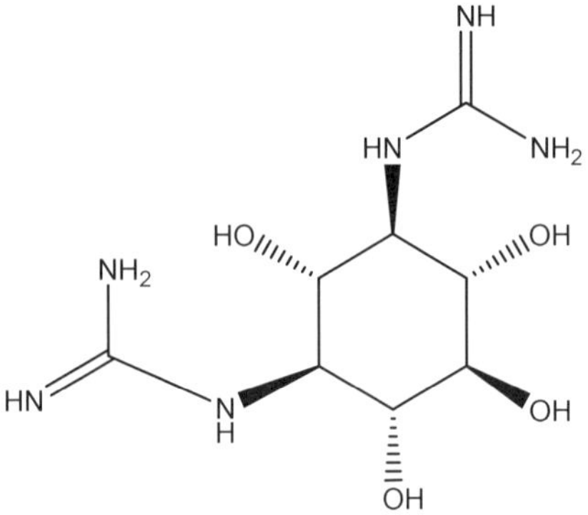

链霉胍（streptidine）

H₂N——NH₂

二链胺（hydrazine）

从上述结构式中可以看出，链霉素分子中存在一个醛基，而链霉胍、二链胺分子中没有。根据链霉素和链霉胍、二链胺分子结构的差异，何炳林提出利用伯胺树脂与链霉素上的醛基生成西佛碱的特点实现对链霉素的专一性吸附。基于这一构思，1974年何炳林开创性地以六亚甲基四胺为胺化试剂制备了与苄胺结构相似的大孔伯胺基弱碱性阴离子交换树脂D390，并与华北药厂合作从链霉素发酵液中直接分离纯化链霉素（华北药厂代号：Sp-401树脂），先用弱酸性离子交换树脂从发酵液中将链霉素提取出来，洗脱后再使用伯胺树脂分离链霉素和其他杂质，效果非常好。

天然产物或药物的分离与提纯是大孔树脂的重要应用领域之一，我国在该领域取得了诸多重要进展。针对链霉素及有关杂质的结构特点，设计合成了大孔伯胺基弱碱性阴离子交换树脂D390，并在华北药厂建立了分离纯化链霉素的新工艺。采用新工艺后产品质量显著提高，主要表现为：（1）产品纯度提高1.37%，达到国际先进水平；（2）产品粉针剂水溶后色泽好，不易变色；（3）产品中链霉胍较原工艺降低61.5%、杂质1号降低33.7%，二链霉胺等杂质也有所下降；（4）临床考查证明，"麻感反应"减少；（5）产品收率提高3%左右。这项工艺的成功应用，提高了我国链霉素提纯工艺的水准，生产的链霉素的质量优于国外产品，链霉胍、二链胺等的含量低于国外产品。我们开发的D390树脂及其精制链霉素工艺是成功的，在技术水平上已经超过了国外。树脂吸附法不仅提高了链霉素的质量，还提高了收率，降低了成本，显著增加了经济效益。

在 D390 树脂取得成功的基础上,何炳林等又制备了聚乙烯胺 D311 树脂,该树脂对链霉素吸附量高达 24 万单位/毫升,并具有较高的吸附选择性、几乎不吸附色素和无机离子等杂质,进一步提高了我国链霉素提纯工艺水准。

大孔吸附树脂在微生物制药工业中越来越多地用于产物的分离纯化,针对不同结构不同类型的化合物,大孔吸附树脂均展现出良好的应用效果,为抗生素分离纯化提供了新的途径和手段。吸附分离材料和吸附分离技术的不断发展和创新,极大地促进了相关学科的发展和应用领域的拓展。越来越多的吸附分离材料已经在医药、食品添加剂、化工催化、环保等领域得到广泛的应用,提高了这些领域的技术水平。

成果完成人:何炳林、洪琅、陈曙晓、李燕平、彭钟一

南开化学百年贡献

成果名称

测定高价金属元素用的三羟基荧光酮胶束增敏分光光度法

1976年"文化大革命"结束后,迎来了科学的春天。和所有的爱国知识分子一样,沈含熙教授意识到,大显身手的时刻即将到来。重新走进实验室的那一天,沈含熙教授特别兴奋。为了弥补和减少已经停顿了十年的科学研究所造成的损失,沈含熙教授不得不夜以继日地查阅文献,熟悉国内外分析化学的研究进展。在查阅文献的过程中,沈含熙教授敏锐地发现,稀有元素的开发利用是当时国家重要的研究课题。为了了解当时国内外稀有金属分析化学的基本情况,确立下一步的研究目标,沈含熙教授和教研室的其他老师通力合作,走访了全国许多稀有元素的开发和生产部门,并多次出席全国地质和冶金分析方面的学术会议,明确了稀有高价金属元素分析将成为一个极其重要的研究对象。

在明确研究目标的基础上,沈含熙教授又对当时冶金和地质等相关部门所使用的高价金属元素检测方法进行了细致的分析,发现当时所采用的方法不仅存在灵敏度低、操作繁琐等问题,而且方法的检测特异性差,极易受到样品中其他共存元素的干扰。为此,沈含熙教授的心中确定了设计、开发高灵敏、高特异的检测方法,实现复杂实际样品中目标稀有高价金属元素快速且简便分析的目标。1980年,在冶金工业部有色金属分析经验交流会上,他发表了题为"金属光度分析的进展及其发展趋势"的报告,明确地指出了当前金属分析的任务与前景。会议认为,这篇报告对当前冶金分析发展具有指导意义,决定以显著位置刊登在1981年出版的《冶金分析》创刊号上。

沈含熙,1933年出生,1950年考入国立同济大学化学系,1952年转入复旦大学化学系。1953年毕业后分配到天津南开大学化学系任助教。1957年到苏联莫斯科大学化学系攻读副博士学位研究生。1961年学成归国,回南开大学化学系继续执教。1978年晋升为副教授。1982年任南开大学分校化学系主任。1990—1993年任南开大学化学系主任。曾获得国家发明三等奖和天津市自然科学奖二等奖各一项。1984年被评为"天津市劳动模范",1986年被评为"天津市先进科技工作者"。1990年被英国皇家化学会吸收入会,经理事会选举为该会会士并被授予英国"特许化学家"头衔。同年,苏联科学院无机与普通化学研究所所长佐罗托夫院士签署并颁发给沈含熙"库尔纳科夫荣誉奖章"及证书,并获得"君安科学家奖"。

从1980年开始,沈含熙教授研究团队对一系列表面活性剂胶束增敏高灵敏光度分析法进行了全面的研究。其中关于使用9-取代-2,6,7-三羟基

荧光酮的胶束增敏分光光度法的研究取得了突破性的进展。众所周知，许多高价金属，如钛、锆、锗、锡、钼、钨、铌、钽及锑等，历来缺乏高稳定、高灵敏和高选择性的分析方法。当进行实际复杂样品中特定元素的分析时，难以获得令人满意的结果。沈含熙教授领导研究团队系统地研究了不同取代基的三羟基荧光酮与各种表面活性剂和金属离子的显色反应，提出了用水杨基荧光酮与CTMAB光度测定微量钛、锆、锗、锡、钼、钨、铌、钽的方法，得到灵敏度极高的显色体系，又分别对多种不同9-取代的三羟基荧光酮与阳离子表面活性剂和锗、钛、锡、锆等元素的显色反应进行了系统的研究。结果表明，在被试验的各种三羟基荧光酮中，以邻硝基苯基荧光酮、水杨基荧光酮以及间硝基苯基荧光酮的效果最好。其主要特点是灵敏度高，各显色体系的摩尔吸光率普遍超过 10^5，有的甚至达到 2×10^5，反应选择性好，显色酸度高、显色稳定。低价金属离子一般不干扰测定，高价元素间的相互干扰问题也可通过各种选择性掩蔽手段解决。所建立的方法可不经分离对某些试样（如合金、钢铁、金属材料以及岩石矿物）中的高价元素进行直接快速测定，有效地解决了重金属元素测定的难题。

研究成果以论文形式发表后，立即引起了相关产业部门的重视。他们纷纷与沈含熙教授联系，询问相关的实验细节，并取走显色剂用实际样品对方法进行了验证。通过与原有的方法进行比较，证明沈含熙教授提供的胶束增敏分光光度法具有原有方法所不可比拟的优势，不仅操作简便，而且检测灵敏度高、干扰少。于是，该方法开始在四川省的相关领域得到应用，并迅速推广到全国，取得了一致的好评。同时，研究成果在科学界也得到了广泛的关注，该研究领域一跃成为当时我国乃至国际分析化学中令人瞩目的研究方向之一。到目前为止，已有几千篇研究论文在国内外重要期刊上发表。在天津市科委的支持下，南开大学组织召开了成果鉴定会，与会的冶金部、地质部及国内部分高校的专家都对研究成果给予了极高的评价，并推荐上报国家申请奖励。

此项工作在 1984 年被批准授予国家发明三等奖。成果发表后，有关方法被许多生产部门广泛采用或制定为国家标准。许多研究部门纷纷进行跟踪研究并探讨扩展其应用领域。正如北京矿冶研究总院出版的《国内高灵敏光度法手册（1985—1994）》一书中所说："一系列苯基荧光酮衍生物的合成和应用是近 10 年来高灵敏光度法的一个十分活跃的领域。据统计，使用此类试剂发表的文献达到 321 篇",又说:"南开大学沈含熙教授对此类试剂的胶束增敏光度法进行了系统和详细的研究,为这类试剂的推广应用起了倡导和开拓性的作用;清华大学郑用熙教授和北京大学慈云祥教授在高灵敏胶束增溶光度法机理方面做了深入的探讨,在应用方面做了广泛的实践。以他们为代表的一批年富力强的无机分析化学家的辛勤工作,为我国高灵敏光度法近 10 年间的快速发展做出了杰出贡献"。

成果完成人:沈含熙、许光惠、王振清、王连生

1982年《三羟基荧光酮胶束增敏光度分析法》鉴定会专家合影(前排：沈含熙、陈宗德、华方侠、曾云鹗、周秀中、厉时城；后排：许生杰、秦光荣、郑用熙、慈云祥、王长发)

南开化学百年贡献

成果名称

高效氯氰菊酯的开发

氯氰菊酯是一种高效广谱安全的拟除虫菊酯杀虫剂，主要用于防治棉花、果树、蔬菜等经济作物害虫，也可作为卫生杀虫剂，我国20世纪80年代每年耗资数百万美元从国外进口，该原药中包含8个异构体，高杀虫活性异构体只占45%，其余55%为无效异构体。

南开大学元素有机化学研究所第二研究室拟除虫菊酯专题组坚持基础研究与生产实际紧密联系的主导思想，在长期进行拟除虫菊酯合成化学研究的基础上，针对国际上该研究领域的空白点和我国的实际情况，经过精心的研究，发明了一种新的差向异构化技术，使国外进口的氯氰菊酯原药高杀虫活性异构体含量由40%提高到93%以上，因而使其药效相应提高一倍多。

黄润秋，澄海外埔人，1939年5月出生，1956年毕业于澄海一中，考入北京大学化学系，1962年毕业（六年制）并分配到天津南开大学元素有机化学研究所工作至今。1986年曾赴东德莱比锡大学进修，1991—1994年曾带科研发明技术成果参加巴黎、东京、芝加哥国际博览会。曾从事拟除虫菊酯立体选择合成、新农药创制与有机合成化学科研与教学工作，在国内外核心期刊共发表科研论文100多篇，共培养硕士生、博士生20多名。在高效杀菌剂"粉锈宁"新工艺和高效氯氰菊酯研究开发中作出重要贡献。曾获国家中青年有突出贡献专家、优秀教育工作者、天津市特等劳动模范称号、全国五一劳动奖章、国务院特殊津贴、天津市市长杯特别奖、国防科工委光华科技基金二等奖、中国拟除虫菊酯发展三十年杰出贡献奖、建国60年中国农药行业突出贡献奖、中华人民共和国建国70周年纪念章等奖励。

氯氰菊酯是重要的拟除虫菊酯杀虫剂，其化学结构式如下：

该杀虫剂是8个异构体混合物，其中高效体α体约占40%，低效体β体占60%。

以工业品氯氰菊酯原药（含量90%~95%）为原料，在乙醇或异丙醇溶剂中以三乙胺或氨作催化剂，在20~-10℃温度范围内进行差向异构化，使原药中大部分β体转化为α体并从溶液中结晶，经分离获得结晶产品，即高效氯氰菊酯,其中α体(包括顺反式α体)含量大于95%,使原药α体总含量增加一倍以上,其杀虫活性比未进行差向异构化的原药提高一倍,大大提高原产品使用价值。

使用本发明的方法制备高效氯氰菊酯的生产工艺简单,无需复杂设备,生产成本低,使原药α体增加一倍以上。将高效体配制成5%乳剂进行热贮存稳定性试验,在50℃贮存26天后,总酯含量和α体含量不变。昆虫毒力测定结果表明,高效氯氰菊酯比工业原药杀虫毒力提高一倍。

本研究课题以合成化学研究为主体,并有分析和生物测定工作相配合,尤其是在国家批准成立元素有机化学国家重点实验室并配备了一批先进测试仪器之后,这些新实验装备大大促进了合成化学研究工作的深入开展,加快了工作进度,于1987年完成小试研究。在市场信息调查后,争取了化工部、商业部、农业部的支持,并与天津农药厂合作,立项进行中试和试生产,厂校密切合作,解决了大规模生产中的新问题,使转化后新产品高效氯氰菊酯收率达98%,高效体在总酯中含量达93%,超过原定指标,1988年投产至1990年已获重大经济效益,天津农药厂已转化进口原药200多吨,获利税3000多万元,增加产值约9000多万元。由于杀虫活性含量提高,为农业多提供约2000多吨乳剂,相当于多进口约1000万美元原药,有效地支援了农业建设,新产品由中国农资公司在全国销售,深受用户欢迎。南开大学也获技术合作提成费七百万元,国家相关部门将此项目列为我国产学研结合成功案例。

2003年,全国拟除虫菊酯学会会议报告全国氯氰菊酯原药年产量2600吨,采用转化异构化技术制造高效氯氰菊酯的生产企业不下百家,高效氯氰菊酯作为创制新农药,成为我国杀虫剂骨干品种,在农作物保护中发挥了重要作用。本项成果获天津市科技进步一等奖(1989年)、第五届全国发明展览会金奖和天津市市长杯特别奖(1990年)、国家发明三等奖(1990年)、巴黎国际发明展览会银奖(1991年)、中国发明专利金奖(1993年)。

获奖年度	所获奖项	成果完成人
1989	天津市科技进步一等奖	黄润秋、陈学仁、钱宝英
1990	国家技术发明三等奖	黄润秋

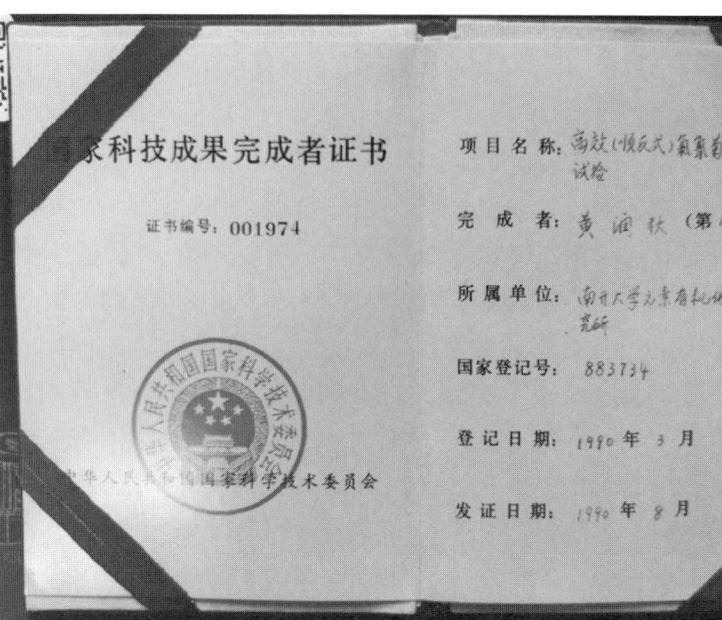

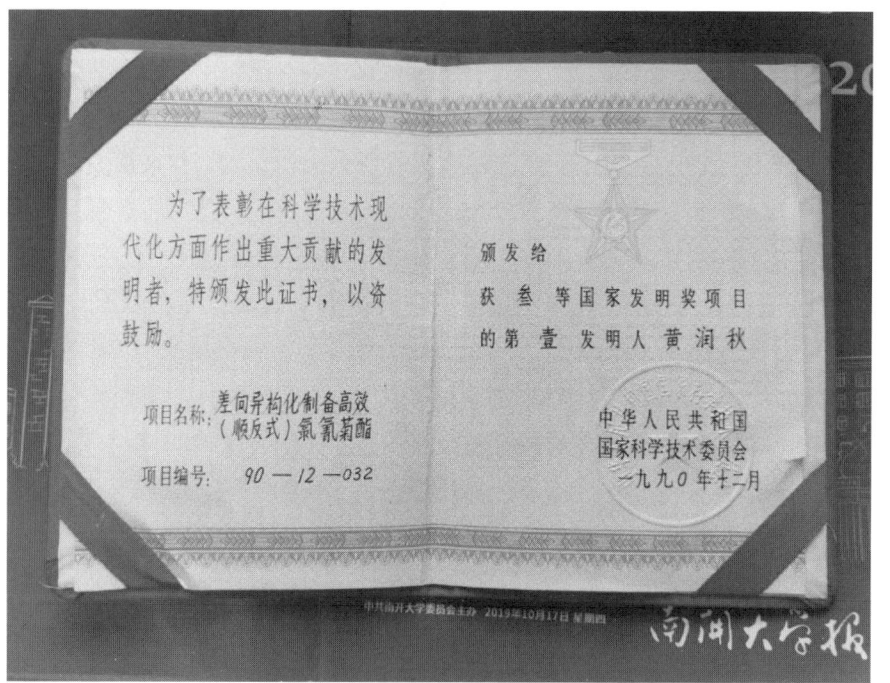

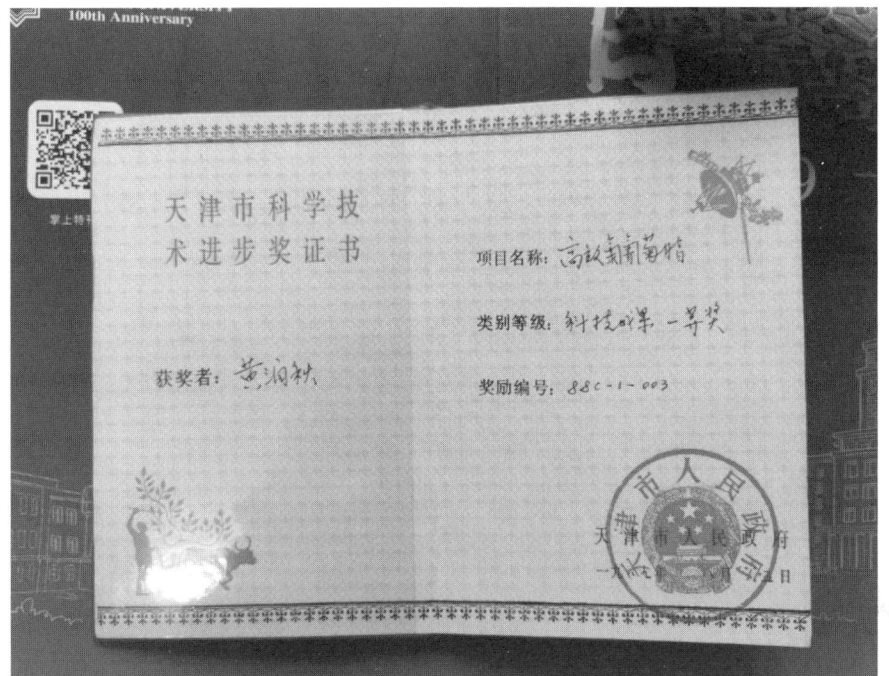

南开化学百年贡献

成果名称

化学键能量学数据库

在人类文明和社会现代化进程中，科学数据一直扮演着重要的角色，是科技创新的主要基础。随着当今大数据时代的到来，科学数据的支撑引领作用更是渗透到科学与社会活动的方方面面，发挥着极为重要的作用。如20世纪末启动的人类基因组计划，为了解生命、认识疾病提供了重要科学依据；与人类健康相关的疾病样本大数据，为疾病的预防、诊断和治疗提供快速准确的参考，更是推动临床医学研究、药物研发和产业发展的关键力量；此外，大数据正全面融入军事领域，成为未来智能化战争中克敌制胜的重要资源；同样，在航天深海领域，如果没有及时而准确的大数据支持，探索工作将寸步难行；在科学研究中，任何细微的数据偏差都会影响着对全局的判断和成败。简言之，在当今数字化、智能化的大背景下，科学数据已经成为最重要的社会资源之一；谁掌握了大数据和大数据的分析利用方法，谁就掌握了更好的发展主动权。鉴于此，国务院办公厅于2018年4月印发了《科学数据管理办法》，进一步加强和规范科学数据管理，保障科学数据安全，提高开放共享水平，更好支撑国家科技创新、经济社会发展和国家安全。

对照于科技自身和国家发展的需求，我国科学数据的获取、利用和平台建设起步较晚、差距较大，特别是与化学物质及其变化相关的大数据工作，即便仅与物理、天文、地理、生物、医学等兄弟基础学科的发展状况相比，也明显落于其后，这势将影响学科发展的时运，必须引起化学学科的高度关注。

化学键能量学之于化学：化学研究的终极目标是掌握物质转化的机制和规律，为化合物新功能的高效开发、新化学物质的绿色构建和利用奠定理论和物质基础，并为材料、生物医学、能源等相关学科提供指导。从本质上说，化学物质的变化是底物分子内部或反应物之间相关化学键重组的过程；其能否和如何发生，以及产物的组成和结构，取决于反应物中各原子间的结合力——化学键的键能。因此，键能是发生反应的内因，而旨在克服能垒的反应条件则是外因，外因需要通过内因来发挥作用。这也是为什么在各类表征化学物质属性及其反应的定量及定性参数中，人们永远把化学键能摆在第一位。

从诱发化学键断裂的方式来说，化学键相关的能量主要包括均裂能、异裂能以及氧化还原电位，此外，还包括一些弱作用，如：氢键能、卤键能、吸附能等。作为化学键强弱的定量标度，化学键能是化学、生物、材料、能源、医药等众多以物质转化为基础的领域中定量研究不可或缺的基本参数,也是最可信赖、量大面广而且相对来说最方便获取的定量标度。键能的相关知识,对于新药物的合成、新功能材料的开发、新反应体系的设计、生命体内的代谢规律的研究等,具有公认的重要指导价值;键能参数特别是平衡酸度pK_a和在其基础上发展而来的各种线性自由能关系,为现代物理有机化学的发展奠定了理论基础,至今仍在理性分析中发挥重要作用;精准测定的键能参数,亦为量化计算模型的构建及优化提供基准量值,成就了当今计算化学的辉煌并将继续发挥其作为核心基准量的价值等。

回顾化学发展的近代史,自20世纪20年代Linus Pauling关于"The Nature of the Chemical Bond"的划时代论述发表以来,近一个世纪里键能研究一直是处在学科的核心位置,成为创新的重要原动力。正因为键能数据既能用于解析实验现象、判断反应机制,深化人们对物质转化规律的认识,又能从能学角度对反应进行合理预测和理性设计,这使得有志于使化学研究逐步摆脱对传统试错(trial-error)模式依赖的化学家,在大数据和AI迅速迫近的时代背景下,把学科的科学发展更多地寄托在以化学键能量学为基础的理性发展模式上,这是符合化学发展的时代需求的。

一个多世纪以来,为能理解繁杂的化学变化的内在规律,化学家在键能测定方面倾注了大量心血,产生了海量的键能数据。然而,这些珍贵且数量庞大的基本参数散落于各文献中,查阅和使用极为不便。世界科学数据的巨头美国国家标准与技术研究院(NIST)和旗下的CRC出版社、国际纯粹与应用化学联合会(IUPAC)以及美籍键能专家罗渝然先生等团体和个人都尝试出版键能相关的专著来解决这一问题。但由于纸质书籍的涵盖面有限、便携性差、检索不便、更新周期长等先天缺陷,它们的可及性严重不足。美国的NIST虽于2016年建立了网络版热化学数据库"NIST Chemistry Webbook",但它并不直接提供化学家和材料、生物医学等研究所需的键能数据,而且其中的热化学量也仅收录了气相的数值。由于有机和生物学相关研究的绝大多数反应是在溶液相中进行,这使得NIST数据库无法针对性地服务于化学及相关凝聚态物质科学领域。这一状况也直接反映出对化学类科学数据进行收集整理和甄别的难度。因为它们均须产自规范条件下的严谨和可标准化的实验操作及数据处理,即便是专业的数据专家(如NIST)在处理诸如化学键能这类科学数据时,如果不十分熟悉键能研究的诸多特定条件,也是很难胜任高标准的数据甄别要求的。同样,对于产自大量化学反应的海量数据,如果只是数据的简单堆积和表观对比,也极易陷入迷局使工作完全丧失意义。因此,破局的关键在于化学家和数据专家之间的交叉融合。

经过数年的筹备和努力,南开大学化学学院程津培院士键能团队以其雄厚的实力和高度的责任感,投入巨大精力,对海量文献进行专业化、智能型整理归纳和数据甄别,于 2016 年 3 月创建了首个数据权威、搜索功能强大的 iBonD 键能数据库[7]。它是全球唯一基于互联网及移动端的智能型化学键能"大数据"平台;涵盖了已被实验测定、可信赖的绝大多数已知键能数据(均裂能 BDE 和异裂能 pK_a),并对全球学术界免费开放。该数据库能够提供多种便捷的检索模式和专业全面的键能相关信息。iBonD 首次实现了物化基本参数的智能化网络检索,领先于世界上任何一个同类数据源。

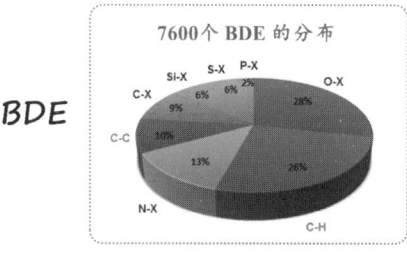

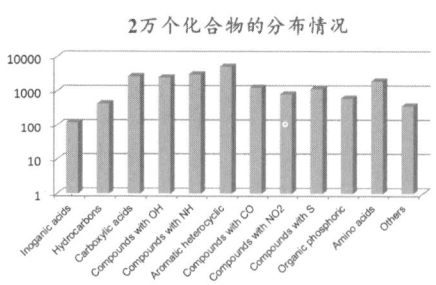

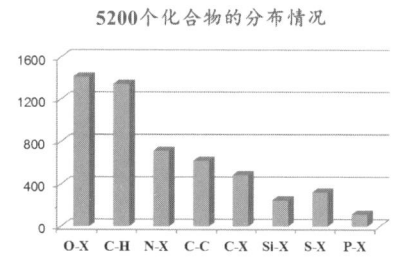

自发布以来，iBonD 已有 6000 多名注册用户，12 万余次访问量，多次被 JACS、Angew、Chem. Rev.、Chem. Soc. Rev.等权威期刊引用，受到国内外同行的高度赞扬，如：著名物理有机化学家、德国科学院院士、慕尼黑大学 Herbert Mayr 教授在 Chemistry Views 上以"最有效的查询 pK_a 数据的途径"（The Most Efficient Way to Find pK_a Values）为题撰文，向科学界强烈推荐并高度评价了 iBonD 数据库。在后续工作中，团队将继续优化检索引擎、更新已有键能数据，同时还进一步将氧化还原电位等键能参数加入该数据库中，最终将 iBonD 建成涵盖最广、数据最权威的键能大数据平台。iBonD 以远优于其他任何同类数据源的能力，服务于相关研究领域的理性发展，从而减少资源浪费和污染物排放，有力提升了我国作为学术上"负责任大国"的形象。

程津培，1948 年出生，天津人，籍贯江苏灌云，1975 年，天津师范学院化学系毕业；1975 年 8 月至 1978 年 9 月在天津塘沽师范学院任教；1981 年获南开大学硕士学位；1981 年 12 月至 1982 年 12 月在南开大学任教；1982 年 12 月至 1987 年 2 月在美国西北大学有机化学专业攻读博士，获博士学位；1987 年 3 月至 1988 年 8 月在美国杜克大学做博士后研究。1988 年回国后在南开大学任教，先后任南开大学讲师、副教授、教授、博士生导师，物理有机化学研究室主任。1995 年 12 月，当选为南开大学副校长；1997年至2000年任天津市政协副主席、致公党天津市委主委；2000年4月至2008年4月任科学技术部副部长；2001年当选为中国科学院院士；同年当选为第三世界科学院院士；2002年12月当选中国致公党第十二届中央副主席；第八届全国政协委员；第九届全国政协常委；第十届全国政协常委；第十一届全国人大常委会委员；2012年12月成为南开大学、清华大学双聘院士，并担任清华大学基础分子科学中心主任；兼任中科院化学所、犹他州立大学客座教授及Accounts Chemical Research顾问编委等职；2012年12月，被中国致公党第十四届全国代表大会选为副主席；2013年3月，第十二届全国政协常委，全国政协教科文卫体委员会副主任。2005年获香港何梁何利基金会"何梁何利科技进步奖"；2012年获中国化学会-中国石油化工股份有限公司"化学贡献奖"；2013年获中国化学会"物理有机化学成就奖"。

南开化学百年贡献

成果名称

基于若干先进功能材料的分离分析新方法

复杂样品分析与国家诸多重点领域密切相关。食品安全、人类健康和环境保护等国家重大需求领域对复杂样品分析提出了迫切要求。复杂样品分析是分析化学的前沿领域，国际顶级分析化学期刊和国家基金委都将其定为学科优先发展领域。复杂样品具有干扰物多、目标物痕量等特点。大量干扰物与痕量目标物共存，以及结构类似物干扰，造成痕量目标物测不到、测不准和分离困难等问题。这是长期困扰复杂样品分析领域的难题。因此，如何消除这些干扰，就成为复杂样品分析的关键问题。解决这些问题的瓶颈在于缺乏高效分离分析介质和无背景检测策略。

多孔骨架材料具有组成和结构丰富、比表面大、热稳定性高、孔径可调和便于后修饰等特点，非常适合用于复杂样品痕量分析中的高效分离和富集介质。固定相是色谱分离系统的心脏，是复杂混合物分离选择性的决定性因素之一，高效色谱分离固定相的研制是关键。同时，针对常规荧光传感和成像易受生物组织和体液自发荧光和散射光干扰的缺点，如何构建可有效避免生物样品自发荧光的低背景或无背景检测方法成为复杂样品分析的关键和亟待解决的科学问题。

严秀平，浙江省台州市人，1993 年从中国科学院生态环境研究中心获得博士学位，此后曾在德国、比利时、加拿大从事博士后研究，2000 年回国到南开大学任教。长期从事环境和生物分析、食品安全与质量控制研究。在原子吸收光谱分析原子化机理，毛细管电泳与原子光谱联用技术，基于多孔骨架材料的分离分析和长寿命发光纳米材料的免激发传感/成像及其应用于环境、生命和食品安全等领域取得了系统的创新性研究成果。

环境和生物等复杂样品的痕量分析一直是分析化学具有挑战性的研究领域，其核心问题是如何有效克服复杂基体的严重干扰、提高痕量分析物的灵敏度以及结构类似物的分离选择性。

解决这些问题的关键在于研发具有高效分离和富集介质。多孔骨架材料如金属-有机骨架（MOFs）和共价有机骨架（COFs）具有诸多优良性质，是一类良好的分离和富集介质。然而，MOF/COF 制备条件比较苛刻、功能基团匮乏、形貌不规整、粒度分布宽和机械强度差等问题已成为其应用于样品前处理、色谱分离和荧光传感等分离分析领域的主要障碍。为此，项目提出了 MOF/COF 功能化新策略，发展了多种 MOF/COF 分离分析介质的制备新方法，建立了系列基于 MOF/COF 的分离分析新方法，有力推动了多孔骨架基分离分析新型介质的研究，为复杂样品分离分析提供了新原理、新策略和新途径。

针对常规荧光传感和成像易受生物组织和体液自发荧光和散射光干扰的缺点，开展了长寿命发光纳米探针的研究，构建了一系列长寿命磷光量子点和长余辉发光纳米晶的生物传感和成像新方法，有效地避免了生物样品中自发荧光和散射光干扰的问题。

量子点的发光特性在很大程度上依赖于其表面性质，因此发展量子点表面化学性质调控新策略，对于构建新颖量子点光学探针和生物传感新方法以及深入理解量子点的发光机理都具有重要的意义。本项目提出了基于化学氧化还原、光活化、化学刻蚀、表面印迹等一系列量子点表面化学调控新方法，并应用于建立一系列污染物和生物活性分子的化学/生物传感新方法。

综上所述，项目针对 MOFs/COFs、长寿命发光纳米晶以及分子印迹聚合物等新型功能材料应用于分析化学的若干关键问题进行了深入系统的研究，为解决环境和生物等复杂样品痕量分析中基体干扰严重、灵敏度低以及异构体难分离等问题提供了新策略和新途径，取得了一系列原创性研究成果，有力推动了分析化学的发展及其与材料科学之间的交叉和融合。项目相关研究成果发表于 Nat.Commun., J.Am.Chem.Soc., Angew.Chem.Int.Ed., Acc.Chem.Res., Chem.Soc.Rev., Chem, Anal.Chem. 等本领域主流期刊。项目完成人应邀担任英国皇家化学会 Anal.Methods 杂志副主编以及 Anal.Chim.Acta、Talanta、Electrophoresis 和 Cancer Nanotechnol.等杂志的编委。相关工作得到了美、英、日、德、法、意和西班牙等国际同行的广泛引用、好评和应用，应邀为 Acc.Chem.Res. 和 Chem.Soc.Rev. 撰写相关专题评述，显著提高了我国在该领域的国际影响力。

迄今，严秀平教授已在 Nat.Commun., J.Am.Chem.Soc., Angew.Chem.Int.Ed., Acc.Chem.Res., Chem.Soc.Rev., Chem, Anal.Chem.等国际著名学术期刊上发表研究论文 300 余篇，获得发明专利授权 20 余件，连续 6 年（2014—2019）入选汤森路透/科睿唯安全球高被引科学家。项目在 2013 年和 2020 年分别获教育部自然科学奖一等奖和二等奖。

近年来，严秀平研究团队围绕该课题方向持续开展研究，采用一步水热合成法制备了形貌规则、粒度均一、发光性能良好的鱼雷状可酸降解的绿色发光长余辉纳米粒子（$Zn_2GeO_4: Mn^{2+}, Pr^{3+}$）（ZGMP），探讨了 ZGMP 的酸响应机理。利用 ZGMP 的持续发光特性和酸刺激响应性质，将其作为

发光信号传导探针，进一步结合酶专一催化其底物、抗原抗体特异性识别、酸碱反应等原理，构建了刺激响应型持续发光信号传导体系，实现了血清中葡萄糖和谷物样品中 AFB1 的高选择性灵敏检测。相关成果发表于 Angew.Chem.Int.Ed.。

可逆共价键有助于有序结构的形成，但也从根本上限制了 COFs 的稳定性。发展非可逆共价键连接的 COFs 是突破上述限制行之有效的手段，但非可逆共价键不利于有序的结构的形成，因此非可逆 COFs 的制备一直是难点。以高反应活性的酰氯单体交换可逆亚胺母体 COF 中的醛构建单元，成功制得了非可逆酰胺 COF，首次通过单体交换法实现了可逆 COF 到非可逆 COF 的转变。非可逆酰胺键不仅作为连接基团提高了 COF 的稳定性，而且作为功能基团对金离子具有高选择性识别。以非可逆共价有机骨架作为吸附剂，可实现对水溶液中金的快速高选择性萃取。相关成果发表于 Angew.Chem.Int.Ed.。

上述工作有力推动了分离分析新型介质的研究，为复杂样品分离分析提供了新方法和新途径。

获奖年度	所获奖项	成果完成人
2013	高等学校科学研究优秀成果奖自然科学一等奖	严秀平、王荷芳、古志远、吴鹏、何瑜、吴伯岳、常娜、谭津、杨成雄
2020	高等学校科学研究优秀成果奖（科学技术）自然科学二等奖	严秀平、杨成雄、钱海龙、于丽青、李洋、任呼博、代聪

获奖项目：基于若干先进功能材料的分离分析新方法

获奖单位：南开大学
（第1完成单位）

奖励等级：自然科学奖一等奖

奖励日期：2014年01月

证书号：2013-014

教育部

二〇一四年一月二十九日

高等学校科学研究优秀成果奖
（科学技术）
证　书

项目名称：多孔骨架材料的分析应用基础研究

奖励类别：自然科学奖

奖励等级：二等奖

获奖者：南开大学

2021年3月24日

证书编号：2020-074-D01

南开化学百年贡献

成果名称

钠离子电池关键电极材料与反应机制

随着现代社会的不断发展，人们对电化学储能的需求量持续增加。在众多的电化学储能技术中，锂离子电池已在便携式电子设备和新能源汽车市场中占据垄断地位，并在电化学储能领域展示出良好的应用前景。然而，锂的低丰度和潜在的安全隐患难以满足大规模应用和可持续发展的需求。开发储量丰富、成本低廉、安全可靠的可充电池体系，并匹配高比容量、可快充、长循环寿命的电极材料，获得高比能高功率储能系统是当今电化学能源存储和转化的发展方向。

钠锂同族，具有很多相似的性质，且钠资源丰富、分布广泛、价格低廉，因而钠离子电池非常适用于低速电动交通和大规模可再生能源储存。但是由于钠离子较大的半径，导致充放电过程中的材料结构稳定性、电极/电解质界面稳定性以及钠离子传输动力学均存在不足，造成循环寿命和快速充放能力欠佳。理解钠离子电池中的关键电极材料与储钠机制，掌握钠离子/电子协同输运规律，揭示电极材料性能衰退本质原因是当今钠离子电池发展中亟待解决的问题。

陈军，1967 年生，1985—1992 年在南开大学化学系学习，先后获学士、硕士学位，并于1992年留校工作；1996—1999 年在澳大利亚 Wollongong 大学材料系学习，获博士学位；1999—2002 年在日本大阪工业技术研究所任研究员。自 2002 年任南开大学教授、博士生导师，2017 年当选中国科学院院士，2020 年当选发展中国家科学院院士。现任南开大学副校长、先进能源材料化学教育部重点实验室主任。从事能源化学及高能电池的研究。项目针对钠离子电池电极材料的钠离子传输扩散速率慢、反应活性低和循环寿命不足等难点科学问题，开展钠离子电池关键电极材料与反应机制的探索研究，并取得了一系列原创性成果，为高性能钠离子电池电极材料及全电池开发提供了重要理论和实验支撑。

现代社会快速发展对电化学储能的需求不断增加，锂离子电池已实现产业化，但还存在资源短缺、安全隐患等问题。钠离子电池因钠资源丰富、分布广泛、价格低廉、安全可靠等优势，被认为是具有潜力的下一代新型电化学储能技术。然而，钠离子半径较大，导致其传输扩散速率慢，电极材料反应活性低，造成可逆容量低、倍率性能欠缺和循环寿命不足。

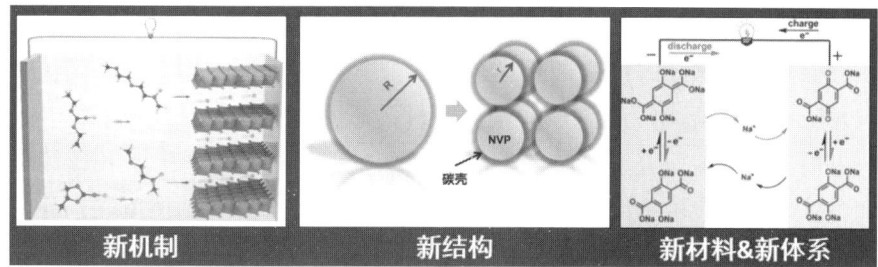

| 新机制 | 新结构 | 新材料&新体系 |

针对上述科学难题，项目提出了钠离子电池中关键电极材料的微纳结构/核壳结构设计原则以及电压诱导下电化学反应机制的调控方法，构筑具有超快钠离子输运能力金属硫族化合物负极和聚阴离子型正极以及基于无机-有机杂化钠盐的对称钠离子电池，解决了电极材料难以同时实现高倍率能力和长周期循环稳定性的难题，为拓展钠离子电池电极材料的选择以及全电池的构筑提供了理论依据和实践方向。项目主要创新点如下：

1. 针对钠离子在正极材料体相中运输能力差而导致的动力学缓慢问题，提出功能化碳包覆的纳米核壳结构设计，通过调控材料尺寸和碳包覆层厚度，优化孔隙率和结晶度，构筑了离子扩散快、电子传输阻力小的纳米复合电极，实现了钠离子电池的快速充放电和稳定循环。

2. 针对金属硫族化合物/碳复合负极在电化学氧化还原过程中体积变化剧烈、电压极化严重、中间产物与碳酸酯类电解液存在副反应的难题，提出了电压诱导下的电化学反应精准调控方法。通过微纳结构设计，提升钠离子传输速率；采用醚类电解液，降低钠离子嵌入势垒；探索转化反应与插嵌反应中的电压/能效关联规律，实现晶体结构中钠离子快速扩散，构筑了具有高稳定性和超快钠离子输运能力的廉价电极材料。

3. 针对无机电极材料比容量不足和有机电极材料易溶解于电解液的难题，提出了"无机-有机杂化"策略构筑对称钠离子电池，通过无机-有机杂化理论，利用离域 π 键，设计合成了一系列具有纳米结构的无机-有机杂化材料，将弱极性分子成盐转变为强极性离子化合物，抑制了电极材料在电解液中的溶解，提升了电化学反应稳定性。

项目针对钠离子电池中的关键电极材料及其储钠机制开展研究，探索钠离子/电子协同输运规律，揭示电极材料性能衰退本质原因，提出电极材料的微纳结构/核壳结构设计原则，通过微纳自组装复合结构、纳米核壳结构的构筑，有效缩短了钠离子扩散路径，加快了电子传输速度。该项目将钠离子电池研究与国家需求相结合，作为南开大学主动服务京津冀协同发展战略的重要举措,"南开大学–沧州渤海新区绿色化工研究院"已投入运行,项目团队的"钠离子电池规模化制备技术"已入驻,并获授权中国发明专利 6 项,将为钠离子电池关键材料与技术的实用化进程提供支持。

  项目在电池研究领域产生了重要影响,微纳/核壳结构材料设计策略和电压诱导反应机制调控方法在报道后被多个课题组采用,收到国内外同行的高度评价和广泛引用,有力推动了化学、能源与材料等学科之间的交叉和融合。项目在 2020 年获高等学校科学研究优秀成果奖(科学技术)自然科学一等奖(已公示)。项目第一完成人陈军教授 2017 年当选中国科学院院士,2018 年荣获"全国五一劳动奖章"、中国侨界杰出人物提名奖,2020 年当选发展中国家科学院院士、荣获全国创新争先奖状。程方益获国家杰出青年科学基金资助;张凯、朱智强入选国家四青人才。

  成果完成人:陈军、张凯、陶占良、程方益、轩喆、王诗文、段文超、朱智强

南开化学百年贡献

| 成果名称 | 超分子化学基础研究——识别、组装、化学传感及超分子金属有机化学研究 |

超分子化学是现代化学中极具发展前景的重要领域之一，与生命、材料、信息、能源以及环境科学密切相关，其研究核心是分子识别，它是通过氢键、静电力、范德华力、π-π 堆积等弱相互作用实现的。这种作用的结果往往是形成分子以上层次的有序聚集体，使其具有新奇的结构和功能。近年来，应用过渡金属通过配位键的超分子化学研究正方兴未艾。其原因是过渡金属有更丰富的配位几何功能，且配位键强于氢键等弱相互作用，因此较少的作用位点，即可达到更有效的聚集目的，通常的配位原子为主族的 N、O、S、P 等元素，而忽略了过渡金属原子 d 孤对电子的配位能力。我们应该充分考虑到中性低价过渡金属粒子的给予体性质，通过巧妙地与主族配位原子组成两性多齿配体，通过它们与金属粒子相互作用，由此可得到更多特异结构的聚集体，进而通过它们研究金属间的协同效应、光物理和光化学行为以及作为纳米级光电材料的可能性，将具有十分重要的意义。

有机分子基化学传感器的研制与开发是当今超分子化学在应用基础研究方面的十分重要的范畴，其优点是具有高的灵敏度、低成本、易于操作、可进行实时实空间操作，这种新的化学传感器将替代传统的检测手段。目前的文献工作就识别的客体多针对质子、碱金属离子、碱土金属离子，少数针对其他金属离子、有机胺离子、阴离子，极少数针对中性分子客体如蛋白质、多肽、糖、有机酸、烃类化合物等，研究的范围和深度仍很不够，受体单元和新型识别机制是深入研究的关键。该项目的研究目的是引入新的受体单元和开发新的识别作用机制，基本构思是合成含有荧光团的 P、N 配体，进一步形成主族或过渡金属有机化合物或络合物，他们与具有各种基团的有机化合物的反应是多种多样的（如配位、取代、插入、氧化加成等），而且对不同的金属而言选择性是不同的，这些则构成设计合成新型分子基荧光化学传感器的基础。通过巧妙的设计可以合成出对于气体分子、有机及生物小分子的荧光化学传感器。

另外，对于金属离子的化学传感器的研究虽然很多，但大多集中在基础研究的层面上。我们在研究金属有机化学相关课题基础上，希望通过合成各种类型螯合 N、S、P、Se 侧链的杯芳烃衍生物，将它们作为银离子选择性电极的膜材料，在应用研究上，通过电化学方法对离子识别做出新的尝试，具有很重要的现实意义。

张正之，1940 年出生，1964 年毕业于南开大学化学系，随后到中国科学院成都有机化学研究所从事有机化学研究工作。1978—2005 年在南开大学元素有机化学研究所工作，历任讲师、副教授、教授、博士生导师，其间 1990—1991 年在美国南佛罗里达大学做访问教授。1999 年获得国务院政府特殊津贴。于 1986、1994、2001、2006 年先后获得国家教委科技进步二等奖、三等奖，天津市自然科学一等奖（第一完成人）和二等奖（第一完成人）。南开大学元素有机化学国家重点实验室学术带头人，发表论著 200 余篇，于 2005 年在南开大学退休。

研究了由柔性配体 9,10-双（二苯基膦基丙氨甲基）蒽和 11 族金属 M^+ 通过 π-π 堆积作用给出了一个高产率合成双金属环蕃的新方法，其中铜的络合物可对 1,4-双氰甲基苯起到荧光化学传感器的作用，通过 9-（二苯基膦基丙氨甲基）蒽与 Au^+ 在乙腈中作用，形成了 Au^+-η^2-芳烃 π 络合物，并附加有配位 $N=CCH_3$ 与蒽环的 p-p 堆积作用。该体系取决于在 Au^+ 原子上的配位基团通过配位臂对于蒽荧光团的"张开"或"闭合"作用，可构成对于中性 N 或 P-配体分子的 off-on 荧光化学传感器。该项成果在超分子金属有机化学及其应用领域具有一定的创新性，属于前沿领域，具有深远的理论意义和一定的应用前景。

张正之教授领导的超分子化学研究组 1996—2004 年在"有机和金属有机化合物的组装、分子识别和化学传感"课题的基础研究和应用基础研究中取得了诸多原创性成果，其中一些方面处于国际同类研究的前列。

1. 进一步扩展了它们早些时候提出的金属有机多齿配体和配位化学的概念。形成了金属-金属间具有给体-受体键的全新类型的双金属，尤其是多金属有机化合物,广泛研究了他们的结构和成键规律以及它们特异的物理化学性质,如识别性能、发光性能等,在某些方面具有潜在的应用前景。

2. 通过合理的设计合成、X-衍射分析和量化计算,第一次明确给出和证实了芳烃-11 族金属阳离子间 η^6-π 络合物的存在,这是对金属有机化学重要的贡献。

3. 通过各种有机和金属有机化合物的设计、合成和自组装反应给出了很多一维、二维和三维新奇结构化合物,并应用光电技术对金属离子以及很多中性有机化合物进行了化学传感方面的研究,取得了令人瞩目的成果。

该项目成果在国内外尤其是国外高水平杂志上发表了 50 多篇文章,已引起了国际同行的广泛关注,几十位外国科学家上百次对这些论文进行引用。

超分子化学领域有关分子识别、组装和化学传感方面的基础研究以及超分子金属有机化学研究工作在该领域内引起极大关注,成功将金属有机化学和超分子化学结合起来,发展出超分子金属金属有机化学的前沿学科。项目在 2001 年和 2006 年分别获天津市自然科学一等奖和二等奖。

获奖年度	所获奖项	成果完成人
2001	天津市自然科学一等奖	张正之、麦松威、支志明、匡善明、徐凤波、李庆山、宋海斌
2006	天津市自然科学二等奖	张正之、徐凤波、曾宪顺、宋海斌、李庆山

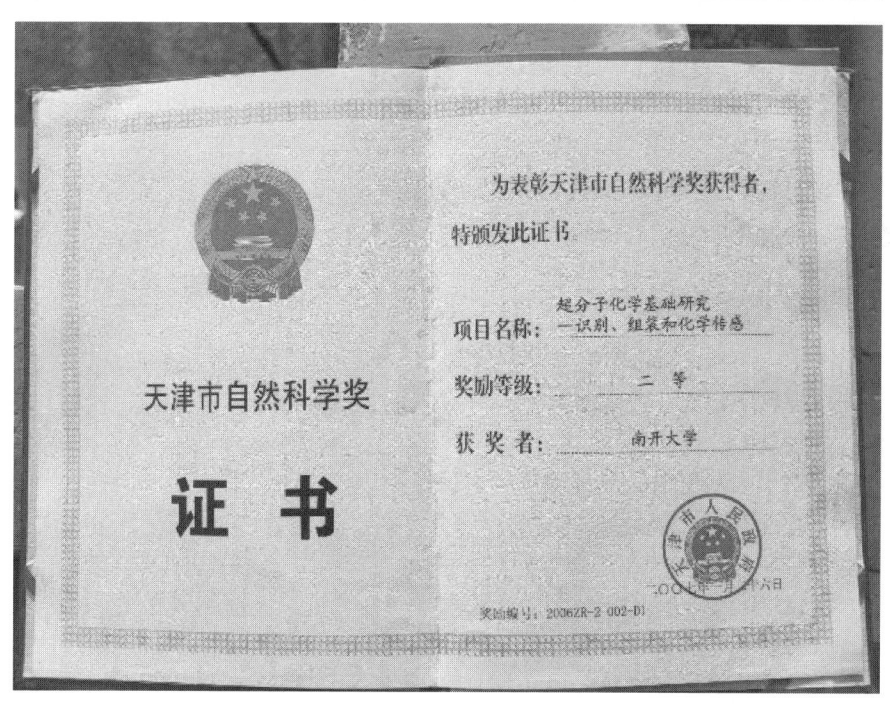

南开化学百年贡献

成果名称

功能性有机-无机杂化材料的组装与性质研究

功能性有机-无机杂化材料的研究处于化学、物理、材料和信息等多学科交叉点，是当今国际化学研究非常活跃的前沿领域之一。有机-无机杂化材料兼有无机材料和有机材料的特性。一方面，金属离子是构成这类材料的基本要素之一，金属离子所特有的磁学、光学、电学、氧化-还原特性等都可能体现在所设计合成的分子材料中；另一方面，此类材料的基本要素之二是有机配位体，有机配体的多样性、可修饰性和与各种金属离子的不同组合，为设计并合成尺寸可控、形状可控和性质可控的各种类型的分子材料提供了可能性。同时，金属离子所特有的光、电、磁等性质在配位场下可得到微妙的调控，而且通过金属离子与有机配体的巧妙结合可产生单组分所不具有的新的性质。因此，有机-无机杂化材料在分子磁性、信息存储、催化和分子电子材料等方面有着广泛而诱人的应用前景。

本课题组从20世纪90年代中期开展了这一领域的研究，在新型功能性有机-无机杂化材料的设计、组装、合成、结构和性质研究中取得重要成果。本成果的主要内容有：（1）采用合成单核、多核及大环配合物的新方法，使设计具有预期功能性的新型配合物和有机-无机杂化材料能快速方便地实现。某些异多核体系和金属大环配合物为未见文献报道的新类型配合物。（2）在配合物磁性研究中归纳出某些新规律，并将分子力学和量子化学计算方法率先应用于多金属偶合体系，为磁功能有机-无机杂化材料的分子设计和晶体组装提供了某些指导性信息。（3）合成出一批结构新颖、性质独特的新型功能配合物，如：高自旋基态的铁磁偶合配合物、结构新颖的超分子配合物和性能独特的大环配合物等。（4）在国内首次获得分子铁磁体，可望发展出一类体积小、比重轻、易于复合加工成型的新一代磁体。（5）在国内首次获得转换温度接近室温并伴有滞后和热致变色现象的自旋转换体系，为新型信息存储材料的研制提供了新的途径。某些合成方法已被国内外同行仿照使用。

成果完成人：程鹏、杨光明、刘欣、李立存、王文珍、寇会忠

南开化学百年贡献

成果名称

过渡金属有机化合物化学的研究

宋礼成，1937年出生于山东济南。现任南开大学教授，博士生导师。1957年考入南开大学化学系，1962年毕业后留校任教。1979—1981年在美国麻省理工学院（MIT）做访问学者，1995年在美国哈佛大学做访问教授，2007年当选中国科学院院士。他长期从事金属有机化学的科研和教学工作，编写出版了我国第一本"金属有机化学"教科书和百余万字的《金属有机化学原理及应用》专著，获一项国家级优秀教材奖，获高校优秀教学成果天津市一等奖和国家级二等奖。在科研方面，他发现了多种金属有机新试剂、新反应、新合成方法，设计合成了大量结构和性质新颖的金属有机化合物。他在国内外著名学术刊物上发表350多篇论文，获三项国家教委和教育部科技进步（自然科学类）二等奖，一项天津市自然科学一等奖，2004年获中国化学会第一届黄耀曾金属有机化学奖。

过渡金属有机化合物是一类含过渡金属 M-C 键的化合物，它同含主族金属 M-C 键的化合物是金属有机化学的两大研究对象。尽管主族金属化合物化学早已进行了广泛深入的研究，但人们对过渡金属有机化学的研究只在20世纪50年代初二茂铁发现以后才逐渐开展起来。因此，二茂铁的发现可以看作是过渡金属有机化学的里程碑。近年来，宋礼成教授对新型过渡金属有机化合物，诸如过渡金属原子簇化合物、富勒烯金属有机化合物以及含过渡金属铁和镍的氢化酶仿生物的化学进行研究，取得一系列创新性成果。

一、过渡金属原子簇有机化合物

自二茂铁发现以来，人们对过渡金属有机化合物进行了广泛深入的研究，但直到20世纪80年代初人们才开始对过渡金属原子簇有机化合物进行研究。过渡金属原子簇有机化合物是一类含金属M-M键的双核及多核有机化合物。人们对这类化合物的研究不仅有力地推动金属有机化学的发展，而且也有力地推动现代有机合成、催化和材料等相关领域的发展，具有重要的理论意义和应用价值。宋礼成教授于20世纪80年代初率先在国内对过渡金属原子簇有机化合物的化学进行研究，取得系列创新性研究成果。例如，他带领他的研究组于1988年发现了一种合成含μ_4-S原子的双蝶状铁硫簇合物的新方法，这一方法不仅产率高，而且可合成带各种取代基的这类簇合物，其中带乙基的簇合物被载入国际著名金属有机化合物大辞典DOC。他的研究组还于1991年发现了合成含线型M-Hg-M（M＝Cr, Mo, W）三金属簇合物的一种新方法，有两个M-Hg-M簇合物被载入DOC大辞典。宋礼成教授于1991年发现了一类含单μ-CO配体的单蝶状铁硫（硒、碲）络盐可同联硫羰基铁发生新奇的S-S键还原断裂反应，这一反应在新型双蝶状和多蝶状簇合物的合成中得到广泛应用。宋礼成设计合成了首例含双μ-CO配体的双蝶状铁硫络盐并进一步合成了结构和性质新颖的大环蝶状簇化合物，该研究成果发表在2002年的JACS上。此外，他还设计合成了首例含三μ-CO配体的三蝶状铁硫络盐，并进一步合成了结构新颖的星状原子簇化合物。至今，这些μ-CO络盐已经成为向各种反应底物导入Fe_2E（E＝S, Se, Te）结构单元的重要金属有机试剂。鉴于他在蝶状铁硫簇合物研究中的贡献，应邀撰写了一篇专论发表在2005年的Acc.Chem.Res.上。

宋礼成研究组对发展含μ_3-E（E＝S, Se）原子的四面体簇合物化学做出了重要贡献。例如，他基于诺贝尔奖得主Hoffmann教授所提出的"等瓣相似"（isolobal analogy）原理发现了多种新型的等瓣置换反应。他通过他发现的四面体簇合物与桥连双金属等瓣试剂之间的双等瓣置换反应，合成了结构和性质新颖的桥连双四面体簇合物。通过他发现的桥连双四面体簇合物与桥连双金属等瓣试剂的环化等瓣置换反应，合成了结构和性质新颖的四面体大环金属冠醚。宋礼成应邀就等瓣置换反应的研究成果在第 19 届国际金属有机化学大会上作了邀请报告，受到同行专家的好评。

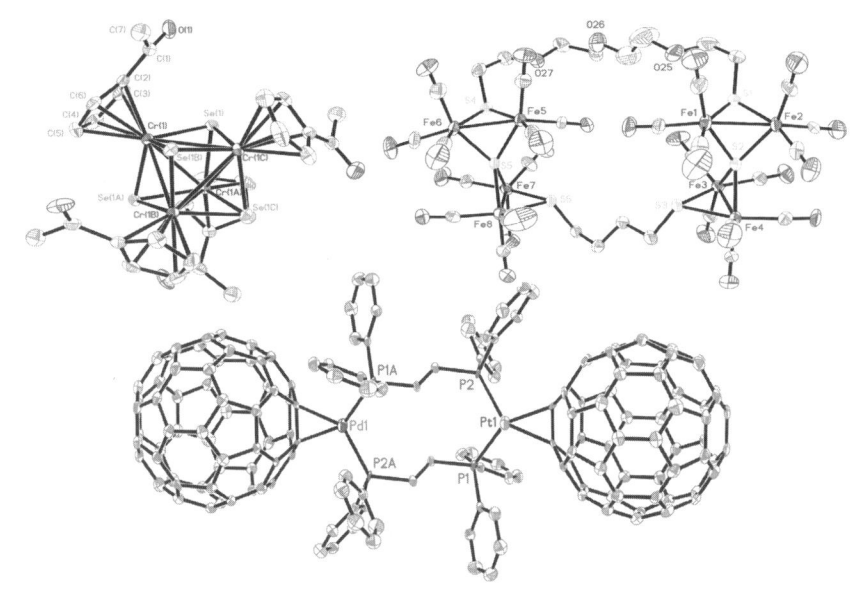

二、富勒烯金属有机化合物

1985 年富勒烯 C_{60} 的发现是科学史上的重要发现，为此英国的 Kroto 教授以及美国的 Smalley 和 Curl 教授荣获 1996 年度诺贝尔化学奖。宋礼成研究组在富勒烯金属有机化学的研究中取得多项创新性成果。例如，该研究组合成并表征了首例 C_{60} 以 σ-键与过渡金属 Cr/Mo/W 相连的金属有机衍生物，论文发表在 1999 年的 Org.Lett. 上。该研究组还提出了适于合成富勒烯金属有机物单一异构体的"松散"配体交换法，并用这种方法制得了含 dppb 双膦配体的单一异构体富勒烯 Mo/W 衍生物。该研究组用分步法及"一锅煮"法分别合成了首例含二茂钌双膦、二茂钴双膦及二茂铁双胂的 Pt/Pd 富勒烯（包括 C_{60} 和 C_{70}）双金属衍生物，以及含有机双膦配体的双金属双 C_{60} 衍生物。富勒烯金属衍生物由于溶解度太小和碳球的易旋性，其单晶是很难培养和测定的，但宋礼成领导的研究组成功测得 30 多个富勒烯金属有机化合物的单晶结构，并研究了它们的结构与电化学和非线性光学性质的关系，纠正了文献中对一类富勒烯衍生物的分子结构用理论计算法所产生的错误及由此得出的有关它的分子轨道相互作用的错误结论。上述研究成果丰富了富勒烯金属有机化学的内容，在国内外产生了积极的影响。鉴于宋礼成在富勒烯金属有机化学研究中所做的重要贡献，他应邀在美国第225届全国化学会上作了有关富勒烯金属有机化学研究的邀请报告，受到与会专家的好评。

三、氢化酶仿生模型物

氢化酶是一种存在于多种微生物体内的金属酶，它的主要功能是可以催化水中的质子还原为对环境无污染而且可以再生的一种高能燃料——氢气。人们研究氢化酶仿生化学的目的是期望通过这一研究能合成出可将水中的质子催化还原为绿色能源氢气的一种"人工"氢化酶催化剂。根据催化活性中心所含的金属种类不同，氢化酶分为[FeFe]、[NiFe]和[Fe]氢化酶。人们对氢化酶进行仿生化学研究起步于20世纪末和21世纪初，这是因为首例[FeFe]、[NiFe]和[Fe]氢化酶的单晶分子结构是发表于1995—2008年。研究氢化酶仿生化学具有很强的挑战性，但宋礼成教授带领他的研究组迎难而上，对氢化酶仿生化学进行了系统深入的研究，取得一系列令世人瞩目的重要成果。例如，宋礼成研究组在[FeFe]氢化酶的仿生化学研究中，成功地设计合成了首例[3Fe3S]活性中心模型物。这一结果被法国Talarmin教授等人在2005年的Coord.Chem.Rev.中称[3Fe3S]模型物为"Song compound"，指出它比国际著名的Pickett[2Fe3S]模型物更好地模拟了[FeFe]氢化酶活性中心的结构。宋礼成研究组设计合成了首例含卟啉环系的光驱动型[FeFe]氢化酶模型物，不仅用X-射线单晶衍射分析确证了模型物的结构，而且用荧光光谱证明它的电子可以有效地从卟啉环向二铁催化部位转移，并最终实现了在光照下催化还原质子生成氢气的功能。该论文发表在2006年的Angew.Chem.Int.Ed.上，并被选为"Hot Paper"重点介绍。

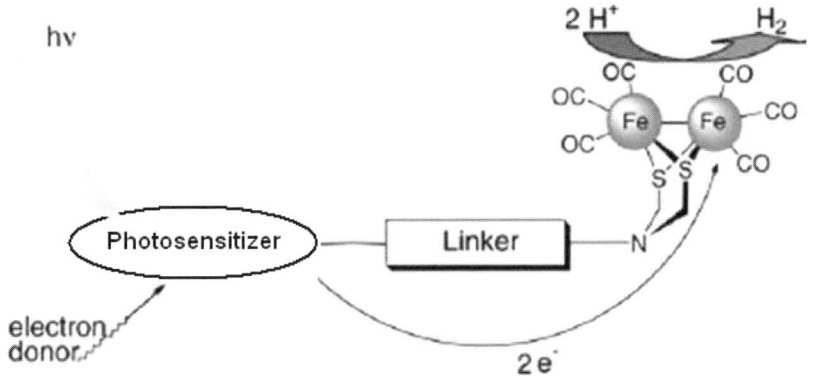

宋礼成研究组在[NiFe]氢化酶的仿生化学研究中所取得的成果引起了国内外广泛关注。该研究组设计合成了一系列新颖的结构和功能[NiFe]氢化酶模型物。例如，该研究组首次合成含丙二硫桥和双羰基配体的一类[NiFe]氢化酶模型物，并由它合成了一系列含 H、F、OH、CO_3H、CO_3Me 等配体的还原态和氧化态的[NiFe]氢化酶模型物。首次合成含氮杂丙二硫桥配体的[NiFe]氢化酶模型物，并发现它们具有电催化产氢功能。到目前为止，人们虽合成了许多[NiFe]氢化酶模型物，但只有日本 Ogo 研究组报道了一例，美国 Rauchfuss 研究组报道了一例和我们研究组报道了两例具有活化氢气功能的[NiFe]氢化酶模型物。我们的这两例模型物发表在 2017 年 Chem.Comm. 和 2019 年 Inorg.Chem. 上

宋礼成研究组在[Fe]氢化酶的仿生化学研究中也取得系列创新性成果。例如，该研究组发现了合成酰甲基吡啶铁辅因子的一种新方法，该法可广泛地用于合成多种[Fe]氢化酶模型物。首次合成含酰甲基、二甲基和磷酸酯基取代的吡啶铁辅因子，并进一步合成了首例含[Fe]氢化酶活性部位整体骨架的模型物。宋礼成研究组对[FeFe]、[NiFe]和[Fe]氢化酶这三种氢化酶的仿生化学进行研究并取得一系列重要成果，他应邀在 2008 年召开的中国化学会第 26 届学术年会上作大会报告，并应邀在 2014 年法国举办的第二届国际仿生化学及材料学术会议上报告了我们的研究成果。

获奖年度	所获奖项	成果完成人
1988	国家教委科技进步二等奖	宋礼成、胡青眉、王积涛
1992	国家教委科技进步二等奖	宋礼成、胡青眉
1998	教育部科技进步二等奖	宋礼成、胡青眉、申金玉、王吉全、颜朝国、董育斌
2004	天津市自然科学一等奖	宋礼成、胡青眉、范洪涛、路国梁

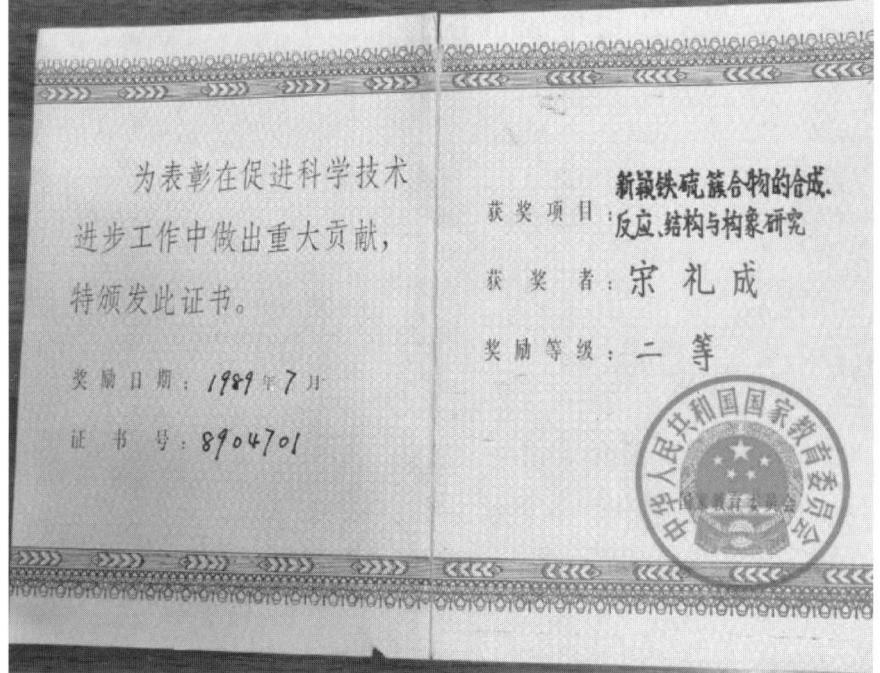

为表彰在促进科学技术进步工作中做出重大贡献，特颁发此证书。

奖励日期：1993年6月

证书号：92—099

获奖项目：新型多核金属有机物及其合成方法学研究

推荐单位：南开大学

奖励等级：二等

获奖项目：新型过渡金属有机物的反应及其合成方法研究

获奖单位：南开大学（第1完成单位）

奖励等级：二等

奖励日期：1999年1月

证书号：98-078

一九九九年一月三十日

南开化学百年贡献

成果名称

金属组学和环境化学中的分析新技术和新方法研究

痕量有毒污染物引起的环境问题已成为 21 世纪影响人类生存与健康的重大问题。环境污染物的毒性不仅仅取决于其含量，更主要取决于该物质在环境中存在的形态。同时，由于有毒污染物在环境和生物体中的含量往往很低（ppb 甚至更低），而且环境和生物样品的基体和污染物的形态都很复杂，使痕量有毒污染物分析成为环境化学研究中的一个难题。因此，分析技术和方法的灵敏度和选择性就成了研究污染物环境化学过程、毒性特点与健康风险的关键性制约因素。研究和建立痕量有毒污染物的分析新技术，对于提高我国环境化学和生态毒理学的研究水平具有重要的科学意义和社会经济效益。

金属组学（Metallomics）是继基因组学、蛋白质组学和代谢物组学后提出的一种新的组学，是研究金属元素在生物体中的生理和毒理作用和机制的多学科交叉和前沿领域。生物样品中金属元素的形态以及金属与生物活性分子的相互作用是金属组学的重要研究内容。因此，探索简便快速、高灵敏度和高选择性的痕量有毒污染物的分离富集和检测联用新技术，以及在痕量水平上研究金属与生物分子之间相互作用的新技术和新方法一直处于国际分析化学、金属组学和环境科学等研究领域的前沿，是国际公认的、涉及多学科的制约性难题。

严秀平教授于 2000 年加入南开大学化学学院，任教授、博士生导师。2016 年 6 月加入江南大学食品学院，现为江南大学食品学院教授、博士生导师、江南大学至善特聘教授。严秀平教授长期从事环境和生物分析、食品安全与质量控制研究。在原子吸收光谱分析原子化机理，毛细管电泳与原子光谱联用技术，基于多孔骨架材料的分离分析和长寿命发光纳米材料的免激发传感/成像及其应用于环境、生命和食品安全等领域取得了系统的创新性研究成果。两次应邀在 Acc.Chem.Res.上发表系统研究工作总结。获授权发明专利 25 件，在 Chem、Nat.Commun.、Acc.Chem.Res.、JACS、Angew.Chem.、Adv.Mater.、Anal.Chem.和 ES&T 等杂志上发表 SCI 论文 270 余篇，SCI 他引 17000 余次，H 指数 76。编著中文书籍《原子光谱联用技术》一部，参编三部英文书籍各一章。

针对金属组学和环境化学等研究中存在的重要分析化学问题，我们发展了一系列环境和生物体系中有毒污染物的在线吸附预富集分离与检测联用新技术及在痕量水平上研究金属离子与生物分子之间相互作用的新技术和新方法。

主要研究内容为：（1）创建了毛细管电泳与原子荧光光谱、微流控芯片毛细管电泳与原子荧光光谱、火焰加热石英炉原子吸收光谱以及电热原子吸收光谱等四种联用新技术，解决了其中的关键问题，如接口设计和研制等，为环境和生物样品中痕量元素的形态分析和金属-生物分子相互作用的研究提供了简便经济、灵敏度高和环境友好的新技术平台；（2）提出了流动注射在线多步吸附和置换吸附预富集分离与原子光/质谱联用新技术，克服了常规流动注射在线固相萃取技术中共存金属离子与被测元素竞争有机配合剂以及吸附活性点等问题，以简便、经济的方式实现了复杂体系中超痕量元素及其形态的高灵敏和无干扰测定；（3）建立了包括在线胶束媒介富集等一系列流动注射在线预富集分离-原子光谱联用新技术；（4）将分层次分子印迹、表面分子印迹与溶胶-凝胶技术相合，合成和表征了对镉离子、汞离子和持久性有机污染物五氯苯酚具有高选择性和良好动力学吸附/解吸性能的有机-无机杂化固相萃取材料，并将其应用于在线固相萃取-原子光谱和高效液相色谱联用技术，实现了水样中痕量镉和汞离子以及五氯苯酚的高选择性测定。相关研究成果发表在 Angewandte Chemie International Edition、Analytical Chemistry 和 Environmental Science & Technology 等期刊。

针对环境科学和金属组学等领域中的重要分析化学问题，创造性地发展了一系列环境和生物体系中有毒污染物的在线吸附预富集分离与检测联用新技术及在痕量水平上研究金属离子与生物分子之间相互作用的新技术和新方法，在 SCI 期刊上发表论文 42 篇（其中 IF＞3.0 论文 24 篇，包括 1 篇 Angewandte Chemie International Edition、8 篇 Analytical Chemistry 和 2 篇 Environmental Science & Technology），被 SCI 源刊引用 390 次（其中他人正面引用 310 次），单篇最高他引 22 次；出版专著 1 本，获中国发明专利 4 项。本项目研究工作为环境和生物样品中痕量元素的形态分析与金属组学的研究提供了简便经济、高灵敏度和环境友好的新技术，得到了国内外同行的好评和广泛引用，为促进分析化学、环境化学和金属组学等学科交叉及前沿领域的研究作出了重要贡献。

为国家培养了一批从事分析化学科研和教学的高质量人才，包括硕士生 6 名、博士生 15 名、国内访问学者 3 名、国外访问学者 1 名。严秀平被授予"天津市分析化学授衔专家"称号，入选"长江学者特聘教授"和"新世纪百千万人才工程国家级人选"，并被聘为多种国际和国内核心期刊的编委。尹学博入选"教育部新世纪人才计划"、获"天津市优秀博士论文奖"和"南开十杰学生"称号。本项目的研究使天津市分析化学学科在国内外同行中的地位得到了很大程度的提高，为分析化学学科建设作出了重要贡献。

成果完成人：严秀平、李妍、尹学博、江焱、吕运开

南开化学百年贡献

成果名称

新型发光配合物的设计、合成和性质研究

新型分子发光配合物的设计、发光机理及发光性能的调控是近年来国内外化学研究的重要课题之一，属于化学、材料与生命科学的交叉领域。由于金属离子配位结构的多样性，尤其是稀土离子具有 8~12 的可变高配位数，以及海量的有机配体种类，分子发光配合物的设计、控制合成、发光性能的调控及机理研究成为当前和长期的研究目标。为了提高发光配合物的热稳定性、酸碱稳定性和溶剂稳定性，近年来研究人员对合成高维发光配位聚合物兴趣日益浓厚。设计吸光性能好的大共轭体系的有机分子做配体，桥连稀土离子或具有 nd^{10} 电子结构的过渡金属离子成二维或三维结构，就能获得高稳定性的发光可调控的配位聚合物。但当时报道的发光配位聚合物要么是稀土配合物，要么是过渡金属配合物，而 d-f 异金属配位聚合物鲜有报道。另外，由于稀土元素丰富的激发态电子结构，以及稀土与过渡金属配位特性的显著差异，f 区稀土元素与 d 区金属元素相结合可构建出难以预料的 d-f 异金属聚合物新结构，其不仅有助于形成更加复杂的三维多孔结构，而且可能产生全新的光学特性。因此，d-f 混金属配合物的设计合成极具挑战性并具有重要的科学研究价值。

本课题组围绕这个基本科学问题，通过合理的分子设计、选择稀土金属离子和具有特定电子结构的过渡金属离子以及含氮氧原子的有机多齿配体、控制反应条件，组装了多个系列的新型发光配合物，系统研究了它们的发光性质及机理，取得了具有原创性的重要成果。本成果的主要内容有：（1）通过溶剂热合成方法，在国际上率先制备出多个系列高对称性、吸附性能良好、具有奇特结构的 d-f 混金属纳米孔道配位聚合物。这种把过渡金属与稀土金属离子同时植入到微孔聚合物的框架中，使聚合物表现出独特的光、电、磁等性质，为探索新型发光材料开辟了新方向；（2）通过调控过渡金属离子上配位水分子的数目，实现了从一维分子梯状聚合物向三维纳米管状聚合物的突变，为设计和构建异金属发光材料提供了新方法；（3）通过改变三维结构孔道中的客体分子的数目，首次实现对其发光在紫外和可见区进行调控，为先进变频发光材料的研究提供了实验和理论支持；（4）首次制备出在生命科学领域有潜在重大应用的 Zn 和 Mg 离子的微孔荧光探针，探索了对这些离子的荧光选择机理。

成果完成人：程鹏、赵斌、师唯、陈晓燕、廖代正

南开化学百年贡献

成果名称

微纳结构与电化学能源器件

化学能/电能的高密度储存与高效率转化是能源清洁利用的关键。金属空气电池、燃料电池、锂/镁电池等电化学能源装置，在电动交通工具、便携式电子设备、规模储能等领域具有重要地位，对优化能源产业结构，实现能源供应多元化、清洁化和低碳化具有重要意义。电化学能源体系的性能取决于参与成流反应的关键电极材料的组成和结构，新型电极材料的研发是提升电池综合性能的关键。现有的电化学能量储存与转化装置存在关键材料反应活性低、动力学缓慢、性能衰减快等科学与技术难题，限制了体系的实际能量/功率密度、能量转化效率以及使用寿命，难以满足当今社会需求。

微/纳米结构材料由于尺寸小、扩散路径短、比表面积大等特征，对增强反应活性、提高反应动力学、优化反应界面具有独特优势，为解决这些问题提供了新契机和机遇。然而，如何实现微纳电极材料的可控制备与结构调控，揭示其构效关系，阐明微纳尺度下电化学能量储存与转化规律，仍然是挑战性课题。

陈军，1967年生，1985—1992年在南开大学化学系学习，先后获学士、硕士学位，并于1992年留校工作；1996—1999年在澳大利亚Wollongong大学材料系学习，获博士学位；1999—2002年在日本大阪工业技术研究所任研究员。自2002年任南开大学教授、博士生导师，2017年当选中国科学院院士，2020年当选发展中国家科学院院士。现任南开大学副校长、先进能源材料化学教育部重点实验室主任。从事能源化学及高能电池的研究。项目针对现有的电化学能量储存与转化装置存在关键材料反应活性低、动力学缓慢、性能衰减快等科学与技术难题，深入研究关键电极材料的制备方法，实现微纳结构构筑、调控与优化，指导研制新型低成本、高性能金属空气电池，促进新能源微纳材料与高能电池发展。

可充"金属-空气电池"以Li、Na、Mg、Al、Zn等轻质活泼金属为负极，以碳、贵金属或过渡金属氧化物等构成的空气电极为正极，放电时从空气中获取氧气，充电时再释放出氧气，因此被誉为"可呼吸"电池。金属空气电池具有超高理论能量密度，电极活性物质廉价易得，特别是利用CO_2作为活性材料来取代氧气产生电能，意味着该电池系统有望在CO_2富集的地方，如动物及人类聚集地、汽车尾气、燃煤发电尾气及火星探测等广大领域，提供稳定的能量源泉，因此作为"下一代绿色高比能电池"而被看好。然而，金属空气电池实际性能受限于空气电极氧还原/氧析出的反应动力学,需要使用电催化剂提高反应效率。铂族贵金属及其合金是催化活性和稳定性俱佳的电催化剂,但其价格昂贵,资源稀缺,规模应用难,需要研制廉价非贵金属基替代材料。

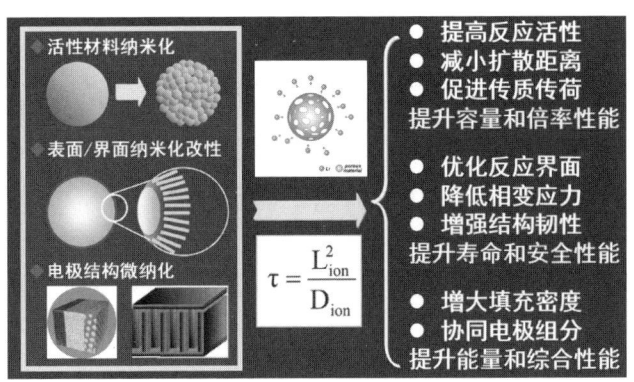

尖晶石型氧化物是一类重要的功能材料,在电、磁、催化、能源等领域具有广泛用途,也是潜在的金属空气电池电催化剂。该类化合物通常采用传统的固相烧结法制备,需要高温长时间加热来克服扩散阻力和反应能垒,耗能耗时,虽然所得产物的结晶性能较好,但成分容易偏析,组成和形貌难以调控,粒径大,比表面积小,反应活性低,限制了其在电催化、储能等方面的应用。因此,实现微纳电极材料的可控制备与结构调控,揭示其构效关系,阐明微纳尺度下电化学能量储存与转化规律,是一个极具挑战的课题,对于研制高效廉价、新型高容量长寿命的金属空气电池具有重要意义,同时也有利于绿色制备、新能源利用和碳中和。

电化学能源系统是能源化学领域研究前沿和重点。由于电池的电极材料还存在反应活性低、动力学缓慢、性能衰减快等难题,造成实际能量/功率密度不高、能量转化效率低等,难以满足社会需求。项目围绕电化学能源器件所涉及的几类关键材料与微纳结构开展研究,取得如下重要研究成果:

1. 系统研究了锰基氧化物微纳结构的可控制备与电催化性能。提出"还原-转晶"新方法,实现锰系尖晶石微纳材料的室温快速可控制备,揭示锰氧化物电催化氧还原/氧析出是氧缺陷诱导的电荷转移过程,阐明晶型、价态、化学计量比与电催化性能的关联规律,构建可充金属空气电池,为廉价高效尖晶石微纳材料替代 Pt 电极及其在电池应用提供新策略。

2. 深入研究了微纳结构电极材料的设计制备与电化学储锂/镁性能。

构建 LiMn$_2$O$_4$ 和 LiNi$_{0.5}$Mn$_{1.5}$O$_4$ 多孔纳米棒、CuV$_2$O$_6$ 纳米线、MoS$_2$ 纳米片、多孔碳负载 Sn 纳米颗粒、Mg 纳米颗粒等微纳电极材料,明确电化学可逆脱嵌锂/镁反应和电荷转移行为,阐述微纳结构对提高电极性能的关键作用,为构筑新型 Li/Mg 二次电池,为高比容量、大倍率、长寿命锂/镁电池研制提供新思路。

项目系统深入研究关键材料的制备方法,实现微纳结构构筑、调控与优化,揭示材料的组成、结构、形貌与性能对应关系,阐明微纳尺度下电催化氧还原/氧析出和电化学储锂/镁等电极反应过程中材料结构变化机制、表界面电荷传输规律、能量储存与转化机理,指导研制新型低成本、高性能金属空气电池、锂/镁电池等电化学储能器件,促进新能源微纳材料与高能电池的发展。

项目属于固体化学、纳米材料化学、电化学和能源化学的前沿交叉学科领域,研究成果对研发新型高比能、大功率、长寿命电化学能源系统,推动化学及其交叉学科的发展具有重要意义。项目在 2016 年获天津市自然科学一等奖。陈军教授获 2013 年中国电化学贡献奖、入选中组部万人计划科技创新领军人才,2014 年入选英国皇家化学会会士,2016 年入选天津市首批杰出人才。程方益入选国家四青人才、天津市青年拔尖人才。

成果完成人:陈军、程方益、陶占良、张天然、韩晓鹏、马华、朱智强、梁衍亮、张小龙、梁静

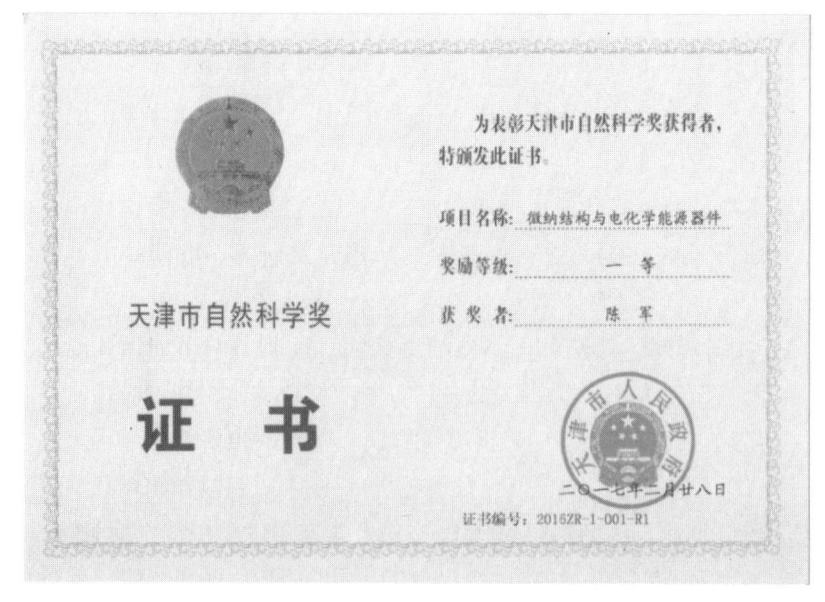

成果名称

功能导向金属—有机框架的设计、合成与性质研究金属-有机框架（Metal-Organic Frameworks，简称 MOFs）是由金属离子与有机配体通过配位键形成的三维框架材料，研究涉及配位化学、合成化学、结构化学与材料化学等基础学科的前沿交叉领域。因其结构的复杂多变、孔道尺寸可调、功能性质多样等特点，在清洁能源、工业催化、荧光传感、药物传递等领域都有重要的应用前景。例如，通过利用多齿有机配体构筑金属-有机框架三维结构，能够减少由于分子的旋转和振动导致的非辐射弛豫，发挥稀土离子作为发光中心单色性好、寿命长等特点，同时结合有机配体作为能量传递的天线，进而开发新型发光材料。利用高核金属簇构筑的磁性金属-有机框架，能够集合多核簇的高磁密度和多维配合物的高稳定性，开发新型磁功能材料。而利用经过设计的 MOFs 材料的特殊框架与孔道结构、丰富的酸性位点等特点，则可以作为兼具协同催化和循环再生性能的新型高效催化材料。

本成果围绕 MOFs 的合理设计、可控合成和性能调控的科学问题，开展了深入系统的研究。主要科学发现如下：

1. 以发光功能为导向，基于双发光中心的混合稀土金属策略制备了混合稀土金属-有机框架荧光探针，成功实现了其对有机小分子混合物的高选择性定量检测，研究了主-客体间的相互作用对混合稀土金属-有机框架内不同组分间能量传递的影响。

2. 以磁功能为导向，率先开展以高核稀土金属簇为节点组装成金属有机框架结构的分子磁制冷研究，获得首例多功能稀土沸石材料，其磁熵变处于目前国际报道的最大值之列，并且耐强碱，为分子磁制冷材料走向应用提供了基础。

3. 以催化功能为导向，提出了金属-有机框架与 CO_2 分子之间的多位点相互作用机理，通过动力学与热力学手段在分子层面精确调控配位键的打开与重构，将离散纳米笼组装为金属-有机框架高维结构，显著提高了 CO_2 吸附量，将金属纳米颗粒包覆在金属-有机框架中，获得了将 CO_2 高效吸收-转化一步完成的双功能可再生复合催化剂。

成果完成人：程鹏、赵斌、师唯、马建功

南开化学百年贡献

成果名称：高容量长寿命纳米电极材料的锂/钠储存研究

我国经济与社会的快速发展造成能源相对短缺，同时化石能源的大量使用带来了环境污染。这些问题制约着未来社会的可持续发展。因此，可再生能源的开发和利用是实现可持续发展的有效手段。电化学能量的高密度储存与高效率转化是能源清洁利用的关键。

高效的储能系统是电动汽车用动力电池、太阳能及风能等间歇性能源存储的核心技术领域。储能技术正向大规模、高容量、长寿命、低成本、无污染的方向发展。但是现有的电极材料因其反应动力学缓慢、反应活性及循环寿命差、容量低等问题，急需寻找新的高容量密度的电极材料及储能体系。纳米结构电极可提高电化学反应活性，但在反复充放电过程中纳米颗粒易团聚、从集流体脱落造成循环寿命差。上述科学与技术难题，限制了体系的实际能量功率密度、能量转化效率以及使用寿命，难以满足当今社会需求。

纳米电极材料由于尺寸小、扩散路径短、比表面积大等特点，可增大反应活性位点、提高反应动力学、优化反应界面具有独特优势，其性能与材料表面结构密切相关。如何实现纳米电极材料的可控制备与结构调控、揭示表面结构与电化学性能之间的构效关系，探讨纳米结构中电极反应机理，揭示离子输运、电子传导、电极表面活性位点和缺陷、能量传输与转换的新规律及其演化过程，仍然是挑战性课题。

项目针对上述研究背景和关键科学问题，通过三维网络铜集流体上一体化电极构筑、界面工程调控电极表界面、碳基质限域纳米活性材料、新型低成本钠离子电极材料开发，以获得高容量、高活性、高倍率、长寿命储能系统。该项目研究对于研发高比能、大功率、长寿命、低成本的能量储存与转化体系具有重要意义。项目研究为新能源材料与高能化学电源提供了理论研究依据，在先进电池领域显示了优异的应用前景，为清洁能源产业体系的研发提供了技术基础。

2005年，焦丽芳在南开大学无机化学专业获得博士学位后留校任教，2016年获国家基金委优秀青年基金资助，2017年入选南开大学百名青年学科带头人，2019年获天津市自然科学一等奖（第一完成人），2020年获国家基金委杰出青年基金资助。主要研究方向聚焦于能源的高效储存与电催化转化：设计合成高性能锂/钠/钾离子电池关键电极材料，揭示新材料储能机制；设计开发催化活性高、稳定性好、选择性强的廉价电催化水分解催化剂。在能源储存与转化领域取得了系列优秀研究成果，有力推动了该领域的发展与进步。

在能源发展新时代，我国能源行业应贯彻习近平总书记十九大报告精神，以能源发展"十三五"规划为指引，构建清洁低碳、安全高效的现代能源体系。然而，日益加剧的环境和能源问题给现代社会的发展带来了巨大的挑战，以化石燃料为基础的能源发电技术对环境的破坏引发了许多全球性的问题，同时，有限的化石燃料已经不能满足人类日益增长的能源需求，因此清洁可再生能源得到了越来越多的关注。众所周知，太阳能、风能、潮汐能等是清洁可再生一次能源，但这些能源都存在间歇性和区域限制，如何将这些可再生能源高效转化与储存成为当前的研究热点。

基于此，焦丽芳教授的工作聚焦于可再生能源的高效储存与电催化转化。（1）可再生能源的高效存储：二次电池储能因存储容量灵活可调、模块化集成度高、易于移动、不受地理环境制约等特点，可实现将可再生一次能源产生的电能高效储存。（2）可再生能源的高效催化转化：氢能作为清洁可再生能源多采用化石燃料气化重整制备，但存在能耗高、污染重、氢气纯度低等问题。而利用太阳能、风能等间歇式能源转化的低压"弃电"进行电催化水分解制氢技术，方法绿色环保，氢气纯度高。

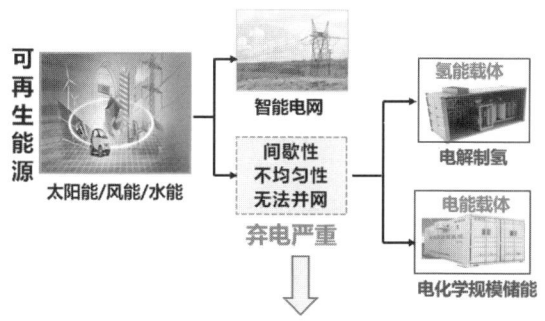

迄今，焦丽芳教授已在 Angew.Chem.、Chem.Soc.Rev. 和 Adv.Mater. 等国际著名学术期刊上发表研究论文 200 余篇，总引用 11000 余次，H 指数 57；2019 年荣获天津市自然科学一等奖。

成果完成人：焦丽芳、陈军、王一菁、袁华堂、刘永畅、曹康哲、金婷、卢艳莹

天津市自然科学奖

证 书

为表彰天津市自然科学奖获得者，特颁发此证书。

项目名称：高容量长寿命纳米电极材料的锂/钠储存研究

奖励等级： 一 等

获 奖 者： 焦丽芳

二〇二〇年一月二十二日

奖励编号：2019ZR-1-002-R1

南开化学百年贡献

成果名称：合成氯乙烯高效绿色无汞催化剂的研发与产业化应用

聚氯乙烯（PVC）作为世界上第二大热塑型树脂，有着价格低廉、阻燃性好、机械强度高、耐候性以及可塑性好的优点，广泛应用于建材、家居、农业和医疗器械等多个领域。预计到 2026 年，全球 PVC 需求量将达到 5620 万吨。我国是氯碱工业大国，产能占全球首位。氯碱化工主要是通过电解饱和氯化钠溶液的方式制取烧碱、氯气和氢气，并将其作为原料应用于一系列化工产品的生产。PVC 是我国氯碱工业的发展支柱，是我国大力推进"以塑代钢、以塑代木"策略的重点化学产品，在我国经济发展中占有十分重要的地位。

氯乙烯是合成 PVC 的单体，其成熟的合成方法主要有两种：乙炔法和乙烯法。鉴于我国富煤、贫油、少气的能源结构，以及乙炔法具有技术成熟、耗水量少、生产成本低等竞争优势，以煤炭为原料的乙炔法路线是我国 PVC 生产的主流工艺，有将近 80% 的氯乙烯由乙炔法生产得到。目前，在氯乙烯合成的核心催化环节，几乎全部使用活性炭负载的氯化汞催化剂，这导致 PVC 生产成为我国用汞量最大的行业，占到了中国用汞总量的 60%，占世界用汞量的 30%。

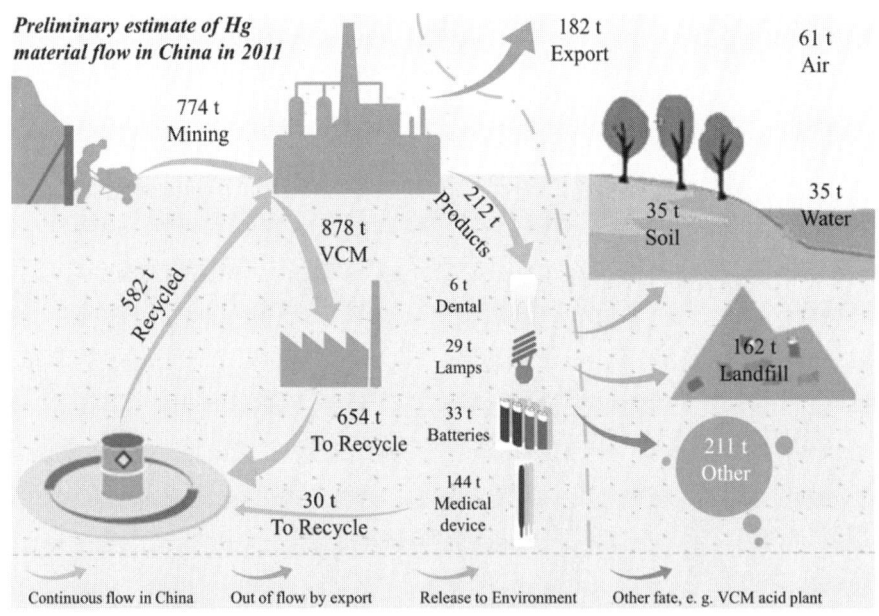

然而，剧毒氯化汞的使用面临多方面的严峻挑战。第一，环境方面，汞的排放严重威胁人类自身健康和生存环境，已成为全球性的环境污染问题；第二，政治方面，2016 年 8 月，我国政府向联合国环境规划署递交《关

于汞的水俣公约》的批准文书，承诺将限制汞的交易及使用，并针对 PVC 行业汞的使用问题，积极支持无汞催化剂的开发，逐步替代直至最终禁止汞的使用；第三，经济方面，汞资源枯竭及汞矿的政策性关闭导致汞的价格上涨，已由 2003 年的 7.3 万/吨，上升到 2018 年的 45 万/吨，给 PVC 行业带来巨大的成本压力。

鉴于汞污染物排放带来的巨大环境危害，联合国环境规划署宣布 2020 年后禁止生产含汞产品。国家也已出台政策，强制 2020 年后新建 PVC 企业禁止使用含汞催化剂。PVC 行业去汞化势在必行，氯乙烯无汞催化剂的研发已经成为决定 PVC 行业技术提升、产业升级和可持续发展的核心问题。

目前，着眼于研发绿色无汞催化剂来解决和替代目前工业 PVC 生产中使用的剧毒汞催化剂，是我国当前亟待解决的重大科学技术难题之一。通过开发高效绿色无汞催化剂及其相关配套生产和使用技术，真正实现氯乙烯的无汞化生产，从源头上彻底解决 PVC 行业汞污染问题，实现 PVC 产业技术升级，促进氯碱行业健康、稳定和可持续发展。同时推动中国科技的原始创新，走出有中国特色的道路，扭转盲目跟跑世界前沿研究的局面，做到并跑或领跑，提升我国在国际上的科技影响力和竞争力。

李伟，1969 年出生，南开大学化学学院教授，博士生导师，技术开发与成果转化办公室主任，教育部新世纪优秀人才基金获得者，天津市"131"创新型人才培养工程第一层次人选，天津市"131"创新型人才团队负责人。长期从事与化工清洁生产密切相关的新型催化剂研制与开发，学风严谨，学术思想活跃，具有实干精神，承担并完成了多项国家及省部级研究课题，在国内外著名学术期刊上发表了 100 多篇高水平的学术论文，申请 100 多项中国发明专利及 3 项美国发明专利，先后有十几项科研成果得到工业应用，作为第一完成人获得多项省部级奖励，连续两年获得由天津市政府颁发的天津市产学研联合突出贡献奖。在新型纳米催化剂研究领域取得了多项重大科研成果。

汞污染问题早就引起了科研人员的关注。20 世纪 70 年代，南开大学陈荣悌院士就开始了无汞催化剂的研究，其开发的氯化亚锡等常规非汞催化剂，得到了类似汞催化剂的反应活性。随后，英国卡迪夫大学的 Hutchings 教授等人在研究乙炔氢氯化反应时首次发现金属电极电势与其催化活性之间的线性关系，预测并验证了金基催化剂的高活性。后续众多课题组的研

究和报道也证实了金基催化剂是现阶段最有可能实现工业化放大的无汞催化剂。但是它仍存在很多的科学难题：（1）催化剂制备过程和反应评价过程中金离子容易被还原而导致催化剂失活，且该过程不可逆；（2）氯化金在溶液浸渍过程中倾向于双聚体或多聚体的形式存在，导致金组分分散度不佳、有效利用率低、成本居高不下；（3）对于金基催化剂的失活机制、再生和多次循环使用缺乏认识和研究，这些科学技术难题使得大多数金基催化剂的研究仍处在实验室理论研究阶段，缺乏中试、工业化制备和生产等方面研究数据。

针对以上科学和技术难题，项目研究团队重点取得了以下几方面的突破：

（1）在低成本、高活性催化剂设计和研究方面：模拟工业列管反应器，自主设计并研制了DCS自动化、四通道、在线检测的氯乙烯合成反应装置。研究了金基催化剂活性位点和反应机理。通过调控载体表面的微环境和改进制备工艺，大幅降低了金的用量，同时提高了氯化金活性组分的分散性和抗还原能力，从而成功降低了催化剂的成本并提高了催化剂的活性和稳定性。催化剂单程寿命超过7200小时，完全满足工业使用要求，使得金基催化剂的大规模应用变成现实。

（2）在催化剂回收和循环使用方面：研究了催化剂的失活和再生机制；开发了催化剂原位线上再生和线下再生技术。再生催化剂的性能甚至超过了新鲜催化剂，并实现了催化剂的多次再生和循环使用，进一步降低了催化剂的总成本。

（3）在催化剂工业化制备和使用方面：与企业合作一起研究并攻克了无汞催化剂从实验室、中试、工业化、商业化过程中的各种问题；实现了金基无汞催化剂的规模化生产和工业应用。针对金基催化剂的特点，设计并研发了新型结构的工业反应器，并开发了配套反应工艺。

项目团队与国内PVC龙头企业陕西北元、金泰等合作，规模化生产的无汞催化剂成功应用于工业生产。目前运行时间超过10000小时，性能指标（SGS检测报告、无汞触媒企业标准）完全满足使用要求。团队在金基催化剂技术方案上具备先进性，在催化剂规模化生产、销售及工业应用领域连续创造多个国内第一，在国际上处于行业领先地位，而大多数的同类产品仍处于实验室研发阶段。

实验室小试装置　　　　　　无汞催化剂工业装填现场

团队研发的新型金基催化剂，是国内首家实现由实验室研究到工业应用的无汞催化剂，技术先进、性能高效稳定，具有完全知识产权。项目研究期间，团队申请发明专利20项，发表学术论文16篇。项目在2018年获得天津市专利创业奖；在2020年获得天津市技术发明一等奖。项目的成功应用促进了产业结构升级，解决了氯乙烯生产中汞污染问题，极大缓解了国家履行《水俣公约》的国际压力。

成果完成人：李伟、薛卫东、刘延财、韩冲、关庆鑫、张军锋、宁小钢、傅斌、王寰、董轶望、晁松林、李荣观

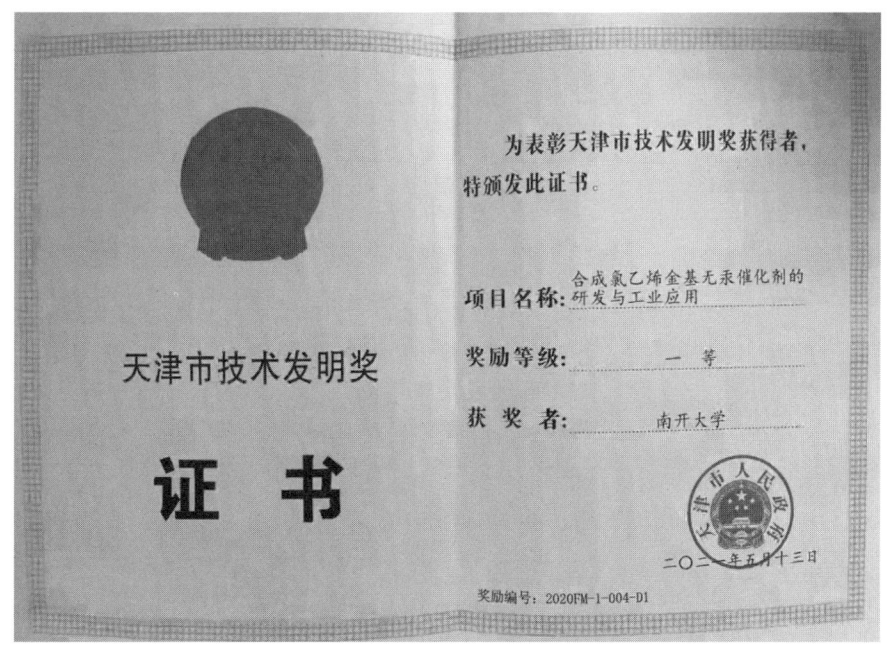

南开化学百年贡献

成果名称

新型吸附树脂和碳化树脂的合成及应用基础研究

大孔吸附树脂和碳化树脂是世界上近十多年来发展起来的新型高分子吸附剂。我校近十年来系统开展了合成、性能和应用基础研究，先后研制成功 D6、3520、4006、D12、X-5、H103（NK103）、H107（NK107）、NK110、NKA、NKA-9 和 M35 等新型吸附树脂，尤其对氯甲基化苯乙烯-二乙烯苯共聚体同酚类与它的衍生物的付氏反应和付氏交联反应进行了深入的研究，系统地研究了这些反应的影响因素，试制成功性能优良的 H 系列和 NKA 吸附树脂；通过对不同单体的共聚反应和致孔条件的研究，试制成功各种非极性、弱极性和强极性的吸附树脂，还通过对交联聚苯乙烯磺酸和聚偏氯乙烯等在高温下碳化裂解反应的研究，研制成功各种磺化树脂。

何炳林，1918 年出生，1942 年毕业于西南联合大学，1952 年获得美国印第安纳大学博士学位。1956 年在周恩来总理帮助下回国，在南开大学工作。何炳林教授不仅是我国离子交换树脂事业的创始人，还把离子交换树脂生产技术普及到全国，堪称我国的"离子交换树脂之父"。何炳林教授对南开大学高分子学科的建立和发展作出了重要贡献。研究工作中强调理论联系实际、基础研究与应用研究并重；重视科研成果的产业化，取得了非常突出的经济社会效益。

由于上述吸附树脂和碳化树脂具有优良的孔结构性能与高的机械强度，因而它们对有机物的吸附-脱附性能不仅优于活性炭和国内的有关树脂，而且在许多实际应用上超过了国外同类型名牌数值的性能（如美国生产的 Amberlite XAD-2、XAD-4，日本生产的 Diaion HP-20 等），因此受到许多外国专家（如美国罗姆哈斯 Rohm-Haas 公司的技术顾问柯宁博士和加拿大麦吉尔大学的张明瑞教授等）的高度重视和好评，国内外专家普遍认为我校合成的 H103、H107、NK110、M35 等吸附树脂具有世界先进水平。

H107 吸附树脂用于治疗安眠药急性中毒已临床应用，天津市河东医院已经救治了 30 多名严重中毒病人，目前已向全国推广，四川成都制药化学厂，采用 H103 吸附树脂已于 1984 年正式投入提取甜菊甙的工业化生产。此外，H103 吸附树脂用于分离和提取 M462、2809 等抗生素，用于提取和分离灵芝、冬虫夏草等中草药，用于处理"7841"农药废水和嘧啶氧磷农药废水，效果良好。NKA 吸附树脂用于煤气含酚工业废水的处理，已中试成功，效果显著。X-5 吸附树脂已被二机部三所用于"P350 吸附树脂的铀、钍速测"作为岩石中微量铀、钍标准分析方法，在二机部系统全面推广，使用效果良好。镇江甜菊糖厂使用 M35 吸附树脂提取甜菊甙，投入工业生产，达到国内先进水平。NKA-9用于脑神经节苷酯的提取和分离，取得良好的效果，以通过技术鉴定。

碳化吸附树脂吸附人体内的肌酐、尿酸已用于临床，并作为色谱载体分离低分子有机物和去除血液中过量的芳香氨基酸等研究方面，也取得了良好的效果。

因此，上述吸附树脂和碳化树脂的合成与性能的研究，在理论上有突出创建；在实际使用上，在很多方面已获得了很好的效果，产生了显著的经济效益和社会效益，不仅填补了我国的空白，而且在这一领域的某些方面达到或超过了世界先进水平。

何炳林等同志研制成功的多种大孔吸附树脂和碳化树脂性能优良，不仅填补了国内的空白，而且达到或超过了国际同类型树脂的性能。合成方法与性能的研究系统，理论有独创性，而且在治疗安眠药中毒，提取脑神经节苷酯，提取甜菊甙，用作铀、钍（原子能原料）分析载体等方面获得了重大的经济社会效益，现已向全国推广应用，应用效果达到或超过了目前的世界水平，获得了国内技术专家的重视与好评。

成果完成人：何炳林、张全兴、王槐三、于燕生、李效白、钱庭宝、史作清、王补森、施荣富、郭贤权、陈长治、朱孝伦、俞耀庭、王春来、童明容

南开化学百年贡献

成果名称

氢化物化学

南开大学无机化学学科创建于 1952 年，当时初步拟定了两个研究方向：

（1）稀有元素化学，后转为配位化学；

（2）无机合成化学，后发展为无机合成与材料化学。

在南开大学无机化学学科 30 余年的发展长河中，这两个科研方向都得到了不同程度的发展。

在 20 世纪 50 年代，金属氢化物与络合氢化物化学研究是国际上化学研究的热点之一。申泮文在此期间一直密切注意金属氢化物化学的发展，查索和积累了这方面的文献资料，认为金属氢化物化学研究有广泛发展余地，并且也是我国新兴的无机化学研究领域的空白。于是，1957 年秋，作为南开大学无机化学学科学术带头人的申泮文，把发展无机合成、金属氢化物与络合金属氢化物化学研究作为南开大学无机化学学科重要且长期的科学研究方向之一，开始了氢化物化学的研究，并承担了教育部当时中苏合作项目里金属氢化物的合成工作。但很快由于中苏关系破裂，申泮文金属氢化物的研究工作，自始至终从未得到过任何按合作项目规定的由苏方提供的研究资料，也未从高教部获得任何科研经费的支持。后在天津化学试剂三厂 4000 元研究经费资助下，研究工作才得以起步开始。先从最简单的氢化锂 LiH、氢化钠 NaH 的合成开始，没有氢化釜和高温炉就自己设计草图，由学校金工厂加工制造，反复试验修改，制成了卧式管状气体流动型氢化釜，快速完成了氢化锂、氢化钠的批量合成工作，并在此基础上，在中国大陆第一次顺利合成出了氢化铝锂 $LiAlH_4$，所用原料无水三溴化铝 $AlBr_3$ 和无水乙醚均系自己合成或加工，这些工作给无机合成化学的教学和科研都奠定了实验基础，并在此项工作中创出了自己的技术和特色。

1959 年，申泮文奉高教部指示赴山西支援建设山西大学，造成金属氢化物研究在南开大学的中断，而一段时期转移到山西大学去了。在山西大学的 20 年间，金属氢化物研究工作在时代艰困中挣扎前行。1972 年，申泮文从"文革""牛棚"中解放，重新走上了讲台，他在山西大学无机合成研究室的研究工作也得到短暂的恢复，在此段间他已经掌握了氢化铝锂的实验室规模放大合成工艺，能够每日以公斤计地生产纯度 95% 以上的结晶状氢化铝锂，供应国防科研需求，主要作为研制火箭推进剂的原料或添加剂使用。但不久后由于地方派性势力影响，申泮文再度被拉下讲台和无理批判，不允许重开实验室工作，从省到学校各级都切断了一切为开展研究工作提供条件的可能,所以到 1975 年下半年,金属氢化物合成的研究工作在山西大学彻底寿终正寝。

在恩师杨石先的帮助下,历尽艰难,1978 年 12 月底,申泮文终于调回南开大学工作,他的回归意味着他为之奋斗不懈的科学研究方向——金属氢化物化学转移回原始阵地,迎来了科学的春天。

申泮文回到南开大学后,审时度势,在化学系无机教研室积极发展教学与科研两个中心,不仅培养建立了一支高素质教师队伍,还促进了科研、开发和科技体制改革多方面成果与进步。在氢化物化学研究方面,坚持不懈地把研究由基础研究推展到应用研究和开发研究,进入"七五"国家 863 高科技计划,为开发新型储氢材料和新型能源镍氢电池做出了贡献,氢化物化学研究工作 1987 年获得国家教委科学技术进步二等奖。在国家科委支持下,1992 年在广东中山还建成了镍氢电池中试生产线,是 863 计划在"七五"期间唯一转化为生产力的项目,受到国家科委的奖励。在天津市科委和学校的支持下,又在天津建立了两条生产线和一个中美合资的储氢材料生产厂,建立了两家公司,实现了教学、科研、生产开发一体化的新型体系。

1987 年国家教委科学技术进步奖奖状

申泮文（1916—2017），广东省从化人，著名教育家、翻译家、化学家。1940年毕业于西南联合大学化学系。1946—1959年，任南开大学化学系教员、讲师、副教授，1952年任第一任无机化学教研室主任。1959—1978年，任山西大学化学系教授、系副主任。1978—2017年，任南开大学元素有机化学研究所副所长、化学系无机化学教研室主任。创建了南开大学新能源材料化学研究所、南开大学应用化学研究所。1980年，当选为中国科学院化学学部学部委员。历任第三届全国人大代表，第五、六、七届全国政协委员，国家教委第一届理科化学教学指导委员会委员，天津市联合业余大学校长，天津渤海职业技术学院名誉院长。曾当选天津市劳动模范（1979、1980）、全国优秀教师（1993、1999）。2017年在天津逝世，享年101岁。

申泮文，作为南开大学无机化学重点学科学术带头人，十分重视清洁能源的开发和应用，一直从事氢化学和金属氢化物化学研究，在储氢材料和镍氢电池研究领域取得重大成果，1980年研制出我国第一代镍氢电池，填补了此项技术的空白。氢化物化学的研究工作在1987年获得国家教委科学技术进步二等奖。

氢化物化学课题是中国科学院科学基金资助项目，教育部和天津市科委重点项目。其内容是对络合金属氢化物（如氢化铝锂、氢化铝钠 $NaAlH_4$ 等）和简单氢化物（如氢化铝 AlH_3、氢化锂、氢化钠等）的合成条件、反应机理、反应性能等进行系统的研究。

络合金属氢化物不仅是火箭重要的高能燃料，在军工、宇航工业中有着广泛的重要应用，而且在无机合成、有机合成、制药、香料等精细化工中是最重要的一类优良还原剂。但当时我国尚无工业生产（硼氢化钾 KBH_4 除外），因而系统地研究它们的合成条件，建立我国自己的氢化物生产基地，有着十分重大的经济意义。此外，氢化反应是合成化学中最基本的反应类型之一，从周期系的观点研究金属与氢的反应，显然也具有重要的理论意义。研究内容包括以下两部分。

1. 离子型络合氢化物（包括简单离子型氢化物）的合成、性质及应用的研究

该课题详细研究了 LiH、NaH、KH、MgH_2、CaH_2、SrH_2、BaH_2 及 $LiAlH_4$、$NaAlH_4$、$Ca(AlH_4)_2$ 系列离子型氢化物和络合型氢化物的合成方法及性能。研究并创建了国内外首个新工艺合成路线，即以金属盐直接合成该金属氢

化物，并以这种金属氢化物为原料，进一步合成出相应的络合金属氢化物。

1986年申泮文在做氢化铝锂合成实验

该课题研究也为合成化学提出了一种新的反应进行方式——交替循环加料法，例如 NaAlH$_4$ 的合成方式，克服了在合成 NaAlH$_4$ 中副产品在原料 NaH 上沉积的问题，也为类似的反应提供了新的制备方法，这是具有普遍意义的。

该课题在理论研究上也有创见，提出了"金属还原氢化反应"的概念，此外，在 AlCl$_3$ 与 LiH 反应中对"诱导期"的成因也进行了理论研究，这对其他金属氢化物的合成及生产有重要的指导意义。

2. 过渡金属合金氢化物（储氢材料）的合成、性能及应用的研究

过渡金属合金氢化物的工作不仅在基础研究（热力学及动力学）方面，同时在应用方面都做出了成绩。首先在制备方法上，提出国内外首创的过渡金属合金的化学合成方法，即共沉淀还原法、水解产物还原法、置换扩散法等一系列方法。制备出性能优良的 LaNi$_5$、LaNiM（M=Cu、Fe、Co）、TiFe、TiNi、Ti$_2$Ni、Mg$_2$Ni、Mg$_2$Cu 等储氢材料。应用此种合成方法，从我国丰产的钛铁矿粉、稀土矿初级产品，制备储氢材料 LaNi$_5$、TiFe、TiNi、LaNi$_4$Cu 获得成功，并在1983年通过成果鉴定。

此外，对上述材料进行了热力学和动力学的基础研究，创制了 α 相偏

摩尔热力学参数仪器,并对国产量热计进行了改造,研制成气-固金属氢化反应的精密量热系统,对从微观模型上深入了解氢化过程机制提供了有力工具。

根据某些储氢合金在碱液中化学性质稳定的特点,以 TiNi 及 LaNi$_4$Cu 为负极,在国内首先研制成功新型大容量的可逆电池,其阴极储氢量可达 230~260mA·h/g,充放电寿命最高达 1000 周期,是国内首创的科研成果,填补了此项技术的空白。

1980 年研制出中国第一代镍氢电池

该项目主要创新点及社会经济效益包括:

(1) 国内最早开展金属氢化物研究,对金属氢化物、络合金属氢化物提出新颖合成方法,属国内外首创。

例如 LiAlH$_4$ 的合成方法,国际上仍沿用 Schlesinger 法,以昂贵的金属锂为原料,经 720℃高温氢化,生成 LiH,然后将所得 LiH 粉碎,在乙醚溶剂中与 AlCl$_3$ 反应合成 LiAlH$_4$:

$$2Li + H_2 \rightarrow 2LiH$$

$$4LiH + AlCl_3 \rightarrow LiAlH_4 + 3LiCl$$

在该合成工艺中有 3/4 以上的金属锂转化成副产物 LiCl,产品转化率低,故 LiAlH$_4$ 价格较昂贵。

而该课题研究了一种合成 LiAlH$_4$ 的新途径:即以价格便宜的 LiCl 为原料,在 400~500℃下与金属钠一起氢化,生成 LiH 和 NaCl 的混合物,所得混合物为粉末状,无需分离,直接用来合成 LiAlH$_4$:

$$2LiCl + 2Na + H_2 \rightarrow 2LiH + 2NaCl$$

$$4LiH(NaCl) + AlCl_3 \rightarrow LiAlH_4 + 3LiCl(NaCl)$$

副产物 LiCl 和 NaCl 经分离后,LiCl 可循环使用于下一次的合成中,其原料成本比 Schlesinger 法降低了 1/3，而且副产物 LiCl 还可以回收循环使用，大大降低了 LiAlH₄ 的生产成本，同时反应温度也降低了 200～300℃，是绿色化学生产工艺的典范。

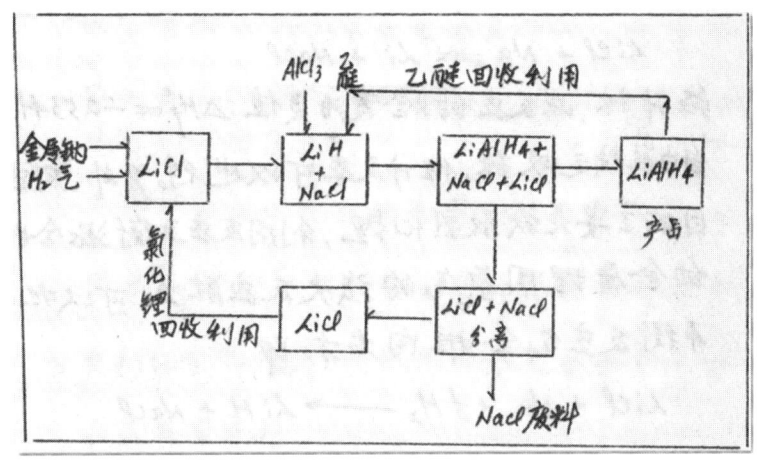

申泮文手绘氢化铝锂新工艺合成流程图

（2）该课题研究，填补了我国系列金属氢化物和络合金属氢化物产品的空白。

（3）该课题研究，在理论研究上有创见，提出"金属还原氢化反应"。

碱金属、碱土金属系列的直接氢化反应，均需在高温下进行，而在用金属盐代替金属的新颖合成方法中，反应温度都大大降低，该课题研究了系列反应的反应机理，首次提出把这类反应称为"金属还原氢化反应"，这类反应及称谓未见文献报道。

此外，在 AlCl₃ 与 LiH 反应中对"诱导期"的成因进行了理论研究，这对其他金属氢化物的合成及生产有重要的指导意义。

（4）过渡金属合金（储氢材料）的化学合成法，属国内外首创。

化学法合成储氢材料，即共沉淀还原法、水解产物还原法、置换扩散法等方法，在国外尚未见报道，在国内也属首创。化学法合成储氢合金较冶金法有如下几个特点：

① 化学法的合成路线合理

用冶金法制备过渡金属合金，一般需用金属作原料，经真空熔炼成合金，然后进行粉碎，加氢活化，才能加以利用。而化学法一般用廉价的无机盐，甚至矿粉（如钛铁矿）作原料，进行化学还原，直接得到吸氢活性良好的粉末，这样从技术路线或能耗而言，都较冶金法为宜。

② 化学法的样品比较均匀，基本上没有偏析现象。

③ 化学法的样品比表面积大，催化活性强。

④ 化学法的样品为粉状，不需粉碎工序。

⑤ 化学法的样品易于活化，活化次数和强度都较小。

共沉淀还原化学法合成出的储氢材料比用高温熔化法的活性要高很多，这种方法在第五次世界氢能大会上受到与会代表的高度重视，认为这种方法降低了储氢合金的制造成本，为废旧储氢合金的回收和再生开辟了新途径，论文被评为该会议的优秀论文。

（5）创制了两种仪器，对储氢材料的热力学及动力学性能进行了深入基础研究。

1980年，创制了能测量低氢浓度范围内的偏摩尔热力学参数的仪器，并对国产量热计进行了改造，研制出气-固金属氢化反应的精密量热系统，对储氢材料的热力学及动力学性能进行了深入基础研究。此项工作国内尚未见报道。

（6）研制出我国第一代镍氢电池，填补了此项技术的空白。

储氢合金在碱液中化学性质稳定，在多年研究中发现，镧镍或钛镍系列的储氢合金电极对氢的阳极氧化或阴极还原都有与贵金属钯相近似的电催化活性。这在氢-氧燃料电池用催化剂，电解工业用活性阴极都将会有新的应用前景。

分别用化学法合成的粉状储氢合金 $LaNi_4Cu$ 或 TiNi 做成阴极储氢电极，其阴极储氢量可达 230～260mA·h/g。以 TiNi 为负极，氧化镍为正极的碱性蓄电池，充放电寿命可达 1000 周期，此能量达 30W·h/kg，达到 1981 年美国专家 T. L. Markin 报道的水平，是国内首创的科研成果，填补了此项技术的空白。

氢化物化学研究成果，具有一定的理论意义和实用价值。该成果开始在生产实际中应用，初步取得了显著的经济效益。如科研成果经过鉴定的共 11 项，其中转让给生产单位 5 项，估计 1985 年产值约 80 万元，可节约外汇 25 万美元。

教育部科学技术进步奖评审专家对"氢化物化学"研究的评价，均给出一等奖的授奖建议。

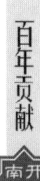

尹敬执，高等教育出版社，教授，学术委员会主任：作者对氢化铝锂

和氢化铝钠所提出的合成方法为国内外首创，有5项科技成果已转让有关厂家生产，填补了我国系列氢化物产品的空白，经济效益显著。作者把储氢材料的合成、性质和应用密切地结合起来，进行系列化和综合性的研究。关于储氢金属材料的制备方法论文在国际会议受到好评，用 $LaNi_4Cu$ 或 $TiNi$ 所组成的低压氢-镍电池，性能良好，达到国际水平。

苏勉曾，北京大学化学系，教授：南开大学化学系无机教研室在申泮文教授领导下，在氢化物合成和储氢金属间化合物的制备和性质等方面，做了大量的应用基础研究工作，工作系统深入，其中有两项研究成果很有实际意义，即使用廉价的金属钠首先与氯化锂反应，生成氢化锂和氯化钠，然后再在有机溶剂中与三氯化铝作用，以合成氢化铝锂；以及用化学合成反应制备储氢金属间化合物，以代替冶金法。这些都属于有创造性的研究成果，同时还积极地将实验室的研究成果转让给工厂，推广应用，可产生较大的经济效益，这些工作为我国无机化学学科的发展做出了贡献。

柴璋，中国科技大学研究生院，副教授：这项工作对金属氢化物、络合金属氢化物以及储氢金属化合物，提出了新颖的合成方法，是国际首创的。工艺和原料的利用都更为合理，提高了转化率，降低了成本，达到国际先进技术水平。利用钛铁矿粉合成储氢材料对充分利用我国资源更有重要意义，系统地研究金属的氢化反应和储氢金属化合物的化学还原，以及对储氢材料热力学和动力学研究，都具有重要理论意义。对科学技术进步具有显著作用。成果推广已作技术转让，填补了我国氢化物生产的空白。储氢材料在电化学方面的应用也取得了突出的成效，这些都具有显著的经济效益。

马维，天津河北工学院，副教授：从金属盐类直接合成该金属氢化物，并以之为原料合成相应的络合金属氢化物氢化铝锂，技术先进，在国际上属于首创的合成系列氢化物的新工艺；在理论上也有创见，提出了"金属还原氢化反应"这一概念，对其他金属氢化物的合成及生产有指导意义；经工厂试生产，产品质量很好，填补了我国系列氢化物产品的空白，经济效益显著。

$LiAlH_4$、$TiNi$、Ti_2Ni 等的化学制备方法为国内首创，国际上未见报道。论文《金属间化合物的化学合成和储氢性能》在1984年7月加拿大的第五届国际氢能会议上发表，得到好评。

李圣传，天津师范大学化学系，副教授：（1）本项目制定了国际上首

创的合成系列氢化物的新工艺。(2)产品质量及产能均达国际先进水平，填补了我国此系列产品的空白。(3)有重要的理论价值和很大的经济效益。

成果完成人：申泮文、汪根时、张允什、周作祥、宋德瑛

南开化学百年贡献

成果名称

聚合物固载化络合物催化剂

20世纪60年代中期问世了威尔金森催化剂（Wilkinson catalyst）——氯化三（三苯基膦）合铑 $RhCl(PPh_3)_3$，这是一种高活性、均相配合物烯烃加氢催化剂，其特点是：催化剂可溶于有机介质中、催化活性高、催化剂用量少、反应条件温和、反应时间短。这一催化剂的问世在世界范围内掀起了"均相络合催化"研究的热潮，因此威尔金森催化剂的问世是催化科学史上里程碑式成就之一。但是，威尔金森催化剂也有其局限性及不足之处：用于制备催化剂的金属铑价格昂贵、产量少，来源稀缺；催化剂溶于反应介质中，反应后产物、未反应物与催化剂的分离及催化剂的回收、纯化是一个非常繁琐及要求苛刻的工艺过程，因此将威尔金森类均相过渡金属络合物催化剂固相化，即制备无机或有机聚合物固载化威尔金森类催化剂，从而简化反应后催化剂与产物的分离，并使其适应于固定床式连续化大规模生产，就成了20世纪70至90年代国际化学界研究热点之一。

孙君坦（1927—2016），辽宁省沈阳市人，南开大学化学系教授，1958年毕业于南开大学化学系，师从何炳林先生，从事离子交换剂的教学、科研工作及校行政工作。曾任南开大学理科教研处秘书、南开大学教务处处长、南开大学科研处处长、南开大学高分子研究所副所长等职务。被评选为南开大学1959—1960年度先进工作者。

孙君坦长期从事聚合物固载化络合物催化剂的研究，曾在"中国科学"上发表过数篇学术论文，并在全国及国际学术会议上进行交流，得到好评。其中结合天津市化工发展需要进行的"均相络合物催化剂载体化的研究"于1983年获得天津市科学技术协会化工学会一等奖（完成人：李弘、孙君坦等7人）。

将高活性的威尔金森型过渡金属络合物催化剂固相化的途径有两条：一是将其固载于多孔型无机载体，如：分子筛、硅胶、活性炭等。此方法的优点是催化剂制备工艺简单，但因是通过吸附作用将催化活性络合物附着于载体表面，这样制成的固相化络合催化剂通常易发生金属活性物种在载体表面的聚集现象，导致催化剂活性大大下降。并且由于吸附是一种相对弱的作用力，被吸附在载体表面的催化活性络合物在催化反应过程中会由载体上大量脱落至反应液中，催化反应后仍需解决贵金属络合物由产物中分离回收问题。二是将威尔金森络合物通过配位键合作用固载于多孔型有机聚合物载体，但要得到活性高、选择性好及使用寿命长的聚合物固载化络合物催化剂就需要根据络合物与底物分子的空间尺寸设计、裁制具有特定交联度、孔径与比表面积的多孔型有机聚合物配体，这是一项具有高难度的研究工作。

南开大学高分子所高分子催化研究室通过对国内外研究工作的认真、深入剖析并结合我国实际情况主要开展了两项研究工作：聚合物固载化铑络合物催化二异丁烯氢甲酰化研究（国家教委支持项目，项目负责人：孙君坦）；聚合物固载化钌络合物催化 1,5,9-顺、反、反式-环十二碳三烯选择加氢制备顺式-环十二碳一烯研究（天津市科委支持项目，项目负责人：李弘）。

以苯乙烯（S）、二乙烯基苯（DVB）为共聚单体，在选定种类及用量的致孔剂（PA）存在下经自由基交联共聚合。首先，制成具有特定交联度、孔径、比表面积的多孔型交联聚苯乙烯微球（PS），再经系列功能基化反应合成了高分子胺、高分子膦二大类功能高分子配体。用这两类高分子配体分别与铑络合物 $Rh_2(CO)_4Cl_2$ 及钌络合物 $Ru(PPh_3)_3Cl_2$ 反应制成了多孔聚苯乙烯固载化铑络合物（Ⅰ）及钌络合物（Ⅱ）催化剂。

$$S+DVB \xrightarrow{PA} PS \longrightarrow PS-\underset{}{C_6H_4}-CH_2-N\underset{R}{\overset{R}{-}}Rh(CO)_2Cl \quad (I)$$

$$PS-C_6H_4-CH_2-\underset{Ph}{\overset{Ph}{P}}-Ru(PPh_3)_2Cl_2 \quad (II)$$

利用聚合物固载化络合物催化剂Ⅰ成功地进行了二异丁烯的催化氢甲酰化反应，催化剂不仅活性高，而且选择性好，催化反应后产物与催化剂分离工艺简化，催化剂可重复使用。

利用所裁制聚合物固载化络合物催化剂Ⅱ成功地进行了顺、反、反-1,5,9-环十二碳三烯的选择加氢反应，催化剂不仅保留了均相钌络合物高催化活性，而且催化加氢选择性优于对应均相钌络合物催化剂，目标产物顺式-环十二碳一烯生成选择性高达100%（无环十二碳二烯及环十二烷生成）。

聚合物固载化络合物Ⅰ催化二异丁烯氢甲酰化研究对解决当时我国石油化工大量副产物二异丁烯利用起了积极作用。聚合物固载化络合物Ⅱ催化环十二碳三烯选择加氢合成环十二碳一烯通过天津市科委组织的新产品技术鉴定，鉴定专家认定这一成果达到世界先进水平。

成果学术研究部分在当时中国最高影响力学术期刊"中国科学"发表数篇学术论文；应邀在"第一届全国一碳化学学术讨论会"及"中日美高分子金属络合物学术讨论会"作学术报告，深获好评，对推动我国功能高分子学术研究及学科发展起了积极作用。

成果完成人：孙君坦、何炳林、李弘、王玉琴

南开化学百年贡献

成果名称

树脂法提取甜菊糖新工艺

甜菊糖是一类由甜菊醇四环二萜化合物连接不同数目的糖配基组成的皂苷混合物，是一种从菊科草本植物甜叶菊中提取的天然甜味剂，原产于南美洲的巴拉圭、巴西等地。甜菊糖甜度约为蔗糖的200~450倍，热值仅为蔗糖的1/300，具有甜度高、热量低、口感佳、稳定性好、无褐变等特点，并且在人体内无毒副作用、无残留。经常食用甜菊糖可有效预防高血压、糖尿病、肥胖症、心脏病等病症，是一种很理想的蔗糖替代甜味剂。甜菊糖广泛地应用于食品、饮料、酿酒、医药等领域，具有非常广阔的应用前景，被誉为"世界第三糖源"。

自20世纪70年代以来，一些人工合成甜味剂因其有害性被禁用或限制使用后，日本等国率先提出了"回到大自然去"的口号，人们迫切需要得到安全、无毒的天然甜味剂，因而欧美、日本等国对甜叶菊的种植和甜菊糖的提取及其应用进行了大量的研究工作。

在我国，南京中山植物园最早从1977年开始研制食用型甜菊糖，在1980年开始大面积种植甜叶菊，由于经济效益高，农民种植积极性很高，到1983年就以惊人的发展速度种植了10万多亩。但是，由于在当时甜菊干叶出口受到限制，国内还没有先进的提取甜菊糖技术和大规模生产工厂，造成了国内甜叶菊的大量积压。因此在当时，加速提取甜菊糖先进工艺的研究和早日实现工业生产是当时迫切需要解决的重要难题，在我国开展甜菊糖提取工艺的研究，尽快在国内实现甜菊干叶的加工生产，不仅可以扭转我国单纯出口干叶的被动局面和完全改变我国用外汇进口食糖的不利局面，而且可以大量出口甜菊糖打入国际市场，创取外汇支援国家建设。

80年代初，甜菊糖的提取工艺以美国专利和日本专利方法为基础，虽然国内也有很多生产企业和研究单位进行了提取工艺的研究，但是普遍存在着工艺复杂、污染较大、甜菊糖收率较低、产品纯度较低等缺陷。为了根本解决上述问题，南开大学高分子所依托自己的技术优势，率先开展了甜菊叶中皂苷提取的专用吸附剂研究，所合成的AB-8大孔吸附树脂和D72、D280大孔离子交换树脂在甜菊糖提取工艺中发挥了重要作用，建立了相应的操作简便、提取效率高、产品纯度高的提取工艺，并与国内甜菊糖厂共同研发，实现了中试放大，并以此为基础向全国推广。

甜叶菊干叶的初步处理，一般采取水提法或醇提法将皂苷提取出来，但是所得到的提取液含有大量杂质，一般为皂苷总量的3~7倍，主要包括蛋白质、有机酸、皂苷、树脂、粘液汁、叶绿素及无机盐等，这些杂质的

存在，给分离和精制甜菊糖带来很大的困难，造成精制工艺复杂，生产成本较高。其中，美国专利报道了以溶剂萃取为主的提取工艺，操作繁琐，难以连续化生产，且需消耗大量的低沸点、甚至有毒溶剂；日本专利中采用了树脂吸附分离的方法，大大简化了提取工艺，国内的提取工艺也基本采用这种方法。但是基于树脂吸附的提取工艺，在当时仍然存在着提取效率低、产品纯度低的缺点，仍需配合甲醇重结晶，生产的安全性较差，不易实现大工业生产，特别是纯度较低的甜菊糖粗提取，常需反复多步重结晶才能得到合格产品，这会造成产品收率的显著下降，溶剂用量显著增加，这对于提取分离都是非常不利的。

我们已经提到，甜叶菊干叶的提取液中含有大量杂质，这就要求分离纯化的吸附树脂不仅要具有高的吸附容量，还应具有良好的吸附选择性，同时为了满足工业化大生产的需要，树脂应具有良好的重复使用性，这就要求树脂还应具有适宜的吸附结合力，过弱的吸附结合力会带来吸附能力的不足，而过强的结合力却给解吸造成困难。因此，在这项研究课题中，如何满足甜菊糖提取工艺中对树脂性能的多个要求，针对不同的分离纯化阶段，设计适宜的树脂结构，在当时情况下，这都是开创性的研究。

1. 针对甜菊糖皂苷的亲水性结构特点，设计合成了 AB-8 型大孔吸附树脂，在传统的聚苯乙烯树脂骨架的结构中，有目的地引入了弱极性的聚丙烯酸酯结构，合理地调控了树脂聚合过程。AB-8 树脂不仅保持了高比表面积，也产生了弱极性的吸附结合力，大大提高了对甜菊糖的吸附容量和吸附选择性，性能明显优于进口树脂，例如美国的 Amberlite XAD-2 和日本的 Dianion HP-2。

2. 设计合成了具有阳离子基团的 D72 和阴离子基团的 D280 大孔离子交换树脂，对于甜菊糖提取中的脱盐脱色具有很高的选择性和吸附容量，且树脂容易再生，抗污染性能好。

3. 基于 AB-8、D72、D280 三种新型树脂的配合，建立了提取甜菊糖的新工艺，具备了产品质量高、产品收率高、原料消耗低、生产成本低、工艺流程短、设备简单等显著优点，在当时的提取水平已超过了日本工艺，树脂的性能是包括进口和国产树脂所难以达到的。

正是由于三种新型树脂的优良性能，使得甜菊糖提取工艺大大简化，在与生产企业的中试合作中，证明了新工艺技术稳定可靠，产品质量高，相应的生产工艺很容易实现工业化生产，与甜菊干叶相比，甜菊糖提取物具有更高的附加值，产生的社会效益和经济效益非常可观。

本项研究的成功，不仅解决了我国甜菊糖提取工艺的技术缺陷，也大大提高了我国的甜菊糖提取物的质量，在这之后近三十年的发展，中国已成为甜菊糖最大的生产国和出口国，产生了巨大的经济效益和社会效益。

甜菊糖提取工艺中所研发的三种新型树脂，在以后的天然植物提取、脱色中仍然发挥了重要作用，树脂结构设计的研究思路也影响了后来的离子交换和吸附树脂，即使现在的提取分离过程中，这三种树脂也常常成为首选的吸附分离材料。树脂法提取甜菊糖的研究成果，不仅启发了研究者的思路，在天然产物有效成分的提取中，吸附分离工艺发挥了重要的作用，同时也为天然植物有效成分的提取提供了高性能的大孔吸附树脂，成果的影响是深远和持续的。

成果完成人：何炳林、张全兴、朱孝伦、施荣富、史作清

南开化学百年贡献

成果名称

计算机辅助色谱优化分离

该项目在 1993 年获国家教委科技进步二等奖。此项目是有机分析化学中采用计算机辅助方法研究色谱分离优化方法的研究。这是在 20 世纪 80 年代随着微型计算机的普及色谱分离方法崛起的最新研究领域。

王琴孙（男）教授是项目负责人，生于 1934 年 1 月，卒于 2007 年 11 月。1961 年南开大学化学系研究生毕业，南开大学元素有机化学研究所教授、博士生导师。1983—1984 年在美国加州大学戴维斯分校做访问学者，法国费朗什孔泰大学客座教授、全国农药标准化技术委员会副主任委员。基础研究方面，王琴孙教授主要从事计算机辅助色谱优化分离的研究，1993、1996 年先后获国家教委科技进步二、三等奖，1996 年获光华科技基金三等奖。应用研究方面，王琴孙教授主要从事痕量分析和农药分析研究，开创了我国农药全分析的先河，自 1992 年起作为项目负责人，课题组为国内外农药企业完成了 218 份全分析报告（96%以上用于境外登记），涉及 139 个农药原药品种，得到国际市场的认可和好评。

在 20 世纪 80 年代，分析化学经历了三次历史大变革，已发展到分析科学阶段，它要解决分析对象和分析方法的矛盾，这是分析科学发展的动力，研究和创新分析方法是方向之一，新的分析方法要具有高灵敏度、高选择性、快速、自动化、简便和经济等特点。该领域的科学家们致力于新的分析仪器和分析方法的研究。分析化学根据不同的对象可粗分为有机分析和无机分析，由于有机化合物的复杂性，它必将是分离和分析结合的方法。近年来各种色谱，如气相色谱、液相色谱、薄层色谱等已成为有机化合物分离分析最有效的手段，也逐步开始普及使用。

1985 年元素所分析室在国家对元素所国家重点实验室百万资金的大力资助下，购置了气相色谱仪、液相色谱仪和薄层色谱仪，从此有机分析工作从化学分析方法转为仪器分析的新时代。但此时的色谱仪还不是计算机软件控制智能化和全自动化的，各种色谱分析的分离条件的选择仍是人工设计和操作，优化的色谱条件靠多次实验结果比较而获得，因此分析人员的经验的积累是色谱分离成功和分析速度的关键。此时，国际上已开始有色谱分离优化条件选择的研究的报道，计算机辅助方法的探索是研究的热点，也是分析化学发展的前沿领域。从 1986 年起课题组确立了"计算机辅助色谱最优化分离"为科研的方向和目标，在国家自然基金、教育部博士点基金和元素所重点实验室基金的资助下，在气相色谱、液相色谱、薄层色谱上，进行了计算机辅助色谱最优化分离的系统探索和研究。在色谱优化分离研究中首先要掌握影响分离的因素，影响各物质（称组分）的色谱保留值的因素很多，以液相色谱为例，如流动相组成和比例、流速、柱温、柱长和柱内固定相的性质（正相或反相）等。不同的组分在同一色谱条件下会有相同或不同的色谱保留值。用组分间的分离度作为色谱最优化分离的评判标准。我们通过设计不同的数学模式经计算机模拟计算实现了：（1）预示了组分保留值。（2）预示了分离度。（3）给出模拟的组分分离图，然后再经实际色谱实验来验证优化结果。此项目的研究核心是经过不断的努力摸索，经无数次失败成功设计出了不同优化模式的数学模式，编制出色谱优化分离的计算机程序软件。

经几年的努力，团队相继开发了对单因素、双因素及多因素优化的计算机软件（如同时单纯型法、重叠解析法和计算机统计扫描法等），用于气相、液相和薄层色谱优化分离获得成功。团队还使用液相色谱仪的二极管阵列检测器成功实现了对未知组分的色谱优化分离，从而实现了计算机辅助模拟替代人工大量探索色谱条件的试验。一般讲，单因素可替人工 100 次试验，双因素可替人工 10000 次，而三因素可替人工 100 万次，这也将大大降低了对技术经验的要求，从而节省了人力、物力和时间。

项目的成果先后在国内外发表了 50 多篇论文，国外色谱学核心杂志上发表了 25 篇论文，得到国际同行专家的关注和认可。色谱杂志的主编特约我们在色谱优化专刊上发表我们的研究论文。有的论文插图被放在色谱杂志封面，有的论文被选作为祝贺国际著名科学家生日的献礼，先后有 34 个国家 389 人次来函索取抽印本。研究工作处于该领域世界领先水平。

目前，团队研究成果已应用到元素所重点农药项目的实际分析上，同时，该领域的最新进展和成果也进入到我们为化学学科研究生开设的"现代分离分析"课中，研究生也有机会参加该项目的研究工作，培养科研的创新和实践精神。

成果完成人：王琴孙、高如瑜、朱昌寿、颜炳文

南开化学百年贡献

成果名称：氢键吸附剂合成、结构和吸附剂性能研究随着世界范围内"回归自然"热潮的兴起，天然药物愈来（包括中草药）愈受到人们的欢迎，中医中药正在逐渐被世界所认可，中药及天然产业蕴含着巨大的市场潜力和商机。中草药是中国乃至世界传统医学的宝贵财富，高选择性吸附分离材料对于中草药有效成分的提取、纯化方面已成为不可缺少的关键技术，对在中药振兴、实现中药现代化的进程中，正在发挥重要的作用。

本项目是研制选择性吸附树脂用于中药有效成分的提取。国外植物药的提取基本上是用溶剂萃取法。超临界 CO_2 萃取法也受到广泛关注，但用于提取极性较大的中药成分并不成功。目前国内采用的主要是树脂吸附法，其优点是适应范围广，工艺、设备简单，生产成本低，是今后提取技术发展的方向，缺点是目前的树脂品种单一。国外的吸附树脂主要是向大批量通用化发展，品种也不多，最有代表性的是美国的 Amerlite XAD-2,4,7。国内由于技术的原因主要生产非极性吸附树脂（与 Amerlite XAD-2,4,类似），部分吸附树脂的生产加入了少量极性单体，仅仅是起到了表面修饰的作用，并没有改变树脂的吸附机理。因此，这类树脂的吸附选择性并未根本改变。中草药组成成分非常复杂，每一种有效成分结构也千差万别，适用于中草药有效成分提取的专用吸附树脂，不仅具有高的吸附容量，还要兼具高度的吸附选择性，这类吸附树脂的结构设计是急需解决的关键问题。为此，我们提出了选择性吸附树脂的研究课题，基于不同的吸附机理来合成新型的选择性吸附树脂。其中，基于氢键作用的氢键吸附剂研究是其中的重点。按照氢键作用机制的不同，吸附剂分为给体型、受体型和混合型3个类型，进一步以此为基础，开发了适于不同天然产物有效成分提取的专用树脂和专用提取工艺，不仅使天然产物的提取技术有了重要的发展，也丰富了大孔吸附树脂的品种。

史作清教授，1962年南开大学化学系毕业，留校后从事教学和科研工作。主要研究方向为功能高分子的合成、结构与应用，在吸附与分离研究方面取得了显著成绩，发表了100余篇论文，获得过1项国际奖励、1项国家自然科学二等奖、1项杜邦科技创新奖和九项省部级科技进步奖。在科研工作中，注重将理论研究成果向生产转化，特别是在植物提取专用吸附树脂的研制和应用方面，多项研究成果成功实现了产业化，创造了可观的经济价值和社会价值。

从实际应用的角度看，用于天然产物有效成分提取纯化的吸附树脂，在具有高的吸附选择性的条件下，必须保持传统大孔吸附树脂高吸附容量的优点，这就要求新型的氢键吸附剂应当兼具高的氢键功能基团含量和高比表面积的结构特点。这对于基于经典自由基共聚合方式合成大孔吸附树脂骨架的合成方法而言，合成上述结构的氢键吸附剂有相当的困难，这是由自由基共聚合的基本原理决定的，在传统聚苯乙烯树脂骨架中引入极性功能基，常常会造成树脂比表面的显著下降。因此，在本项研究中急需解决的难点问题就是如何控制树脂合成中对孔结构形成至关重要的相分离过程，特别是在加入了大量具有氢键功能基团的弱极性共聚单体时，其相分离过程的影响因素、控制方法以及对树脂孔结构的影响规律在本项目研究之前是没有相关的研究报道的，这种特殊结构的吸附剂也是没有商品化树脂产品的。

此外，天然产物有效成分的提取过程常常在水溶液中进行，疏水相互作用在贡献了必需的吸附作用力的同时，也产生了显著的非特异性吸附，这对吸附选择性而言是不利的，因此，如何平衡疏水作用的强弱，在保证吸附容量的同时满足纯化所需要的吸附选择性也是这个项目研究的难点。

1. 氢键吸附树脂的选择性

研究证明按照给体型、受体型和混合型合成的氢键吸附树脂有较强的吸附选择性。给体型（-OH）能较好地吸附含有胺基结构的有效成分，如生物碱、咖啡因等；受体型（-C=O）对含有多酚羟基结构的花色苷类有效成分有较好的吸附性能；混合型（-CNHCOR 或-NHCONH-）可同时吸附黄酮类和内酯类物质。这些结果都可用氢键吸附机理来解释。

2. 将混合型氢键吸附剂（ADS 系列氢键吸附树脂）用于银杏叶黄酮的提取，建立了相应的提取工艺，分离取得了显著的效果。ADS 系列树脂用于从银杏叶中提取黄酮类和内酯类，其含量可达到40%以上，比使用普通树脂提高1倍。另一类亲水性骨架的氢键树脂还可将黄酮类和内酯类完全分离，得到两种含量较高的药用成分。给体型树脂用于分离生物碱，如喜树碱、长春碱、咖啡因都有很好的效果。研究证明氢键吸附树脂可用于中药的黄酮类、皂甙类、生物碱类、酯类等大部分有效成分的提取分离，可成为"中药现代化"的主要分离手段。

所研究的氢键吸附树脂有多个品种实现了产业化，在天津建成了药用树脂生产车间。用于中药成分提取的吸附分离技术推广到国内十多个企业，直接、间接经济效益达到亿元以上。2002年，以氢键吸附树脂为核心的"药用功能高分子材料在医药工业中的应用"被列为国家科技成果重点推广计划。

氢键吸附剂研究中最重要的成果之一就是合成了银杏叶提取专用ADS系列吸附树脂，建立了吸附树脂的提取工艺，制备了符合国际标准的银杏叶提取物EGb761，极大地推动了中国银杏叶提取物的生产能力，使树脂吸附工艺在技术水平、产品质量和生产成本等多方面超过了国外的溶剂萃取工艺，银杏叶提取物也成为当时出口创汇的重要产品。直至今日，国内的银杏叶提取仍以氢键吸附剂为基础，本项研究成果的积极影响是长远的。

成果完成人：史作清、许名成、施荣富、路延龄、郭书印、金晓农、范云鸽、王春红

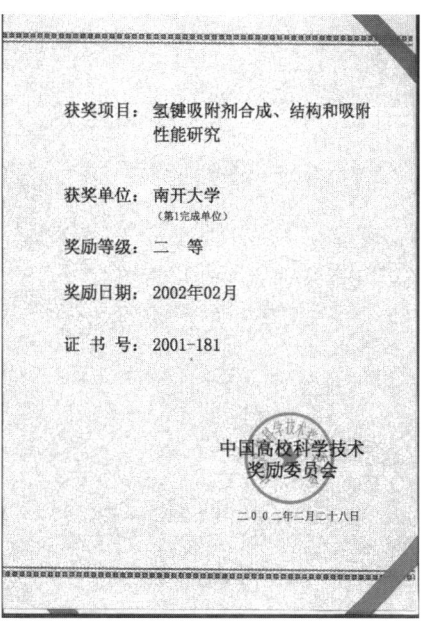

南开化学百年贡献

成果名称

胺基磷酸型螯合树脂产业化及应用

氢氧化钠（烧碱）是最基本的化工原料，传统的电解食盐水制备烧碱工艺，有隔膜法及水银法。这两个方法的缺点是耗电量大、产品质量差、生产过程不安全、有石棉纤维和汞污染等问题。20 世纪 80 年代国外开始使用离子膜法制烧碱，离子膜是全氟磺酸和全氟羧酸复合膜。离子膜只允许阳离子通过，阻止阴离子和气体通过。因此在电解过程阴极产生的 H_2 和阳极产生的 Cl_2 不会因为相混合而引起爆炸，同时又能减少 Cl_2 和 NaOH 溶液发生副反应而影响烧碱的质量。防止了石棉纤维和汞污染问题，还可以节省电能。当时我国从国外引进了离子膜法电解食盐水制烧碱新工艺的成套设备，该技术的核心是离子膜。由于离子膜非常昂贵，为保护膜，延长其使用寿命，要求二次盐水（所谓二次盐水是相对于一次盐水而言。含 NaCL 300g/L 精盐水，经在线加入 NaOH 和 Na_2CO_3 预处理后得到一次盐水，其中 Ca^{2+}、Mg^{2+}、Fe^{3+}等杂质可降至 10 ppm，再经螯合树脂净化得二次盐水）中 Ca^{2+}、Mg^{2+} 浓度要低于 50 ppb，为达此指标，国外进口的成套设备中配有胺基磷酸型螯合树脂（Duolite ES 467 法国、太阳珠 SC-401 日本）。但那时该树脂为国内空白，而且树脂是消耗品，从外国公司单独采购价格很高。为此，化工部组织了《年 2 万吨离子膜法制烧碱国产化》"八五"攻关项目，其中该项目的子课题"胺基磷酸型螯合树脂国产化"，由南开大学承担。

张政朴教授（1947—），1969 年毕业于南开大学化学系（本科）；1981 年研究生毕业于南开大学化学系高分子专业并获硕士学位；1982—1986 年工作于南开大学元素有机化学研究所；1987—2013 年工作于南开大学高分子化学研究所；1988 年 9 月—1990 年 1 月在英国兰卡斯特大学化学系做访问学者；1992 年 7 月—1993 年 7 月在英国曼彻斯特大学化学系做高级访问学者；2013 年退休。

资料报道有关胺基磷酸型螯合树脂的化学结构式：

●-$CH_2NHCH_2P(O)(OH)_2$

80 年代初，钱庭宝先生就开始了制备胺基磷酸型螯合树脂的研究，但是由于试剂污染等问题，该树脂一直没有能够实现工业化生产。张政朴运用在元素所做有机磷研究积累的知识和经验，改变了钱庭宝先生所使用的试剂，克服了污染问题，顺利地制备了该树脂样品，并实现了工业化生产。其团队把该树脂用于一次盐水的精制实验，也取得了很好的结果。该树脂在南开大学化工厂实现工业化生产后经天津大沽化工厂、上海石化总厂、广东江门电化厂及齐齐哈尔化工总厂进行生产性试验,结果完全符合要求,并通过了化工部组织的专家鉴定。在实际生产中二次盐水的 pH 值会大于 11,李贺先等改变了白球致孔剂,使该树脂更适合于实际应用。该项目获天津市科技进步二等奖;杜邦科技创新奖;国家计委、科技部、财政部联合颁发的国家"八五"科技攻关重大科技成果奖。

成果完成人:张政朴、李贺先、张华、王瑛、陈洪彬

南开化学百年贡献

成果名称

生物合理方法设计合成新农药及其构效关系研究

农业是国民经济发展的基础,农药在农业生产中具有保产、增产的作用。为了解决我国农业生产的急需,开展农药的研究是迫在眉睫的任务。早在20世纪50年代,杨石先校长受周总理的委托,组织力量开展农药的研究。至此农药的研究就是南开大学化学学科的重要任务,自1962年南开大学元素有机化学研究所成立后,农药研究一直是该所研究的主要方向之一。陈茹玉教授是这一研究方向的学科带头人。本课题一直在陈先生的关怀和帮助下开展。

随着人口的急速增长,对粮食需求的日益增加,人类对环境保护意识的增强,以及为克服农药本身缺陷而推陈出新的要求,国际上不断需要活性高、选择性好、低毒、低污染的新农药。当前,国际上新农药创制的战略目标是向着对环境友好的生物调控物质发展,使创制的难度不断提高,形成需要综合不同学科发展前沿的高新技术。

新药的设计是农药创制的关键,随机筛选是传统的方法,该法平均需要数万个化合物才能筛选出一个商品化品种,耗时耗经费。如何高效率地设计合成出新药是一大难点。随着分子生物学、结构化学、计算机化学等相关学科的发展,高效率地从事基于某一作用靶标的生物合理设计是世界研究的前沿课题。怎样从大量具有特殊生物信息的化合物中,在计算机的辅助下设计合成先导化合物,建立新的筛选方法,开展分子设计,进行结构与活性关系的研究,优化结构,发现新的高活性化合物,逐步建立自己的创制理论体系,创制出理想的新农药是十分迫切的任务。

该课题在国家自然科学重点基金以及多次国家自然科学基金的资助下,通过计算机辅助设计—合成—生测—生物学研究—再设计—再合成的循环,分别取得一些重要进展。针对我国防治主要草害及保护环境的急需,课题组开展了光合作用抑制剂、ALS酶、ACC酶、HPPD酶及PPO酶抑制剂等方面的研究,从生物合理的角度出发,根据受授体的结构信息,从事新农药的设计、合成、活性测定方法及构效关系研究,根据生物学作用机制及应用计算机辅助设计的方法,设计全新结构的化合物,研究所涉及的化学反应及结构与活性的关系,不断在设计—合成—构效关系—再设计—再合成的系统研究循环中,找出高活性的先导化合物,为今后新农药的研制奠定必要的理论基础,为我国农业生产贡献力量。

杨华铮教授,女,1957年毕业于南开大学化学系后留校工作,1984—1985年在日本京都大学农药化学研究室做访问学者,师从QSAR创始人之一——著名学者藤田稔夫教授,从事农药的结构与活性定量关系研究。1990年经国务院学位委员会批准,获农药学博士生导师资格。几十年来一直从事有机化学和农药学的研究生教学与研究工作,致力于我国新农药的创制。完成和承担 973 项目、国家自然科学重点基金及面上基金、国家"七五"至"十五"攻关、教育部博士点基金、各部委及天津市基金等数十项。获国家自然科学二等奖(1987)、教育部科技进步二等奖,天津自然科学二等奖、天津市教学成果一等奖等,SCI 收录文章 200 余篇。参加编著或主编著作有《农药化学》《农药分子设计》《除草剂作用方式》《现代农药化学》等 10 余部;公开与授权专利 20 余项,多年来共培养硕士生 36 名、博士生 28 名,曾任国家自然科学基金委员会化学部评审组成员,天津市自然科学基金会化学化工评审专家组组长。获全国教育系统劳动模范、全国工会先进女职工、国务院特殊津贴获得者和天津市授衔专家等称号。

邹小毛教授,博士,1989 年毕业于天津大学化工系,获工学学士,同年 7 月分配到南开大学元素有机化学研究所从事农药及精细化工产品的开发研究工作,1999 年于南开大学元素有机化学研究所获得博士学位。几十年来一直致力于高效、低毒、低残留的绿色新农药的创制研究和对我国农药工业具有重要影响的重要品种生产工艺的绿色化、清洁化、低成本化的研究。在具有生物活性分子设计、杂环化合物的合成方法,结构与活性关系的规律方面以及精细有机合成工艺的绿色化、清洁化及工程化方面积累了丰富的经验。目前发表 SCI 收录论文 60 多篇,申请发明专利 46 项,获得授权 19 项,编写著作两部(章)。获得过天津市自然科学二等奖及教育部自然科学三等奖。主持完成了 7 项国家重大科技支撑项目、1 项国家 863 计划项目、4 项国家自然科学基金项目。与国内多家农药企业集团建立了紧密合作,完成了许多重大农药品种的生产技术升级换代。

本项目的研究特点是将研究所多学科的老师结合起来,发挥各自的特长,从事农药设计与合成、生物活性测试、结构与活性研究。实行学科互补,充分发挥各自的优势和研究特长,选定研究的主攻方向,分层次地进行分工与合作,为创制我国的新农药发挥更大的作用。研究中强化 CAD 分子设计研究和建立高层次筛选模型,重视生物信息的积累,为设计合成提供更多的指导性信息,以提高研究的质量。该项目通过化学、生物学和计算机等多学科结合,针对硫代磷酰胺酯类化合物进行了较系统的结构与活性的定量关系研究,并预测出某些新化合物具有较高的活性。研究发现,分子中芳环邻位一经硝基取代，活性可较其芳基母体提高约 10 倍，但硝基若处于对位，则活性大大降低，用取代基的一般物理化学参数难以表征两者的区别。为了弄清其原因，该团队对其三维结构进行了研究，根据 X-衍射晶体结构数据进行量子化学计算和人工神经网络分析，预测出 O-甲基-O-(2,4-二甲基-6-硝基)苯基-N-异丙基硫代磷酰胺酯（H-9201）应具有较高的除草活性，经过查新，该化合物未见文献报道，通过合成及初筛，其活性符合预测值。进行室内复筛，也显示出很好的效果。研究表明，该药主要是通过植物出土过程中的幼芽、幼根和分蘖节等吸收，抑制植物分生组织的生长来发挥作用的，受害的杂草芽鞘和根变粗，分蘖节肿大，内部心叶变为深红色，大多数叶片不能突破芽鞘而死亡，有的叶片虽伸出芽，但叶片短而厚，叶色深绿、畸形，慢慢干枯死亡。此后进行了对作物安全性、影响药效的因素的试验。经多年室内及田间试验，证明它是一新型水旱两用选择性内吸传导的广谱性土壤处理剂，可适用于移栽水稻、大豆、蔬菜及玉米（苗后）等作物田中，防除一年生禾本科杂草和阔叶杂草，对后茬作物安全，对环境友好，可与磺酰脲类除草剂混用，两者的用量均大幅降低，并可克服磺酰脲类除草剂对后茬作物的危害。获准进行产业化开发研究，2005 年获得临时登记证，成为我国为数不多的具有自主知识产权的新农药品种之一。

该项目通过生物合理方法，设计合成多种可能具有高活性的化合物，通过设计—合成—生物学研究—再设计—再合成的循环，分别取得了一些重要进展，为同行研究开发我国自行创制的农药新品种提供了借鉴，得到了国内外同行的好评。

通过多年研究工作的积累，课题组编写了《农药分子设计》及《现代农药化学》，后者首次以农药生物作用机制为主线，系统阐述了农药的发现、发展、结构与生物活性的关系，优化历程及其化学与生物学之间的关系；重点阐述了农药作用机理中靶位的分子生物学机理与作用原理等，全面反映了当时国内外新农药的创制及应用的进展，这在推动我国农药创制科学技术方面起到了促进作用。《现代农药化学》一书于 2013 年获得国家科学技术学术著作出版基金资助，受到国内同行的重视与好评，并于 2019 年获得第五届中华优秀出版物奖。兄弟院校有关专业纷纷选用上述两本书作为相关专业的教科书。其为我国农药创制研究赶上世界先进水平奠定了良好的基础，贡献了绵薄之力。

成果完成人：杨华铮、刘华银、邹小毛、谭惠芬、程慕如

| 成果名称 | 选择性树脂吸附法银杏叶提取物及生产工艺 |

中草药是中国乃至世界传统医学的宝贵财富。在中药振兴、实现中药现代化的进程中，高选择性吸附分离材料对于中草药有效成分的提取、纯化方面已成为不可缺少的关键技术，对中药的制剂工艺改革和现代化发展正在发挥重要的作用。

20世纪70年代，德国科学家研究开发银杏叶提取物，并发现其对于心脑血管疾病具有突出的疗效。中国银杏树占世界总量的70%，是银杏叶的主产国，天然资源非常丰富。

银杏叶提取物的主要有效成分为银杏叶黄酮和萜内酯，对心脑血管疾病、老年性外周循环障碍及老年痴呆症等有很好的疗效，以银杏叶提取物为主要成分的药品和保健品备受人们青睐。已经报道的银杏叶提取物制备工艺主要有三种，其中溶剂法是最经典的方法，国外多采用，但工序繁冗，设备复杂，生产成本高，安全性差，只能生产一种规格的产品；超临界流体萃取法能否有效地将黄酮类化合物提取出来仍然是个有争论的问题，而且设备成本高，大规模生产在国内还有困难；大孔树脂吸附法能耗低，设备简单，已为大多数厂家所采用。然而普通的吸附树脂选择性比较差，因此产品纯度和收率都比较低；为提高含量，需要采用多步洗脱法，这会导致银杏叶黄酮及萜内酯（特别是白果内脂）的流失。针对这种情况，项目组开发了系列新型高选择性吸附树脂及其使用工艺，用于银杏叶提取物的纯化，可以有效克服上述工艺的缺点，使得银杏叶提取物有效成分的含量大幅度提高。

何炳林，1918年出生，1942年毕业于西南联合大学，1952年获得美国印第安纳大学博士学位。1956年在周恩来总理帮助下回国，在南开大学工作。何炳林教授不仅是我国离子交换树脂事业的创始人，还把离子交换树脂生产技术普及到全国，堪称我国的"离子交换树脂之父"。何炳林教授对南开大学高分子学科的建立和发展作出了重要贡献，研究工作中强调理论联系实际、基础研究与应用研究并重；重视科研成果的产业化，取得了非常突出的经济社会效益。

从实际应用的角度看，用于银杏叶提取物的纯化的吸附树脂，应当具有吸附量高、吸附速度快、洗脱容易、得到的提取物银杏叶黄酮和萜内酯的含量高、抗污染、使用寿命长等特点，常规树脂难于满足实际使用的全面要求。

通过分析已有树脂的结构、吸附机理和吸附性能，项目组设计合成的

ADS 系列树脂，兼顾了对银杏叶黄酮和萜内酯的吸附选择性，吸附性能优于其他树脂。

基于 ADS 系列吸附树脂的生产工艺高效简单，特别是不仅可以生产标准规格的银杏叶提取物，还可以生产出银杏叶黄酮含量高达 40%～50% 的提取物，这是其他吸附树脂无法做到的。与溶剂萃取工艺和传统树脂工艺相比，具有明显优势。

中药振兴、实现中药现代化的进程对中草药有效成分的提取、纯化方面提出了越来越高的要求。吸附树脂是一类以吸附为特点的功能高分子材料，经过几十年的努力，树脂的合成和应用都取得了长足的发展。树脂吸附法具有设备简单、能耗低、选择性可通过对其物理结构和表面化学性质进行设计来调节等优点，并且往往还同时具有分离和浓缩双重功能。因此，这种在天然产物的分离和纯化方面的应用日益引起人们的重视，且不乏成功的例子。

ADS 系列树脂是含酰胺基团的强亲水性吸附树脂，对银杏叶黄酮的吸附主要依靠树脂中酰胺基与银杏叶黄酮分子中酚羟基之间的氢键作用，而对富氧萜内酯的吸附则基于"相似相溶"的原理，因此吸附选择性有显著提高；并且重复使用性能良好，为工艺的成功奠定了基础。以此为基础建立的生产方法，工艺缩短，产品损失少，可以有效提高产品收率，降低了成本。

合成专用于生产银杏叶提取物的高选择性吸附树脂，改变了国内树脂法制备银杏叶提取物工艺的落后状况，而且产品线覆盖一般合格品到高含量产品。该工艺生产的产品达到标准银杏叶提取物所需要的技术指标（黄酮含量 24%，总内脂含量 6%）。

ADS 系列吸附树脂的研制和树脂吸附工艺的研究极大地推动了中国银杏叶提取物的生产能力，使树脂吸附工艺在技术水平、产品质量和生产成本等多方面超过了国外的溶剂萃取工艺。

树脂吸附法在银杏叶有效成分的提取、纯化中已取得了成功，并为更广泛的应用打下了良好的基础。但是中草药的品种繁多，吸附树脂的品种又相对较少，要满足各种中草药有效成分提取的需要，还需要针对具体用途研制新的吸附树脂，并探索相应的分离方法。在中药现代化的进程中，吸附树脂及分离技术还会不断地发展，定会在中药现代化的研究与生产中发挥重要作用。

成果完成人：何炳林、史作清、许名成、路延龄、施荣富、金晓农、欧阳绍江

南开化学百年贡献

成果名称

喹禾灵(禾草克)右旋光学化工艺技术

随着我国农业现代化的发展，农村劳动力的转移，耕作制度的改变，农田杂草的防除对化学除草剂的需求越来越大。然而，随着环境问题的日益严重，我们人类在自身发展的同时，还要注意和自然界的和谐关系。因此，减少农药对土壤的危害，减少农药的使用量，研究高效、低毒、低残留、杀草谱广、选择性强的除草剂成为必然趋势。

具有光学活性的手性除草剂便是适应这一趋势的一个重要研究方向。课题组感兴趣的是具有手性碳原子的光学活性化合物的生物除草活性。20世纪90年代以来发展起来的在阔叶植物田防除禾本科杂草发挥了重要作用的芳氧苯氧丙酸类除草剂，它的手性化合物中都有一个不对称碳原子，具有D型和L型两种异构体，分别具有光学活性右旋R体和左旋S体。其中，右旋R体在茎叶处理时，具有极好的除草效果。

然而，在这类除草剂中，我国还没有生产R体光学活性除草剂，例如，禾草克、威霸等除草剂都是消旋体化合物。它们的用量比R体的多一倍，化工原料几乎浪费了一半。面对这样严重的损失，为了减少农药在田间的用量，为了化工原料发挥更大的作用，课题组选择了制备R体喹禾灵除草剂的研究。

在查阅大量国外文献的基础上，课题组确立了制备精喹禾灵——右旋R-体禾草克的最佳方案，放弃了丙酸法、拆分法以及发酵等方法，而是选择了简便易行的L-乳酸法，用L-乳酸制备了光学活性试剂，进一步合成了精喹禾灵。然而，农药是一综合性非常强的学科，它涉及化学、生物、毒理等多种学科。需要做大量的有机合成条件试验，以便找到产品质量以及反应收率都满意的结果，还要为分析、生测、毒理的试验提供样品，特别是生测要在全国多地做大田田间药效试验，没有大量的样品保障就无法进行下去。直至1993年，我国还不生产L-乳酸。正值课题组为难的时候，收到了一个大好消息：天津工业微生物研究所正在酒泉进行L-乳酸生产的中试实验。于是课题组找到了微生物所杨子培所长，向他详细介绍了我们课题组的课题。杨所长听后非常高兴，因为他们的研究成果本来是应用于食品行业，没想到还能大量应用到农药。他非常支持我课题组的研究工作，当即送给了我们课题组一瓶98％的L-乳酸。之后，杨所长又从酒泉通过空运送给课题组半桶L-乳酸。微生物所的大力支持，为我们顺利完成课题铺平了道路。

经过几年的研究，该项目于1997年通过国家教委技术鉴定。同时期

还完成了同类型除草剂 R-威霸、骠马的研究。由于国内有了 L-乳酸，这几项研究成果都顺利地转让给工厂。从此，我们国家有了自己的光学活性除草剂。

精喹禾灵的研究成功，填补了国内空白，可有效减少用量，每亩仅为 1.5～2.5 克，对保护环境、减少对土壤的污染，以及提高化工原料的效益都起到了重要作用。

精喹禾灵当年先后转让给江苏丰山集团、安徽丰乐集团及山东京博集团，至今仍然生产，而且，在原来技术基础上有了很大改进提高，生产规模也扩大许多。比如丰山集团的精喹禾灵原药生产能力达到 1300 吨/年，原药总酯含量大于 99%，光学含量大于 99%，成为世界上最大规模的精喹禾灵原药生产企业。精喹禾灵每年为企业增加销售收入 2.8 亿元，增加利税 5000 万元。再如京博集团由最初的 50 吨/年提升至现在的 1200 吨/年，销售额累计 26 亿，实现净利润 3.6 亿元。

精喹禾灵广泛应用于马铃薯、大豆、甜菜、油菜等阔叶植物，在防除一年生禾本科及一些多年生杂草方面发挥了重要作用。特别是现在，在转基因大豆及其使用的草甘膦除草剂受质疑的情况下，精喹禾灵在大豆田除草方面尤为重要，产品受到国内外欢迎，国内市场一直供不应求。京博集团的产品成功进入北美洲、欧盟、东盟、东南亚、非洲等国外市场，并与 DUPONT、NISSAN、AUGUST 等国际知名企业建立了合作关系。而且，2020 年京博的精喹禾灵产品在欧盟取得了同等性自主登记，大大提高了我国农药产品在国际市场的影响力。

丰山集团的产品也在许多国家取得农药登记证，产品质量高，受到国外如 BASF、Helm 以及美国先锋等外企的一致好评。

成果完成人：陈彬、刘凤萍、杨华铮、谭惠芬、杨秀凤

南开化学百年贡献

成果名称

基于新型储氢合金材料的高效储能应用研究

随着社会的进步发展，能源紧缺问题日趋严重，化学电源环保化、微型化、便携化和高能化是储能领域的发展趋势。而镍氢（Ni-MH）电池的出现，其逐步取代严重污染环境的 Ni-Cd 电池已成为二次电池发展过程中不可逆转的潮流。

1984 年，荷兰 Philips 实验室的 Willems 通过合金化方法在提高 $LaNi_5$ 合金充放电循环稳定性方面取得了突破性进展，大大推动了以储氢合金为负极材料的 Ni-MH 电池的发展进程。此后，又经日本和我国的研究，采用廉价的混合稀土（Mm 或 Ml）替代合金 A 侧的 La，并对 B 侧进一步进行了多元合金化，从而提高了合金的综合性能，降低了合金成本，使其逐步进入大规模的产业化阶段。

Ni-MH 电池在 1988 年进入实用化阶段，1990 年日本实现了产业化生产，从此，Ni-MH 电池得到了飞速发展。各国著名的电池生产厂商如美国 Ovonic，日本松下、东芝，法国 SAFT 及德国 Varta 等大公司纷纷加快了 Ni-MH 电池产业化的步伐，其中日本的发展最为迅速，1998 年小型 Ni-MH 电池的总产量已达 6.4 亿只，而 2000 年则达到 9 亿只，与此同时，电池的性能也得到极大提高，体积比能量从早期的 180Wh/l 提高到 400Wh/l。

我国对储氢合金和 Ni-MH 电池的研究开发也比较早。1977 年南开大学在我国最早开展储氢合金电极材料研究，早期研究得到天津市科委支持，天津市科委在全国最早（1979 年）立项研究储氢合金和 Ni-MH 电池。恰逢我国实施 863 计划，从"七五"开始南开大学就承担新型储氢合金和 Ni-MH 电池方面的研制任务。当时情况是，美国取得原创性专利，日本取得一系列多项实用性发明专利，我国没有一项专利。虽然我们实验室研制的样品与国外处于同一水平。为了打破知识产权壁垒，我们重点研究可用于生产、性能优良的 $MmB_5(Li)$ 合金产业化开发，发明了 LiH 扩散法和机械合金化法，实现了小批量试产。在 1990 年就已成功研制出 AA 型 Ni-MH 电池，并于 1991 年 12 月通过了国家鉴定。在国家"863"计划的推动下，先后在中山、天津及沈阳等地建成了储氢合金和 Ni-MH 电池生产基地，有力地推动了我国储氢合金和 Ni-MH 电池的发展进程。"九五"末期，我国小型 Ni-MH 电池的产量达 3 亿只，相应储氢合金的生产达到 3000 吨/年。进入 21 世纪以来，我国 Ni-MH 电池产业在大规模、高性能和低成本方面有了进一步的提高，竞争力不断增强，2006 年出口量超过 9.12 亿只，我国已成为世界主要 Ni-MH 电池生产基地之一。

镁基储氢合金以其储氢量高、密度小、储量丰富、价格低廉等优点，成为最具开发前景的 Ni-MH 电池电极材料。此外，利用镁作为电荷载体的镁离子电池也具有广泛的应用前景。镁的电负性高，使得镁作为电池负极材料时的开路电压高；镁离子的离子半径与锂离子接近，半径较小，所以能嵌入到许多可嵌入正极材料中去；比容量大，使得充放电容量高。然而镁基材料的动力学性能较差，以及在碱液中的抗腐蚀性能不佳，严重阻碍了其在储能领域的应用。因此，镁基储能材料研究具有实际意义、可行性及广阔的应用前景。

袁华堂教授 1969 年毕业于南开大学化学系。1994 年赴美国迈阿密大学清洁能源所做访问教授，师从著名能源专家、国际氢能协会主席 T.N.Veriroglo 教授。曾任南开大学新能源材料化学研究所所长、材料化学系主任、教授、博士生导师。曾任国家稀土学会固体科学与新材料专业委员会副主任，天津市人民政府学科评议组成员、材料组副组长。

袁华堂教授长期从事储氢材料和化学电源的研究与开发工作。承担国家"863"计划、"973"计划、国家科委攻关、国家自然科学基金及天津项目 20 多项。发表论文 300 多篇，获发明 21 项、国家科（教）委科技进步二等奖 2 项、天津市科技进步一等奖 2 项等。2016 年以来，连续多年获得"爱思唯尔中国高被引学者"。主要从事镍氢动力电池产业化开发及镁基储氢电池、可充镁电池的研发工作。在研发工作中，与国内外能源专家有广泛交流，先后出访欧洲、北美、南美、澳洲、日本等国家和地区，建立了广泛的合作关系。

我国二次电池产业发展迅速，已成为世界新型二次电池的生产、贸易中心。但在高端电池材料的研发和制造等核心技术方面，还面临着激烈的国际竞争。在高能化学电源领域的自主创新研究，对提升我国高能二次电池在国际市场上的竞争力具有深远意义，并将有助于带动二次电池材料、高能二次动力电池、电动自行车、电动汽车和相关产业的发展。

针对已有的 MmB_5 镍基 Ni-MH 电池循环寿命不佳的问题，课题组在 MmB_5 储氢合金中加入金属锂制备了新型 $MmB_5(Li)$ 储氢合金。由其制成的 Ni-MH 电池在充放电循环过程电解液中形成 LiOH 起到保护正极的作用，从而延长电池寿命。$MmB_5(Li)$ 储氢合金成分主要为稀土、镍、钴、锰、铝等高熔点金属，合金中的主要成分 Ni 的熔点为 1453℃。如果合金成分中添加碱金属，将面临两大难题：一是碱金属非常活泼，极易发生反应；二是其熔点较低，其中熔点相对较高的金属锂熔点仅为180.54℃，采用常规的高温熔炼法极难制备出目标合金成分。即使采用中间合金法也无法避免规模化熔炼过程中锂易挥发难以操作的问题，因此难于实现产业化制备。

另外，与传统镍氢电池电极材料相比，镁基储氢材料具有储氢量高、价格低廉、资源丰富等优点，但其化学性质活泼，表面易形成致密的氧化物，吸、放氢动力学缓慢，吸放氢温度高，严重限制了其实际应用。此外，镁基储氢合金多采用高温熔炼法制备，但镁蒸气压较高、熔点较低仅为648℃，合金中的主要成分Ni的熔点为1453℃，因此熔炼法制备镁基储氢合金制备工艺上存在较大困难。为了进一步提高镁基储氢材料性能，可通过非晶化手段调控镁基合金，从而有效提升其放氢动力学、热力学性能，改善电池的充放电性能。然而，经过非晶化处理的镁基合金极易受到碱性电解液的氧化，导致电池循环使用时电池容量严重衰减。此外，对于镁离子电池研究领域，其负极材料也会在使用过程中发生腐蚀，形成致密的氧化物，使溶解-沉积电化学平衡受阻，降低电池性能。镁基材料的循环稳定性难题一旦突破，将对二次电池领域的发展产生巨大影响。

基于上述问题，袁华堂教授课题组在研制新型稀土镍基MmB_5储氢合金过程中，首次提出在MmB_5中加入碱金属元素，发明了LiH扩散法及机械合金化法，用LiH向母合金$Mm(Ni-Co-Mn-Al)_{5-u}$扩散制备专利合金$MmB_5(Li)$。解决了锂易挥发的难题，简化了工艺，实现了$MmB_5(Li)$合金的小批量制备。

在镁基储氢合金制备中巧妙地利用镁金属的强还原性，采用置换-扩散法成功制备了镁基储氢合金，并通过掺杂、氟化处理等方法对镁基材料的组分、表面形貌进行修饰，增强其抗氧化性能。首次探究了$Mg_{0.5}Ti_2(PO_4)_3$、$Mg_xCo_yO_4$、Mg_xMnO_4、MoS_2、MoO_3等材料用于镁离子电池正极材料，$Mg(AlBuCl_3)_2$、$Mg(ZnBuCl_2)_2$及$MgAlF_5$用于电解质材料，系统地探究了材料的形貌、组成对电池性能的影响规律。把正、负极材料和电解质溶液组装成模拟电池，对模拟电池进行电化学性能测试。模拟电池开口电压大于1.5伏，极片容量大于100mAh/g，实现了电化学循环，申请了镁离子电池研究的第一个中国专利，填补了国内相关领域的空白，为未来高能二次电池关键问题的解决提供了理论基础、技术支撑和人才积累。

袁华堂课题组首次提出在稀土镍基储氢合金MmB_5中加入碱金属，

Ni-MH 电池在充放电循环过程电解液中形成 LiOH 起到保护正极的作用，从而延长电池寿命。发明了 LiH 扩散法及机械合金化法制备 $MmB_5(Li)$ 新方法，解决了锂易挥发的难题，简化了工艺，实现了 $MmB_5(Li)$ 合金的产业化制备。利用电化学及正电子湮灭方法测定了稀土镍基储氢合金的热力学参数，探究了金属 Li MmB_5 优化反应机理。获得了中、美、欧（英、德、法）发明专利。实现小批量用于制造 Ni-MH 电池，是当时我国唯一能应用于实际且取得中美欧发明专利的储氢合金电极材料。该项专利的取得，打破了国外用我国廉价稀土原料生产高价专利产品的垄断局面，为我国的丰富稀土原料生产高技术产品储氢合金和 Ni-MH 电池进入国际市场创造了有利的条件。

高温熔炼法制备镁基储氢合金，其优点是工艺比较简单，缺点是产物表面性能差，吸放氢速度较慢，并且使用前必须经过粉碎处理。袁华堂教授课题组利用镁的强还原性提出了置换-扩散法制备镁基储氢合金新的合成方法，该方法即在适当的非水溶剂中，用金属镁置换溶液中化合态的过渡金属离子，如铜、镍、钴、铁，还原的金属直接镀在镁上，然后在适当的温度下扩散，形成金属互化物，所得镁基储氢合金具有较好的吸放氢性能。采用置换-扩散法制备镁基储氢合金，产物为粉末状，吸氢氢化时不必粉碎，且比表面较大，易于活化，有效改善了吸放氢动力学性能。设备要求简单，成本低。如熔炼法制备的 Mg_2Ni 合金氢化分解温度一般高于280℃，采用置换-扩散法制备的 Mg_2Ni 合金氢化分解温度在245℃时开始分解，低于汽车尾气的温度，为实际应用创造了条件。获得多项国家自然科学基金、天津基金及"973"项目的支持。

近年来锂离子电池已被广泛应用于各个领域，鉴于锂离子电池的巨大成功，在元素周期表中与锂处于对角线位置的镁，因其离子半径、性质与锂有许多相近之处，加之价格便宜、处理较安全等独特优点，成为一种新型电池体系原材料的研究热点。但是，可充镁电池体系与锂离子电池体系的两大重要区别严重阻碍了可充镁电池的发展：首先，在锂离子电池的首次充电过程中虽会有钝化膜的生成，但锂离子仍能顺利通过，而镁离子根本无法穿过金属镁表面形成的致密钝化膜；其次，镁离子具有更高的电荷，溶剂化严重，较难嵌入到很多基质中，使得对正极材料的选择受到一定的限制。

袁华堂教授课题组创新性地利用对金属镁进行氟化处理，表面形成氟化镁相对比较松散，有利于在电解液 Mg/Mg^{2+} 的转换与迁移，有效地改善并提高了 Mg^{2+} 的嵌入/脱出速率。Mg(AX$_{4-n}$R$_n$)$_2$ 型有机镁盐是 Lewis 碱 R$_2$Mg 和 Lewis 酸 AX$_{3-n}$R′$_n$ 的反应产物。选取 Mg(AX$_{4-n}$R$_n$)$_2$ 型有机镁盐作为电解液体系，具有较高的导电率、适当的电化学窗口和较好的安全稳定性。酸碱比对电解液的性能非常重要，Lewis 酸的浓度决定了电解液的分解电位，R 基的含量决定可逆性的好坏，因此电解液体系需要选择合适的酸强度和 R 基浓度之间的平衡。

成果完成人：袁华堂、王一菁、焦丽芳、周勇

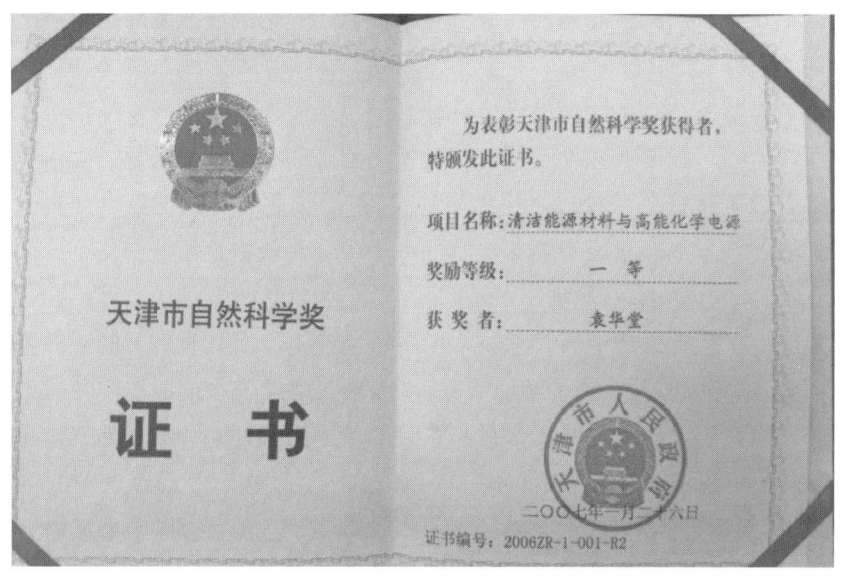

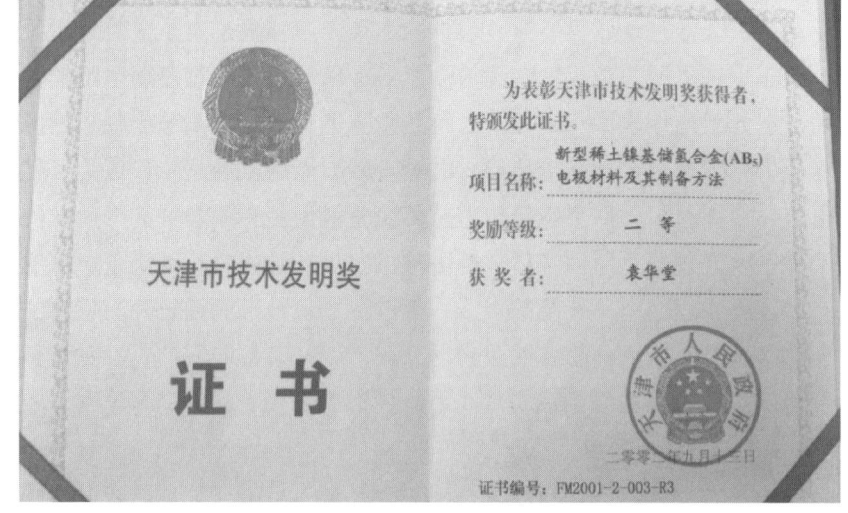

△1993年荣获国家科委863计划先进集体二等奖

成 果 项 目：高容量动力镍氢电池负极极片研究

完　成　者：袁华堂（第1完成人）

所 属 单 位：南开大学

成果登记号：360-01-20310726-01

登 记 日 期：二〇〇一年八月十四日

南开化学百年贡献

成果名称

甲氨基阿维菌素苯甲酸盐合成技术

农业是国民经济的支柱行业,农药对于防治农田病虫草害保证农业丰收来说是必不可少的。但是过去,毒性农药在农药品种中占很大的比重,有毒农药的大量使用不但危害人类的生存环境和身体健康,同时影响农副产品的出口创汇,随着世界范围的禁用高度农药呼声不断提高,我国也明令禁止或限制十几种农药的生产与使用。另外,大部分传统农药长期使用已经产生了抗性,药效降低甚至失去原有的防治效果,使一些病虫草害缺乏或没有药物防治。如近年鳞翅目害虫全国范围大发生就是典型实例,1999年,甜菜夜蛾在我国20余个省市自治区发生,面积之大、虫口之多、损失之惨重均为历史之最。仅山东、河南就发生4500万亩,河南840万亩大豆(超过种植面积的50%)被吃光,造成毁种、绝产。无药可治,农民只好全体动员上田抓虫子,山东一个农民半天可捉拿高龄幼虫1.25公斤,豆类、蔬菜等百株虫量为350～3400只。综上所述,以超高效的绿色农药替代传统农药是农药科研和生产十分迫切的任务。

1975年,日本北里研究所从土壤样本分离中得到一株链霉菌,发现该菌株的发酵液有很高的驱肠道寄生虫活性,且对哺乳动物毒性很低。此后,该菌株被送到美国默克(Merck)公司进一步深入研究,于1976年分离出一组具有驱虫活性的物质,被命名为"阿维菌素"(Avermectin)。随后,该系列活性化合物于1981年被用于兽药上,1985年被应用于农药方面。爱尔兰科学家威廉·坎贝尔(William C. Campbell)和日本科学家大村智(Satoshi Ōmura)也因为在阿维菌素的发现和应用而共享2015年度诺贝尔生理学或医学奖。阿维菌素系列产品的开发成功并在农药、兽药、医药三大领域广泛应用,被誉为继青霉素之后的又一次药物革命。

本项目通过对国内外相关领域进行长期调研,选中了阿维菌素家族产品作为切入点开展研究工作。甲氨阿维菌素苯甲酸盐(甲维盐)的商品名为Proclain®(Banleptm),是从发酵产品阿维菌素B1a开始合成的一种新型超高效半合成抗生素类杀虫剂,它具有超高效、近无毒、无残留、无公害等生物农药的特点。与阿维菌素比较,首先杀虫活性提高了1～3个数量级,对鳞翅目昆虫的幼虫和其他许多害虫、害螨的活性极高,兼有胃毒和触杀作用,非常低的剂量(0.08～8.4 g/ha)具有很好的效果,而且在防治害虫过程中对益虫没有伤害,有利于害虫的综合防治,另外,与市面上大多数杀虫剂相比,甲维盐扩大了杀虫谱,降低了毒性。项目组结合了相关文献和国内原材料等具体情况,对国外情况进行了建设性的改进,于1999年完成了此技术的小试合成工艺。

徐凤波，1966年出生，1988年本科毕业于兰州大学现代物理系，1993年、2001年于南开大学化学院取得有机化学硕士和博士学位。1988—1990年在白求恩医科大学任教，2001年至今在南开大学化学学院工作，从事金属有机化学和农药化学研究，历任副研究员和研究员。于2001、2002、2006年分别获得天津市自然科学一等奖、天津市科技进步二等奖和天津市自然科学二等奖。2004年荣获全国优秀博士毕业论文提名，并获天津市优秀博士学位论文奖。发表论文100余篇。

在本项目完成之前，国内市场上甲氨基阿维菌素苯甲酸盐（甲维盐）主要依靠进口，价格大于1万美元/公斤，主要使用在高附加值经济作物上。为了满足国内外市场需要，需要将甲氨基阿维菌素苯甲酸盐（甲维盐）生产成本大幅度降低，以便于甲维盐的推广和广泛使用。本项目以阿维菌素为原料合成出含量分别为大于60%和90%两种规格产品，以阿维菌素折算，多步合成总收率大于45%。整个工艺分成五步进行，分别是：5位羟基保护、4″位羟基氧化、4″位羰基的还原甲胺化、5位羟基脱保护和成盐反应（出产品）。技术重复性多步总收率为40%～50%。

在完成小试生产工艺基础上，项目组在相关合作企业的配合下，在大生产过程中又进一步将5步生产工艺缩短为"一锅法"生产工艺，及5步反应采用一种溶剂，在一个反应釜中生产出产品，同时产品质量也得到了提高。

随着该甲维盐生产工艺在国内相关企业的推广，甲维盐的生产成本降低到800元人民币/公斤，原药销售价格比原来的进口价格降低了100倍左右，使其在主要经济作物上得到了应用，大力推动了甲维盐在农药杀虫剂方面的推广使用。目前在全球市场，超过90%的该产品原药在中国生产。

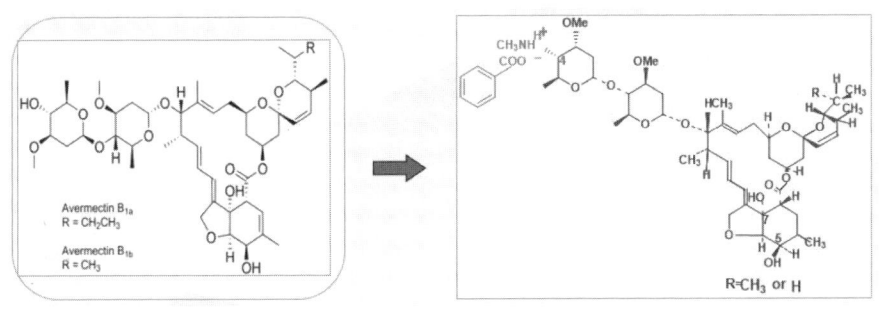

该项目以阿维菌素 B_{1a}/B_{1b}、咪唑、草酰氯、硼氢化钠和苯甲酸为原料，

合成工艺共分五步，采用无水无氧操作。其中，第一步、第二步采用低温技术的工艺流程，总收率≥45%。合成路线先进、收率高，达到国内领先水平。分析方法采用液相、气相色谱方法，方法可行，结果可靠。

由天津市科委委托，南开大学科技处组织专家组于 2000 年 12 月 26 日对所完成的"甲氨基阿维菌素苯甲酸盐（甲维盐）"项目进行了鉴定。专家组认为该项目已达到小试的各项计划指标，达到国际先进水平，一致同意通过鉴定。

该项目原料易得，没有三废，容易工业化，投资少，经济效益明显。项目完成后，在社会上引起了极大的反响，40 余家企业关注，国内知名农药企业南京红太阳、大连瑞泽、山东京博已经完成了技术转让合作，并各自完成了产品的扩试，产品被市场广为接受。《南开周报》《天津日报》《每日新报》《中国科技导报》《中国化工报》及中国化工网、天津电视台、央视七台等新闻机构竞相报道。

工艺优化后的方法使原药生产成本降低到每公斤 800 元以内，打破了价格壁垒，扩大了蔬菜和水果等作物使用面积，同时推广到水稻田大面积应用。国内目前产量 800~1000 吨，每年有数亿的直接经济效益。

甲胺基阿维菌素合成技术荣获 2002 年度天津市科技进步二等奖。甲维菌素的创新工艺在农药领域引起了国内外的广泛赞誉，在短短 4 年内超过 200 家企业关注该技术并进行洽谈，天津电视台、《天津日报》、《中国科技导报》、《农药科学》等 40 余家新闻机构和杂志报道了该技术，转让技术 10 余家企业，创造了数十亿元的直接经济效益。项目产品是 2000 年以来国内外农业防止鳞翅目害虫的首选支柱品种，维持着农业界防治鳞翅目害虫、保障农业丰收的良好局面，带来了巨大的社会效益。2000 年前后在农药界产生巨大影响。

成果完成人：徐凤波、张正之、解放、贺水济、毕富春

天津市科学技术进步奖

证 书

为表彰天津市科学技术进步奖获得者，特颁发此证书。

项目名称：甲氨基阿维菌素苯甲酸盐合成技术

奖励等级：二等

获奖者：南开大学

二〇〇三年八月八日

奖励编号：2002JB-2-009-D1

南开化学百年贡献

成果名称

弱酸性阳离子交换树脂

离子交换树脂广泛应用于热电、石化、化工、制药、环保和国防工业等领域。离子交换树脂分为四大品种，即强酸性阳离子交换树脂、弱酸性阳离子交换树脂、强碱性阴离子交换树脂和弱碱性阴离子交换树脂。除了弱酸性阳离子交换树脂，其他三大品种在国内外不同厂家之间的生产工艺和产品质量大同小异，唯独弱酸性阳离子交换树脂的生产工艺和产品质量的差别很大，以德国拜耳公司的 Lewatit CNP-80 最为著名，其产品质量比全球其他厂家的同类产品的质量高出一大截。我国在 20 世纪 80 年代研发的弱酸性阳离子交换树脂的生产工艺为：采用丙烯酸甲酯为功能单体、二乙烯苯和衣康酸双烯丙基酯为交联剂进行共聚，再进行二次互贯共聚，然后进行碱性水解。其产品部分取代进口产品。但其缺点是：（1）由于交联结构不均，水解后的产品的机械强度很差；（2）功能单体和交联剂都含有酯基，在功能单体引入的酯基的水解时总会伴随交联剂引入的酯基的部分水解，因此如果水解程度不够则交换量低，水解程度太高则机械强度更差；（3）生产工艺包含了复杂的二次互贯共聚。该工艺生产的弱酸性阳离子交换树脂的质量比 Lewatit CNP-80 的差很多，而且生产工艺复杂，生产成本高。

阎虎生教授在南开大学获得学士、硕士和博士学位，毕业后留校工作，主要研究方向包括离子交换树脂、吸附树脂、酶固定化载体和固相合成载体等，有多项发明专利实现了产业化，被授予"天津市授衔专家"称号。获得国家优秀专利奖、杜邦科技创新奖、天津市技术发明二等奖、天津市科技进步二等奖和天津市技术创新产学研联合突出贡献奖等。

阎虎生项目组的发明专利技术采用丙烯腈为功能单体、二乙烯苯和异氰酸三烯丙基酯为交联剂进行共聚，然后进行酸性水解得到弱酸性阳离子交换树脂。该技术的关键创新点是，采用聚合活性比功能单体聚合活性大的交联剂和聚合活性比功能单体聚合活性小的交联剂作为混合交联剂，使合成共聚物具有均匀的交联结构，即二乙烯苯的聚合活性比丙烯腈的大，异氰酸三烯丙基酯的聚合活性比丙烯腈的小，而且丙烯腈的聚合活性基本上正好处于二乙烯苯和异氰酸三烯丙基酯的聚合活性的中间，因此在共聚合的初期主要由二乙烯苯交联，共聚合的中期由两种交联剂共同交联，而共聚合的后期主要由异氰酸三烯丙基酯交联，这样得到的共聚物具有均匀的交联结构，因此水解后的产品具有很高的机械强度。这两种交联剂在酸性下都稳定，因此采用较强的酸性水解条件使氰基完全水解，得到的产品具有高交换量。

这项发明专利技术与德国拜耳公司的 Lewatit CNP-80 的生产技术相比，其产品的质量指标（交换量、含水量、湿真密度、湿视密度）达到、部分指标（机械强度和酸碱转型体积变化）超过了 Lewatit CNP-80 的指标。且工艺所需要的原料都廉价易得，而从拜耳公司的专利分析，Lewatit CNP-80 的生产采用的交联剂之一是两端为烯基的含 5 个碳以上的碳氢链或类似的二烯或多烯，这类交联剂价格极其昂贵，因此 Lewatit CNP-80 的生产成本比本技术产品的生产成本高很多。同时，本技术与国内原有的生产弱酸性阳离子交换树脂的工艺相比，产品质量大幅度提高，特别是机械强度的大幅度提高大大延长了产品的使用寿命，而其生产成本降低了 40％以上，此外生产工艺更简单（两步反应，不需要二次聚合）。

该技术于 1993 年独家转让到江阴有机化工厂（现为苏青集团），采用该技术后，江阴有机化工厂很快从一个名不见经传的小厂发展成为国内最大的离子交换树脂生产厂家，曾获得江阴市"十佳企业"称号。直到现在，苏青集团仍然是生产传统离子交换树脂的最大的企业。该技术的实施不仅取得了巨大的直接经济效益,而且产生了巨大的间接经济效益和社会效益。生产工艺简单使三废排放显著减少；产品的高机械强度使产品的使用寿命提高了 2 倍以上，这不仅大大降低了用户的使用成本，而且大大降低了在使用过程中从树脂柱中去除碎裂树脂（需要将树脂从柱中取出、过筛去除碎裂树脂，然后再装填到柱中）的周期，大大降低了操作人员的劳动强度，提高了生产效率，这也使废树脂的固废量大大减少。

本项目的发明专利名称为弱酸性阳离子交换树脂，专利号为 ZL 93105858.9，该成果获得中国专利优秀奖（2001）和天津市技术发明二等奖（2002），该成果作为主要成果之一获得杜邦科技创新奖（2000）。

成果完成人：阎虎生、程晓辉、何炳林

南开化学百年贡献

成果名称

有机锡化合物的合成、结构及其应用

有机锡化学是一门具有广泛用途的学科。我国是产锡大国,储量和开采量约占世界的 1/3,锡的深加工一直是我国政府极为重视的课题。

与此同时,我国是农业大国,而螨类是农业生产中公认的最难防治的有害生物群落,具有个体小、繁殖快、发育历期短、行动范围小、适应性强、突变率高和易产生抗药性等特点。其中,害螨广泛分布于各种农林作物上,是当今世界农林作物上的关键性害虫,这种只有在显微镜下才能观察到的微小生物,近年来已出现成灾的趋势。20 世纪 70 年代后,以叶螨为代表的植食性害螨上升为果树、蔬菜、农林作物的重要有害生物,在世界范围内有蔓延加重的趋势。

我国蜱螨学的先驱忻介六教授曾经指出,现今为害农业的螨类(mite pests)也和其他大害虫一样,原本不是重要的害虫,但由于大量滥用农药,使潜伏性或偶发性的害虫成为关键性害虫。即使本来不是害虫的昆虫,由于使用农药不合理,其天敌被杀死,破坏了生态平衡,也使其成为重要的大害虫。特别是近半个多世纪以来,人类一度采用单一的化学药剂防治害虫,使得叶螨由次要害虫上升为主要害虫,目前叶螨问题已成为农林生产的突出问题。螨类抗药性问题的凸显,一方面与螨类自身的生物学特性密不可分,如短生育期、强繁衍力以及螨类在进化过程中形成的对不同寄主植物次生化合物的强大代谢能力等;另一方面,频繁的、粗犷的化学防治是导致螨类抗药性问题爆发的重要人为因素。

化学防治虽然存在较多弊端,但仍是目前最有效的害螨防治手段,并且生产上在很长一段时间内仍难以摆脱对杀螨剂的依赖。随着对螨类和农药学研究的深入,化学防治在注重药效的同时也越来越注重安全性和选择性。国际上最早使用的杀螨剂为硫磺和机油乳剂。最早的专一性杀螨剂为 20 世纪 50 年代美国施多福公司开发的一氯杀螨砜,此后新品种不断涌现。杀螨剂作为专门用来防治蛛形纲中有害螨类的一类农药也从杀虫剂中独立出来。由于螨类与昆虫生理生化方面具有很多共性,起初杀螨剂与杀虫剂并无严格的界限,生产上许多广谱杀虫剂甚至杀菌剂也兼做杀螨剂使用。

在多品种激烈的市场竞争中,四螨嗪复配粉剂赢得广大客户的青睐,迅速扩市,三唑锡进入热销阶段,苯丁锡和三磷锡从 20 世纪 90 年代市场冷淡到起步发展,再到今天的广泛应用,这四个杀螨剂品种,被誉为"中国自己的农药",并且逐年在农、林、果树上杀灭螨虫和红蜘蛛显示威力。

在众多的杀螨剂品种中,三磷锡作为一种触杀型高效低毒的有机锡杀螨剂，被广泛用于苹果柑橘和棉花等作物。对害螨具有强触杀作用，杀螨谱广，对成螨、卵、幼螨等都有很好的杀死效果，持效期长，对敏感性螨类及对有机磷或其他药剂产生抗性的螨类均可防治。三磷锡作为有机锡类杀螨剂抗性产生慢，且没有交互抗性，成本低廉，工艺简单，可以作为三唑锡的接替品种，是一个国内外首创的、优秀的杀螨剂新品种。

据此，谢庆兰、李靖等研究团队结合基础理论研究和实际应用研究，开展了三烃基锡衍生物的研究。

谢庆兰，1937年出生，1955年赴苏联留学，1961年7月毕业于苏联列宁格勒大学化学系（现圣彼得堡大学），1961年10月参加工作。天津市南开大学元素有机化学研究所博士生导师、江西南昌大学兼职教授。主要从事金属有机化学研究，特别是对第四主族金属有机化合物的研究有较深造诣。获多项省部级科技成果奖，是天津市中青年授衔专家。

李靖，1963年出生，1988年获得南开大学理学博士学位，1988—1996年任职于元素有机化学研究所讲师、副教授；1996年至今任职于南开大学元素有机化学研究所教授；1992—1994年西班牙OVIEDO大学从事博士后研究，2001—2002年在加拿大McGill大学做访问教授。1996—2004年任南开大学元素有机化学研究所所长，2001—2004年任元素有机化学国家重点实验室主任，2004—2014年任南开大学研究生院常务副院长，2014—2017年任喀什大学副校长，2016年至今任南开大学副校长。曾获得"中国有突出贡献博士学位获得者"称号，第七届天津青年科技奖，天津市自然科学奖二等奖，获"天津市中青年授衔专家"称号。

杀螨剂在使用过程中容易产生一定程度的毒性和抗性，因此研究其构效关系，针对靶标设计新型三烃基锡杀螨剂具有重要的理论意义和应用价值。

谢庆兰、李靖团队合成了数百个三烃基锡、混合三烃基锡羧酸酯、二硫代磷酸酯，含氮杂环的衍生物，研究了这些化合物的合成路线、波谱和结构的关系，羰基红外光谱与锡原子的配位价关系，^{119}Sn化学位移与化合物中芳基取代的对位取代基Hammett常数之间的线性关系等。通过构效关系的研究，确证了三烃基锡衍生物中（R$_3$SnY，R=烃基，Y=阴离子），烃基是决定有机锡化合物生物活性和选择性的关键，阴离子基Y不决定选择性，但能改善相应的生物活性或理化性能。因此，进一步将具有不同生物选择性的有机基团接入到同一锡原子上，制得混合三烃基锡衍生物，可以同时具有多重农药活性。如 ^{n}BuCy$_{3-n}$SnY（Bu＝正丁基，Cy＝环己基）同时具有杀螨和杀菌活性。为此，获得授权和公开专利各一项，开发出一个新的有机锡农药——"双灭锡"。将阴离子基 S$_2$P(OR)$_2$ 代替三唑锡中的三唑基，制得一类高杀螨活性的三环己基锡二硫代磷酸酯衍生物，并由此开发出一个国内外没有商品化的杀螨剂新品种——"三磷锡"（Cy$_3$SnSP(S)(OEt)$_2$），其成本比三唑锡降低 20%，并进行了多次技术转让，其中一个厂家已获得农药临时登记（登记号 LS-94400，登记厂：北京顺义兴源高脂膜厂）。现已在江西、广东、山东等农药厂试生产，将发挥相应的经济和社会效益。

通过分子力学和疏水性参数的计算，研究锡原子上取代基对杀螨活性的影响，由此能够更有效地寻找到高杀螨活性的有机锡化合物结构类型。同时，该团队研究了二烃基锡衍生物及其锡氧簇合物四烃基二锡氧烷的合成、结构及其在酯化、缩醛化等反应中的催化作用，实验表明该类化合物是一类新颖的二聚层状结构的锡氧簇合（cluster）。

团队研究了不对称锡氧簇合物对结构的影响，该类化合物能很好地催化缩醛化和酯化反应，其优点是催化活性和选择性高，能溶于包括脂肪烃在内的多数溶剂，可以在均相条件下，在层状结构上发生反应，催化剂对空气稳定，对设备没有腐蚀等。同时研究了催化机理。

谢庆兰、李靖团队的研究成果已发表相关研究论文 90 余篇。被 SCI 收录 40 篇，被引用 25 篇，引用次数 152 次，其中他人引用 130 次（国内 62 次，国外 68 次），自引 22 次。得到国内外同行认可和好评。

谢庆兰、李靖团队通过研究发现三烃基锡羧酸酯中羰基红外振动光谱与化合物的结构有密切关系。^{119}Sn 化学位移与含芳基有机锡化合物中芳环对位取代基常数呈线性关系。

三磷锡被及时推向工业化，成为我国第一个被登记的杀螨剂新品种。将具有不同生物活性特点的烃基引入同一锡原子上，开发出一个同时具有杀螨和杀菌活性的农药："双灭锡"。利用疏水性参数和分子力学方法，研究含硅有机锡化合物结构与生物活性关系。混合烃基的四烃基二锡氧烷同样能很好地催化酯化和缩醛反应。

三磷锡是含锡的有机磷杀螨剂，产品为 10% 和 20% 两种含量乳油。防治苹果和柑橘的红蜘蛛，一般用 20% 乳油 1500～2000 倍液或 10% 乳油 1000～1500 倍液喷雾。

三磷锡原药生产所用的原料较便宜、产出量大，其剂型加工为20%三磷锡乳油，比20%三唑锡悬浮剂加工简单、投资少。预计生产规模50吨/年原药，乳剂250吨/年的产值1250万元，年利润150万～200万元。

我国有苹果2700万亩、柑橘1180万亩，若每亩用0.25公斤三磷锡乳剂，需用药9700吨。如果其中1/10用此药，每年也需970吨。因此，该产品的市场潜力很大。

从社会经济效益分析：以苹果为例。若每亩苹果用药后增产90公斤，250吨的20%三磷锡乳剂可增产苹果9万吨，按1.4元/公斤计算，可增收1.26亿元。由此可以认为，三磷锡是一项具有较大经济效益和社会效益的好品种。在杀螨剂的众多品种中具有一定的竞争能力，同时还可以打入国际市场。

谢庆兰、李靖团队探究工作对有机锡化合物的毒性规律有了较深的认识，20年来从未发生过中毒事故。多家农药厂转让我们的三磷锡技术后，获得了一定的经济效益。促进了我国有机锡化学研究的深入发展，并多次参加国际学术会议，得到了国内外同行的认可和肯定，在国际上有一定的影响。在《化工百科全书》《有机原料化工大全》中分别著有"有机锡"章节。我们通过有机锡化学培养博士生6名，硕士生20名，博士后1名，与巴基斯坦联合培养博士生1名。

成果完成人：谢庆兰、李靖、徐效华、郑健禺、张招贵、孙丽娟

南开化学百年贡献

成果名称

富勒烯化学的理论研究

富勒烯（fullerene）作为碳的第三种同素异形体，不同于已知的石墨和金刚石，它具有独特的笼状分子结构。Eiji Osawa 在 1970 年从理论上预测了[60]富勒烯（C_{60}）具有类似足球的高度对称的 Ih 结构。1985 年，Smalley、Curl 和 Kroto 等人从实验中发现了第一个富勒烯 C_{60}，其后 C_{70}、C_{76}、C_{78}、C_{80} 等一系列类似的笼状分子也相继被发现。这种 C_{60} 分子，连同其他一系列结构多样并具有球形结构的碳的同素异形体，被统称为"富勒烯"。富勒烯的发现使得分子的研究范围从苯的二维平面分子扩展到数目众多的三维笼状分子，在化学、物理、材料、生命科学等诸多领域里展现出了独特性能，具有广泛的应用前景。

对富勒烯及其衍生物的化学性质进行理论研究，对富勒烯的化学修饰及应用提供一定的理论指导，具有重要的理论与实际意义。

赵学庄，1933 年出生，1959 年从吉林大学化学系获得硕士学位，1960 年到南开大学工作。长期从事化学动力学与量子化学的研究，著有《化学动力学》《模糊对称性》等著作。

合成富勒烯的加成衍生物是富勒烯化学研究的重要方面，这一方面可以改进富勒烯的溶解性，另一方面也可以得到具有特殊性质的新材料。对富勒烯的加成规律的研究，为合成新的富勒烯衍生物具有重要意义。

由于富勒烯分子体系大，对其动态化学特征的理论研究存在很多困难，从 1996 年开始，赵学庄教授研究组开展了对富勒烯动态化学特征的研究，在国际上首次发表了对富勒烯臭氧化反应机理的全面研究，同时对富勒烯的加成反应、异构化反应等进行了研究，发表了一系列高水平的论文；历经数十年的工作积累，从低碳数富勒烯 C_{36}、C_{40}、C_{50} 到 C_{60}、C_{70}、碳纳米管，对富勒烯的加成规律进行了系统的研究、总结、归纳与对比，得到了许多有实践指导意义的结论。

在有关异质富勒烯化学的理论研究方面，赵学庄教授研究组对 B、N、P、Si 等元素掺杂 C_{60}、C_{70} 及 C_{36}、C_{40} 等形成的异质富勒烯的稳定性与性质进行了系统的研究，发表了一系列高质量的文章，并被广泛引用。

相关研究成果发表在 J.Phys.Chem.、J.C.S.FaradayTrans. 等期刊上。

赵学庄教授及其团队在富勒烯及其衍生物方面的研究工作主要包括以下方面：

（1）对 C_{60}[6-6]或[6-5]键上环加成的选择竞争及（开环或闭环）方式以及 C_{70} 不等价 C 原子和 C-C 键较多造成复杂的异构体规律进行了深入研

究，总结了双加成和多加成物有关异构体的加成位置与其稳定性的相关规律，首次报道了 $C_{60}O$[6-5]异构体的 UV 谱，从实验上验证了其存在。

（2）用量化方法研究了 C_{60} 的臭氧化学反应，从动力学角度解释了在实验中只得到 $C_{60}O$[6-5]异构体的原因。首次详细研究了 $C_{60}O$ 及 $C_{60}S$ 的[6-6]、[6-5]异构体相互转化的机理，总结了 C_{60}、C_{70} 的一些典型加成反应的加成位点、加成规律，丰富了对富勒烯化学反应规律的认识。

（3）系统研究了 C_{60}、C_{70} 等富勒烯中 B、N 取代碳原子的异质富勒烯，并将 B、N 取代碳原子的位置和一般富勒烯加成位置的规律性相关联，得到了其稳定性的一般规律。对含 P 和 Si 的异质富勒烯也作了研究，为设计新型的功能材料提供了理论信息。

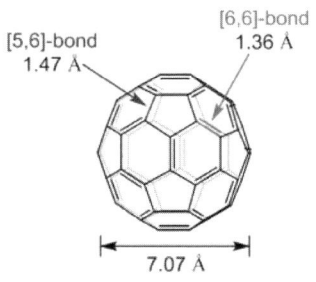

C_{60} 的结构及两种不同的键

成果完成人：赵学庄、尚贞锋、潘荫明、王贵昌

南开化学百年贡献

成果名称

"自由基-金属"配合物及多自旋体系的基础研究

20世纪80年代以来，具有特殊功能的新型材料发展十分迅速，特别是与计算机信息产业密切相关的分子磁性材料的研究。分子磁性材料是以分子集合的方式在通常条件下获得的。由自旋载体（顺磁粒子或自由基）的磁相互作用使分子集合体出现铁磁性质。分子磁体的研究方法使以往仅以金属或离子型晶体出现的磁性物质在通常条件下的溶液化学中实现。这种研究方法的改变以及分子合成与分子集合方式的无限性，使其与传统合金类磁性材料相比具有体积小、比重轻、结构多样性、易于复合加工成型等特点。易于做光磁开关，信息存储和生物医学功能材料，组成分子磁性材料的重要单元应兼具无机化合物和有机化合物特点的配位化合物。"自由基-金属"配合物是近年刚发展起来的新领域，是组装具有磁功能分子材料的具有应用前景的体系。原因如下：（1）自由基本身就是自旋载体，又具有配位功能；（2）自由基可作为连接点与金属离子易形成多维结构；（3）通过金属离子种类，自由基种类，桥联配体种类以及配位环境的变换可调节磁相互作用。

同时，由于自由基配合物所表现出的磁与光、磁与电特殊性质而有望得到多功能的分子基材料，设计合成分子基磁性材料是一项难度极大的工作。为了保证整个晶格中的自旋平行排列为主，首先必须合成自选多重度尽量高的分子，一维链和二维片，然后再让其以铁磁偶合方式自组装成宏观的三维物质。前者的设计属于分子磁工程，它违背了"电子成对"的一般倾向；后者属于晶体磁工程。目前欲控制晶体中分子堆积的方式尚属尝试阶段，因此，分子磁性材料的设计合成是对化学家的挑战。为了获得高T_c，又不失分子特性（可溶性、透明性等）的分子铁磁体，有许多理论和实践技术需要探讨。到目前为止，分子铁磁体的设计策略、合成方法、结构表征和铁磁偶合机理仍是国际上的研究重点。

姜宗慧，1940年2月出生，籍贯黑龙江省四方台市，1959年9月进入南开大学化学系学习，1964年7月毕业留校工作，先后任助教、讲师、副教授和教授，1984—1986年在美国堪萨斯大学做访问学者，1997年被聘为博士研究生导师。作为主要完成人曾经获国家自然科学二等奖1项、国家教委科技进步二等奖2项、天津市自然科学一等奖和二等奖各1项。

该项研究成果处于化学、物理、材料和生物学多学科交叉点，是无机化学新兴领域，也是当今国际化学研究非常活跃的前沿领域之一。

主要内容包括：

（1）设计合成了各种预期磁性的单、双、三、四、六核"自由基-金属"配合物。其中大部分自由基是文献未见报道的自由基，特别是含有外源桥大环配合物配体与自由基组装的结构新颖的杂自旋多核配合物和草酰胺桥联"自由基-金属"配合物均为国际上尚未报道的新类型配合物。该研究丰富了"自由基-金属"配位化学的内容，为分子磁体的合成开辟了新的途径。

（2）在磁性研究中归纳出某些新规律，为磁功能"自由基-金属"配合物的设计与合成提供了某些指导性信息。

（3）首次将分子力学和量子化学计算方法应用于含自由基的多自旋偶合体系，并将这一理论和方法用于自由基异多核多自旋体系，为诠释自由基异多核自旋体系的磁交换作用本质提供了一种可行的手段。

（4）建立了研究磁不对称的"杂自旋"体系中自旋载体间磁相互作用的近似理论模型，丰富了磁化学的研究方法。

（5）合成出一系列结构新颖、性质独特的一维、二维、三维新型配合物和铁磁，反铁磁交替排布的一维链配合物，为分子载体的组装提供了有用的基块。

（6）获得国内首例"自由基-金属"类分子铁磁体，其 Tc＝5.7K。

该课题组在国内率先开展了此项研究，填补了国内"自由基-金属"配位化学这一新兴领域的空白。与国内同类研究相比一直处于领先水平，该研究工作系统性强，创新点多，并建立了理论处理和实验方法，被国内外同行仿效和多次引用。与国外一些先进的研究组相比，他们的研究有自己的特点和创新性。主要表现在：

（1）首次以大环配体配合物和草酰胺桥联的双核配合物配体为前驱体与自由基组装，得到了结构新颖的杂自旋多核配合物。这是国际上从未报道过的一类新型配合物，从而为设计多核偶合体系提供了一个新途径。New J.Chem 的评审专家认为这是"对这一领域作了重大贡献"。

（2）提出了定量评估磁不对称的"杂自旋"体系中自旋载体间磁相互作用新方法。如 New J. Chem 杂志评审专家充分肯定了他们的方法，说："包括各种自旋的三核配合物的合成，结构和磁性研究是有意义的工作，建立了一个理论模型。"

（3）本研究引起国内外同行的兴趣。法国国家科学中心的 J.P.tuchagues

教授主动与他们进行合作研究，并签订协议，成为我国基金委与法国国家科学中心首批合作单位之一。此外，他们的研究论文多次被国外专家来函索取并引用，包括美国、英国、法国、意大利、西班牙、日本、澳大利亚等国家的同行专家。西班牙教授在国际权威杂志 Angew Chem 上引用他们发表在 Inorg.Chim.Acta 上的文章，以该工作为依据，评述了自由基在 [Mn(hfac)2] 存在下的还原产物。法国著名化学家 O.Kahn 在国际权威杂志 Inorg.Chem 上谈到他们的工作时说，"该研究工作是在少数情况下讨论 ESR 谱"的几项研究之一。日本学者在国际权威杂志 J.Chem Soc., Dalton.Trans. 将他们的工作称作"获得分子磁体的'自由基-金属'方法"，并详细评述了他们发表在 Can.J.Chem 上对 Co(II)—自由基配合物铁磁偶合机理的讨论。另一位日本学者在总结 Cu(II)氮氧自由基（NITR）和 imino 配合物的磁构关系时，列举了 14 种化合物，他们的工作占了 2 例。

总之，他们的研究科学成果在美国、英国、法国、意大利、加拿大、瑞士、荷兰、波兰等国际化学杂志和《中国科学》《科学通讯》《化学学报》等国内杂志上发表了研究论文 95 篇，其中被 SCI 收录 88 篇。某些理论处理和实验方法被国内外同行仿效和引用，SCI 统计被他人引用 71 篇次。

以上成果极大丰富了自由基的配位化学和磁化学的研究内容，并将研究领域扩展到物理、化学、生物、材料等多学科交叉的分子材料科学，某些成果具有国际先进水平。

成果完成人：姜宗慧、阎世平、赵琦华

南开化学百年贡献

成果名称

紫外荧光防伪纤维的研制以及在火车票防伪中的应用

"紫外荧光防伪纤维的研制以及在火车票防伪中的应用"是1999—2001年间南开大学承担的面向国家急迫需求的研发项目。

近百年来,假冒伪劣一直是个严重的全球性经济、社会问题。据保守估算,每年假冒产品给世界造成的经济损失超过2万亿美元,各种伪造票据、信用卡所带来的经济损失也高达数百亿美元。因此,防伪是维护一个国家经济、社会秩序正常运行的重要工作。火车票、发票等票证的防伪在20年前的中国具有重大现实意义。

1997年,中国使用了近50年的"纸板火车票"被粉色的打印版"软纸火车票"取代,售票时间从原来的每张96秒缩短至3~5秒。当时,新版火车票被伪造的现象依然存在,尤其是春节期间,火车票造假案件频发,这在一定程度上扰乱了春运的正常秩序。因此,从政府管理层面看,迫切需要解决软纸火车票的防伪问题。

传统防伪技术包括防伪油墨技术、版纹与水印技术、激光全息技术、金属线防伪等。这些技术中有的防伪力度不够高,防伪技术被破解的现象时有发生;有的虽然防伪力度还可以,但不太适合软纸火车票的制造与应用环境,因此必须为新版火车票开发一种具有高防伪力度、适合车票制造与应用环境的新防伪技术。

紫外荧光防伪纤维纸是一种将特制的紫外荧光纤维毛嵌入纸基而形成的特种防伪纸。从技术难度和生产难度看,该防伪纸集合了防伪纤维和特种纸张研发、生产的所有难点,伪造者想要仿造防伪纤维或嵌入了防伪纤维的防伪纸都会遭遇很难逾越的技术屏障和生产条件障碍。因此,防伪纤维或含防伪纤维的防伪纸比传统防伪产品具有更强的防伪力度。在国外,紫外荧光防伪纤维纸已被多个大国的中央银行指定为造币专用纸。然而,紫外荧光防伪纤维技术在我国一直是个空白。

1999年6月,受铁道部委托,南开成立了专门的研究组,研发用于制造火车票专用防伪纸的关键原料——紫外荧光防伪纤维。

防伪纤维产品的研发任务是应对国家的急迫需求,要求在1.5~2年内完成实验室研究、放大和产业化。这在当下看都几乎是不可能的事,在20年前更是一项艰巨的挑战。

第一,在国外,紫外荧光防伪纤维是中央银行专用于纸币制造的高技术防伪材料,其生产技术属于国家机密并限制出口,研究组几乎找不到有价值的参考资料,而且还缺乏合适的研发硬件条件,研发者必须在资源十分有限的条件下开展卓有成效的工作才可能完成任务。

第二，从防伪纤维产品的技术要求看，研究组必须确保所研发的紫外荧光纤维同时满足以下各项特征：有合适的细度和长径比；纤维上负载的荧光物质必须有很好的耐光性、耐水性、耐热性以及耐常见溶剂性能；很容易在纸基质中均匀、离散分布；能承受火车票专用纸的抄造工艺的各种考验；对人体无毒无害。假如研发产品不能满足以上任何一项要求都不可能实现产业化。

第三，从防伪纤维的产业化实施看，需要研究者在开展实验室研究的同时考虑实验室技术产业化：生产设备的选型、生产过程的控制、生产成本的控制、生产产能的实现、产品标准的制定、品质的控制等等，否则不可能在那么短的时间内完成研发任务。

第四，从可选的技术路线看，熔融喷丝法制造荧光防伪纤维需在300℃左右的高温下进行，荧光物质的荧光性能容易被高温的环境所劣化，荧光物质的高温分解产物又会进一步损害纤维的强力、弹性等力学性能，所以熔喷法很难得到荧光和力学性能兼备的荧光纤维长丝。荧光分子渗透法是另外一种可探索的方案，但由于现有的荧光物质很难在常规纤维上结合，当时国内无论是学术界还是产业界都没有成功研制出各方面性能都良好的荧光纤维的实例。

由于研发任务时间急迫，责任重大，这就要求研究者不能像常规实验室研究那样按部就班地做，必须采取超常规的手段，开拓创新，极速推进，以确保实验室快出成果，并确保"实验室成果即可产业化成果"，把不可能的事变成可能。

在研究者不懈努力下，于2000年4月完成了实验室研究，10月实现试生产并获得铁道部认可，开始试用于火车票纸的制造，2001年2月实现了防伪纤维在火车票中的全面应用，历时仅20个月。

该项目对多种荧光物质分子进行了创新设计，使它们具有更好的荧光稳定性，以及与纤维基质有更好的相容性；该项目还开发了创新的复合溶剂渗透法制造工艺，实现了多种荧光分子在纤维内的超量载入。所研发的防伪纤维在特定波长的紫外光激发下可发射强烈的可见荧光，例如红色、黄色、蓝色荧光等，荧光稳定性优异，能经受火车票纸制造和应用过程的各种考验。该项技术成果获得中国发明专利一项。

新发明的制造技术解决了常规纤维难于渗染紫外荧光防伪分子的难

题，使该项目以超乎寻常的速度完成了实验室研究、放大和产业化开发，在南开大学校产企业建立了规模化生产车间，实现了紫外荧光纤维的多品种、高质量、低成本的产业化生产，为国家重要的社会、经济领域提供了具有很高防伪力度的防伪技术产品。

依托该项技术发明，有关企业已累计生产各种防伪纤维约 20250 公斤，生产防伪纸约 67500 吨，每吨防伪纸按售价 1.8 万元计算，已创造经济价值 12.2 亿元。

从一代软纸火车票到二代软纸火车票，防伪纤维技术服务于国民近 20 年，约 350 亿人次。自从软纸火车票采用了防伪纤维纸防伪方案，在长达近 20 年的应用过程中，无论是媒体报道，还是政府部门的信息，都未曾见到过火车票防伪纸安全屏障被突破的伪造案例，这意味着软纸火车票的真伪完全可以很简单地通过识别火车票纸中是否隐藏有紫外荧光纤维来鉴别，同时也说明了防伪纤维技术为软纸火车票提供了强大而持久的安全防护。

最近十几年来，防伪纤维纸的应用领域已从火车票拓展至税务发票、邮票、商品包装等其他重要国民经济领域，减少了大量伪造案例，不仅挽回了国家经济损失，更重要的是极大地维护了国家正常的社会、经济秩序，为构建安全、和谐社会作出了贡献。

南开的防伪纤维技术成果为中国防伪技术的进步作出了显著的贡献。通过防伪纤维产品以及其他创新防伪技术产品的研发，南开大学成为国内唯一同时和原国家铁道部、国家税务总局、中国印钞造币总公司都有各种形式合作的高校，为提升南开服务社会的能力以及提高南开在政府及社会各界中的影响力发挥了重要作用。该成果于 2005 年获得天津市技术发明二等奖，2007 年获得天津市专利优秀奖。

李伯平（1965—），1988 年于南开大学化学系获得学士学位并留校，高级工程师，从事交叉应用技术研究以及化学教学。研究工作涉及精细化工、防伪技术、药物化学等领域，已申请发明专利 10 项，其中 4 项获得授权，作为项目主持人制定国家标准 1 项，主持或参与国家级攻关项目 3 项、天津市攻关项目 3 项，主持企业级研究项目 7 项，通过教育部鉴定的成果 2 项，通过天津市科委鉴定与验收的成果 7 项，有 4 项科研成果获得产业化，作为第一获奖人获天津市级科技发明二等奖 1 项、天津市专利优秀奖 1 项。作为国家级精品课程"综合化学实验"教学团队成员，创建并讲授

"石墨烯相关系列研究性实验"和"显微镜下的创新"课程,创立了"全面素质测评与促进"新评价模式、"有灵魂的创新教育"理念,并将其成功应用于教育实践。

成果完成人:李伯平、李明智、王淑芳、王旭、张志光、董铁望、施志华、张燕

粉色的软纸火车票中隐藏有紫外荧光防伪纤维

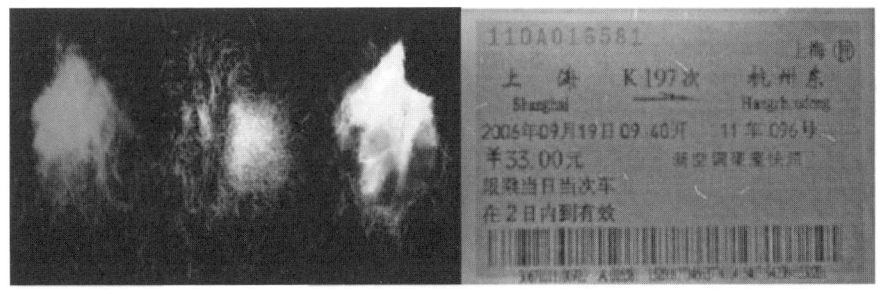

三种防伪纤维和火车票中离散分布的防伪纤维在紫外照射下发射出荧光

南开化学百年贡献

成果名称

分子模板-分子识别联用的基础研究和应用

随着科学技术的发展，渗透化学、生物工程、医学诸多领域的边缘学科的热点课题不断涌现，其中最为突出的尖端领域之一——生命过程化学对各学科，特别是分析化学学科提出新的挑战和机遇。分子模板技术与分子识别是两个新的学科领域，它们的理论、技术的发展与分析科学密切相关。分子模板技术也称为分子印迹技术，来源于免疫学。20世纪90年代，由于德国Wulff小组在共价型分子印迹技术和瑞典Mosbach小组在非共价型分子印迹技术的开拓性工作，1997年分子印迹协会正式成立，使分子模板技术成为化学前沿课题。分子印迹聚合物是选用分子模板技术制备一种有固定空穴和形状，并有确定排列的功能基团的交联高聚物，它对目的物即模板分子的立体结构具有"记忆"功能，可作为分子受体模拟生物大分子的行为。分子印迹技术具有预定性、识别性和实用性三大特点，是集高分子的"合成"、分析化学的"分离富集与检测"、生物工程和仿生医学的应用等众多学科优势发展起来的新学科。分子识别则是通过主客体化学理论，由冠醚、环糊精、杯芳烃为代表的主客体化学研究对象发展起来的一门新的学科领域。

通常的分子识别与分子模板技术，自20世纪90年代开始，国外工作活跃，国内研究不多，但是将分子识别与分子模板联用，国内外鲜有工作报道，其中的难点主要是主客体分子的合成与高分子聚合两者不通，即合成阻碍无法突破。本项目立项的出发点是以理论为基础，以分子水平为目标物（靶标）进行分子设计、识别、富集和检测分析。本项目研究从分子力学的角度进行分子设计，合成新型主体分子，使其作为功能单体，并与客体分子的物理化学性质互补，聚合而成分子模板聚合物，使其对靶标有特异性的识别和富集作用。这种结合了分子模板和分子识别的优点，实现了单一主体分子可对多元客体分子进行识别和富集。它具有高通量阵列作用，同时对手性识别也可发挥特殊作用，某种意义上可称为第二代分子模板技术。本项目的研究使分析化学向多元学科、理论与技术相互融合的方向发展。它具有高度专一选择性，对分离、测试、信息提取、主体分子设计与合成及客体分子后期应用、识别技术的发展等都会衍生出大量的子课题。本课题的研究将在分子印迹技术领域创新出新的理论和技术、新的分离分析方法，促进我国分析化学的发展，迎头赶上国际前沿工作。

何锡文，1939年出生，1963年北京大学化学系毕业；1963年至今在南开大学任教；1993—1995年任化学系主任；1995—2000年任化学学院

院长。1993年被天津科委授予天津市分析化学中青年专家；曾为中国化学会分析化学专业委员会委员；曾被学术期刊《高等学校化学学报》《化学进展》《分析化学》《分析科学学报》《分析实验室》和《冶金分析》聘为编委；曾应聘在美国明尼苏达大学（德勒斯）、加拿大艾伯塔大学、巴西坎皮那斯大学、美国亚利桑那州立大学作为访问教授长期工作。科研方向为：（1）化学计量学领域；涉及的工作有因子分析、线性规划、类聚分析、实验设计、取样学、模式识别、教学模型等内容；（2）溶液状态（含生物大分子溶液状态）；涉及的工作有聚集态、氧化态、毒理态、磁化态、络合态、化学癌变动力学、能量转换等内容；（3）分离与新分析方法的研究，如分子印迹技术、压电测试、手性识别领域的工作。

在分子识别与分子模板技术联用中，需要解决主客体分子的合成与高分子聚合两者不通的难点，为了提高靶标分子的识别性能和分离富集应用，需要获得更多分子印迹活性位点，考虑多重结合力（氢键、静电作用、范德华力等）、快速传质动力学等。通常分子模板聚合物的合成在有机相中进行，而生命活性物质的识别在水溶液中进行，需要解决分子印迹聚合物在水相中合成，同时能在生命体系中识别生物活性分子。本成果将新型杯芳烃、环糊精功能单体应用于分子印迹聚合物的制备上，实现药物分子、生物活性物质的分离、检测。为使分子印迹聚合物能快速识别目标物，将分子印迹技术与纳米技术相结合,制备核-壳结构的分子印迹聚合物功能化磁性纳米颗粒、磁性碳纳米管、荧光量子点复合材料。另外，成功发展了制备微米级的具有记忆功能的高分子微球和分子印迹聚合物膜材料。

课题组在国内率先开展分子印迹技术的研究，首先提出了分子模板—分子识别联用技术。发展了制备金属离子、药物小分子（手性分子、中药活性成分）、环境污染物、生物大分子分子印迹聚合物的体系，已应用于金属离子的富集、药物分子的纯制、手性分子的分离、标准品的精制、环境污染物的去除、高丰度蛋白的去除和低丰度蛋白的富集。例如以中药丹参的活性成分丹酚酸B和结构类似化合物香草醛为分子模板，分别制备分子印迹聚合物，实现了中药丹参活性成分丹酚酸B的提取，使纯制丹参活性成分的产率大大提高，为中药现代化、深度开发丹参系列产品积累了大量成功的经验。

课题组率先开展多功能分子印迹聚合物功能化纳米材料的研究，建立了多种制备磁性分子印迹聚合物的方法,包括采用溶胶-凝胶半共价键法制备磁性雌酮分子印迹聚合物；发展了一种通用方法，可合成不同分子量、不同等电点的蛋白质分子印迹聚合物纳米磁球；发展多巴胺自组装聚合合成蛋白质磁性分子印迹聚合物的方法；发展表面接枝聚合制备磁性分子印迹聚合物的方法。并将分子印迹聚合物材料作为选择性吸附剂应用到生物、环境样品中蛋白质、环境污染物的分离分析。

本项目的研究成果已在美国、德国、英国、日本、荷兰等国际化学会志和《中国科学》《化学学报》《高等学校化学学报》《分析化学》等国内化学期刊上发表论文、SCI 论文 200 多篇。建立磁性分子印迹聚合物的方法、分子印迹聚合物微球和膜的方法被国内外同行仿照使用，论文被多次应用，单篇引用超过 100 次的论文 20 篇。项目完成人何锡文教授是国内最早开展分子印迹聚合物研究学者之一，引领国内分子印迹技术发展。经过近 20 年的工作，我国已有几百家高校和科研机构从事分子印迹的研究，目前发表的分子印迹方面的论文已跃居世界首位。

成果完成人：何锡文、陈朗星、李文友、李一峻

南开化学百年贡献

成果名称	新型纳米催化剂设计及在重要化学反应中的应用

随着全球范围内石油资源的日益匮乏、重质化劣质化趋势加剧,下游产品使用过程中有害物质排放量骤增,燃油车辆尾气排放的固体颗粒物、SO_x 和 NO_x 等导致了严重的大气污染,给人们的生活和健康带来了极大的危害。为解决雾霾等环境问题,我国加快了越来越严苛的汽柴油含量标准实施的步伐。国务院于 2013 年 9 月正式出台了《大气污染防治行动计划》纲要,按照此纲要,国家要求加快清洁油品生产供应,力争提前完成成品油质量升级任务。2019 年全国机动车全面实施国六排放标准,车用汽柴油中硫含量的标准从 50 ppm 降至 10 ppm,多环芳烃含量要求从 11% 降至 7% 以下,同时环保法对氮含量推出了 10ppm 的最低标准。目前,我国汽柴油标准与世界发达国家和地区相比仍有较大差距,随着可持续发展和绿色环保深入人心,在国家的领导下我国燃油质量和排放标准必将与国际标准全面接轨,那么开发新型高效的加氢精制催化剂将一直是研究人员的奋斗目标,这对防治环境污染、提高人民生活质量具有极强的现实意义。

此外,其他精细化工产品如甲基异丁基酮(MIBK)、N,N 二甲基苯胺(DMA)等是一大类重要的化工产品,是制造染料、塑料、炸药和医药的重要中间体。我国每年有 5 万多吨的市场需求,其制备方法可分为液相法和气相法。以 DMA 为例,由苯胺与甲醇为原料制备苯胺的 N-烷基化产物在国内大都采用液相法。该工艺以硫酸或三氯化磷为催化剂,在反应釜中,以加压(3.0 MPa)、间歇法生产。虽然液相法具有反应温度较低、DMA 产物选择性高的优点,但其缺点不容忽视,如加压、间歇操作导致生产效率低;强酸性催化剂严重腐蚀设备,维修费用高;废酸排放量大,需要中和排放,否则污染环境。相比之下,气相法使用固体催化剂,反应在常压下进行且能连续生产,弥补了液相法的不足。我国之所以仍采用液相法,其主要原因是技术相对比较定型,同时,气相合成方法还不够成熟,无法加以取代。但随着我国对环境质量的要求日趋严格,这种在国外早已被淘汰的、传统的、落后的生产方法是迟早要彻底退出历史舞台的。

上述现实都亟待在保持现有效益的同时,采用新的环境友好催化剂和工艺来代替传统方法,这对于打破国外技术垄断、推动中国化工行业稳健发展、促进科技的原始创新,具有重要意义。

李伟,1969 年出生,南开大学化学学院教授,博士生导师,技术开发与成果转化办公室主任,教育部新世纪优秀人才基金获得者,天津市"131"创新型人才培养工程第一层次人选,天津市"131"创新型人才团队负责人。长期从事与化工清洁生产密切相关的新型催化剂研制与开发，学风严谨，学术思想活跃，具有实干精神，承担并完成了多项国家及省部级研究课题，在国内外著名学术期刊上发表了 100 多篇高水平的学术论文，申请 100 多项中国发明专利及 3 项美国发明专利，先后有十几项科研成果得到工业应用，作为第一完成人获得多项省部级奖励，连续两年获得由天津市政府颁发的天津市产学研联合突出贡献奖。在新型纳米催化剂研究领域取得了多项重大科研成果。

纳米材料的出现为催化剂的开发带来了划时代性的变革。纳米粒子特殊的体积效应、表面效应、量子尺寸效应和宏观量子隧道效应使纳米粒子具有不同于普通晶粒的催化性质。一般来说，粒径越小，分散度越高，催化剂活性位点数越多，越有利于促进反应发生，而这多是通过负载在有大表面积和大孔容的载体上实现的。然而，单纯的纳米粒子的集合往往使得催化材料的一次孔太小，因而使大多数反应物分子受到内扩散限制，活性反倒不高。例如，本课题组的前期工作已证明，以纳米 TiO_2 负载 Co、Mo 制成的加氢脱硫催化剂与常规晶粒 TiO_2 负载同样量活性组分的催化剂的催化活性相比，前者反倒低于后者。此外，纳米材料的生产成本较高，单独用来作为催化剂使用经济上不合理。在这方面，美国 criterion 公司开发出的 century 载体新技术显得尤为突出。该项技术的特点是：在常规 γ-Al_2O_3 载体上负载一层纳米级的 η-Al_2O_3，再进一步在纳米 η-Al_2O_3 上负载纳米 MoS_2。这种"双纳米"催化剂的加氢活性远高于常规催化剂，因而被称为"世纪催化剂"，这给我们以重要的启示。将一种性能优良的材料以纳米形式直接负载于另一种大孔载体上，使二者有机结合，既发挥了纳米材料的优势，又克服了前述的缺点。

针对以上科学和技术难题，项目研究团队重点取得了以下几方面的突破：

（1）在粉末 Al_2O_3 载体上合成纳米级 TiO_2 或 ZrO_2，制成新型复合载体。为此创立了络合沉积法以制备复合纳米载体体系，可使 ZrO_2 和 Al_2O_3 在纳米尺度均匀融合，形成均匀纳米复合氧化物，较常规浸渍及化学沉淀法的 Al_2O_3 原有孔结构被破坏、比表面积和孔容相对较低等有明显的优势。同时系统研究了这种复合载体的原料组成和制备因素与纳米级 TiO_2 粒径、复合载体酸性、孔特性以及热特性之间的规律。

（2）利用上述复合型载体的特性，在该载体上负载金属活性组分，研制出新型环境友好纳米催化剂。并对其组成与结构、还原性以及用于深度和超深度加氢脱硫与加氢脱芳烃等加氢反应活性的应用条件展开了深入的研究。该催化剂在上述反应中皆表现出优异的加氢催化性能，其作用机理的解释不仅有助于纳米催化科学的创新进步，还对我国石油化工发展具有重要意义。

（3）向重要化学反应实际应用延伸，以一种大孔容氧化铝为载体纳米氧化锆催化剂用于 DMA 合成反应中，开发了常压、气相、连续生产的新型纳米高效催化剂。该催化剂已在合作单位实现生产，并用于江苏洪泽年产 5000 吨规模的 DMA 生产中，取得了很好的经济效益。该新工艺克服了现行液相法的全部缺点，成为目前国内第一个气相法生产 DMA 的技术，经专家鉴定，该技术在国内外处于领先水平。

本项目不仅实现了纳米催化剂的工业化生产，而且与之开发的相关反应技术成功得到工业化应用。项目研究期间，相关技术申请五项中国发明专利，全部获得授权。该项目在 2006 年获得天津市技术发明二等奖，在此之前，合作的多家企业皆实现了创收。同样的，本项目涉及催化剂还可应用于生产 MIBK、糠醇等化工产品。本项目所带动的化工产品市场容量可达到十几亿元，随着纳米催化剂品种的不断完善与丰富，市场前景将更加广阔。本项目生产的催化剂具有合成方法简便、环境友好、生产成本低、性能稳定等优点，并在工业应用中解决了现有生产工艺周期长、污染重等问题，为我国经济建设和环境治理作出较大贡献。

成果完成人：李伟、陶克毅、张明慧、李国然、王寰

为表彰天津市技术发明奖获得者，特颁发此证书。

项目名称：新型纳米催化剂设计及在重要化学反应中的应用

奖励等级：二等

获奖者：南开大学

二〇〇七年一月二十六日

奖励编号：2006FM-2-003-D1

天津市技术发明奖证书

N,N-二甲基苯胺催化剂 NK-103

异丁腈催化剂 NK-101

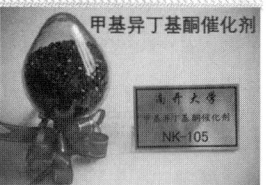

甲基异丁基酮催化剂 NK-105

南开化学百年贡献

| 成果名称 | 病原体基因及生物大分子检测新方法的研究 |

疾病诊断技术的发展与人们的生活和健康息息相关，如何满足人们日益增长的需求，实现对人类疾病的准确诊断、快速检测已成为摆在人们面前的一个重要任务。沈含熙教授带领团队围绕重要疾病标志物诊断研究中的关键科学问题，开展了病原体基因及生物大分子检测新方法的研究，是国内率先开展此方面研究的少数几个课题组之一。

基因诊断的问世使人类疾病的诊断从传统的表型诊断步入基因型诊断的新阶段，具有高特异性、高灵敏性、早期诊断性和应用广泛性等特点，可以给出最为早期的疾病诊断信息，是诊断学领域的一次革命。PCR检测技术在新冠病毒检测和筛查中发挥的巨大作用则完美地验证了这一点。20世纪末，美国率先在全球启动了人类基因组计划。令国人骄傲的是，在人类基因组计划当中，我国承担了相关的测序任务。但总体而言，我国当时在基因诊断技术的研究方面还相对滞后，国内有关这方面的研究不多。沈含熙教授敏锐地发现了基因检测技术的巨大发展和应用前景，在国内筛选开展了此方面的研究工作，以对我国人民危害极大的两类疾病——乙型肝炎和恶性肿瘤为诊断对象，通过一系列研究，实现了对乙型肝炎病毒及恶性肿瘤预警标志物——端粒酶的基因诊断，达到了国际先进水平。研究工作在国内起到了积极的引领作用，为促进我国基因诊断事业的发展做出了一定的贡献。

基因诊断技术的应用前景毋庸置疑，而传统的疾病诊断技术仍然占据至关重要的地位。为此，针对一些重要的生命物质（如核酸、蛋白质）开发高灵敏度、高特异性的定量检测新技术多年来一直是国内外研究的一个热点，沈含熙课题组是国内最早开展此方面研究的少数单位之一，开发了多种蛋白质和核酸的定量检测新方法。

沈含熙，1933年出生，1950年考入国立同济大学化学系，1952年转入复旦大学化学系。1953年毕业后分配到天津南开大学化学系任助教。1957年到苏联莫斯科大学化学系攻读副博士学位研究生。1961年学成归国，回南开大学化学系继续执教。1978年晋升为副教授。1982年任南开大学分校化学系主任。1990—1993年任南开大学化学系主任。曾获得国家发明三等奖1项和天津市自然科学二等奖1项。1984年被评为天津市劳动模范，1986年被评为天津市先进科技工作者。1990年被英国皇家化学会吸收入会，经理事会选举为该会会士并被授予英国"特许化学家"头衔。同年，苏联科学院无机与普通化学研究所所长佐罗托夫院士签署并颁发给沈含熙

"库尔纳科夫"荣誉奖章及证书。

20 世纪末,基因诊断技术开始在国际上逐步得到重视,但有关该方面的研究,主要仍以美国和欧洲为主。为推动我国在相关领域的研究,沈含熙教授提出开展基因诊断方面的研究工作,并得到了国家自然科学基金委的资助。面对这一全新的领域,课题组克服科研条件严重不足的问题,借用南开大学高分子所宓怀风教授从德国带回的 PCR 仪,开展了基因探针的设计与应用研究工作,开发了一系列新型的荧光基因探针,如 TaqMan-分子信标探针、错配二倍体探针、不等长二倍体探针、二倍体 Amplifluor 探针、二倍体蝎形引物探针等,并将这些探针成功应用于人体血清中乙型肝炎病毒的定量检测。针对端粒酶这一恶性肿瘤标志物检测方法中存在的检测过程繁琐、检测特异性差等缺陷,设计开发了两种高灵敏度、高特异性的端粒酶定量检测新方法。该方法极大地提高了端粒酶活性检测的特异性和灵敏度,并成功地应用于人白血病细胞中端粒酶活性的定量检测;提出了一种新型的 PCR "热启动" 技术-二倍体引物技术,该技术利用了核酸竞争结合的原则,使 PCR 扩增的特异性大为提高。

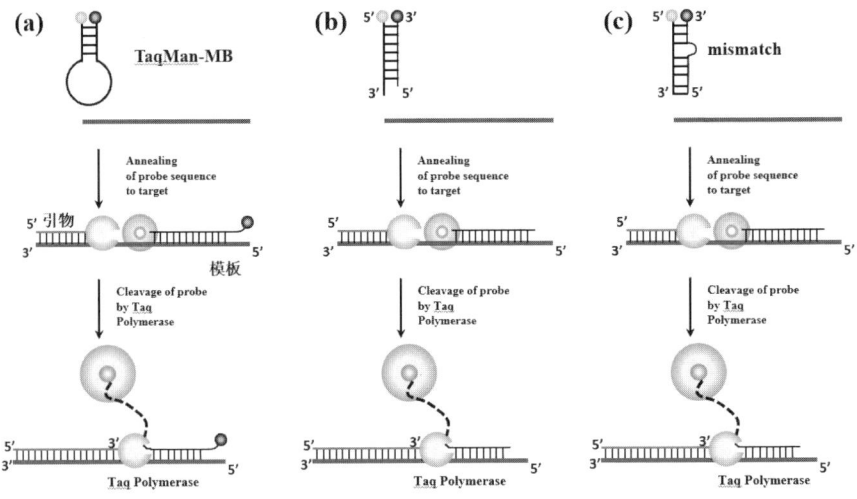

20 世纪八九十年代是分析化学发展的一个重要时期,也是分析化学向生命科学领域大踏步迈进的一个关键时期,其中一个代表性的研究方向就是生命体液中蛋白质和核酸的定量检测。沈含熙紧紧把握科技发展的前沿,在国内较早地开展了蛋白质和核酸定量检测新方法的研究,并取得了突出的成果,开发了多种用于蛋白质和核酸高灵敏、特异性定量检测的比色探

针、荧光探针和共振光散射探针等，这些探针的分析特性均优于当时既有的方法，适用于生物材料分析。

沈含熙团队从20世纪80年代末开始进行蛋白质和核酸的定量检测研究工作；从1998开始进行基因诊断方面的研究工作，是我国最早开展相关研究工作的少数几个科研小组之一。经过多年的不懈努力，取得了一系列原创性的研究成果：（1）提出了多种荧光基因探针设计新方案，在一定程度上提高了基因检测的灵敏度和专一性，降低了探针的合成费用及合成难度。（2）提出了两种端粒酶活性定量检测新方法，在一定程度上克服了以往端粒酶活性检测方法存在的操作繁琐、特异性差的缺点，极大地提高了检测的特异性和灵敏度。以上两方面的研究均达到了国际先进水平，所建立的检测方法均具有较好的临床应用价值。（3）开发了一种新型的 PCR "热启动"方法，极大地提高了 PCR 扩增的专一性，而且该方法具有设计简单、易于推广等优势。（4）开发了多种用于蛋白质及核酸定量检测的吸收光谱探针、荧光探针、共振光散射探针及电化学传感器，并首次提出了试剂增敏的共振光散射分析方法，增加了共振光散射技术测定微量核酸的灵敏度。这些研究成果在国内同行中一直处于领先地位，100 余篇相关学术论文在国内外重要期刊上发表，带动了国内相关方面研究工作的全面迅速开展。

项目的研究工作为引领我国分析化学领域的发展方向，推动我国分析化学研究向生命科学领域的迈进起到了积极的作用。开发的很多方法被国内外同行仿照使用或作为进一步研究发展的基础，在国内外产生了较大影响，与美国密歇根大学田心棣教授达成了合作协议，并建立了良好的合作关系。项目组多次应邀在国内、国际会议上汇报相关研究成果。项目在2008年获天津市自然科学二等奖。

成果完成人：沈含熙、孔德明、宓怀风

天津市自然科学奖

证 书

为表彰天津市自然科学奖获得者,特颁发此证书。

项目名称: 病原体基因及生物大分子检测新方法的研究

奖励等级: 二 等

获奖者: 南开大学

奖励编号: 2008ZR-2-007-D1

二〇〇八年十二月二十四日

南开化学百年贡献

| 成果名称 | 典型软物质系统自组装行为的研究 |

嵌段共聚物由于具有构成它们均聚物的所有重要特征而又抑制了宏观相分离的发生，因而在工业领域有着广泛而重要的应用。另外，嵌段共聚物体系是典型的软物质，具有软物质体系最引人注目的特征：可以通过自组装形成纳米尺度的有序结构。这些结构在纳米刻蚀、纳米反应器、纳米胶囊等领域有着巨大的应用前景。同时，嵌段共聚物又是探讨自组装行为的理想模型系统。因此，无论在工业应用、纳米技术还是基础理论研究领域，嵌段共聚物都具有重要的意义。

嵌段共聚物在纳米技术领域的应用与传统的应用不同，前者直接依赖于材料自组装结构的形态和相区尺寸。因此，了解体系的自组装形态结构及其演化规律是实现其纳米技术应用的关键。经过过去多年的努力，人们对最简单的嵌段共聚物体系-两嵌段共聚物熔体的相行为有了很好的认识。然而一些已有的实验结果显示，嵌段共聚物复杂体系可形成多种复杂的自组装结构，提供了更多应用的可能性。如何理解已有实验结果，并阐明这些复杂自组装结构的形成机理和演化规律，是本领域有待解决的挑战性科学问题，它对应用至关重要。如何从微观层次上预测新型自组装结构是另一个有待解决的挑战性科学问题，它对通过分子设计制备新材料至关重要。

孙平川，1986 年从南开大学物理系获得学士学位，1994 年从南开大学物理系获得博士学位，并于1994年留校在南开大学化学学院高分子化学研究所任教，2005 年任研究员。主要从事先进高分子材料、高分子物理与固体核磁共振波谱领域的研究。2008 年获得国家杰出青年科学基金资助，中国物理学会波谱学专业委员会委员，中国化学会纤维素专业委员会委员。

嵌段共聚物溶液、嵌段共聚物接枝、梯度共聚物以及嵌段共聚共混等体系均可形成丰富的自组装结构。然而，影响上述复杂体系相行为的因素非常之多，构成了极大的参数空间，使得对其自组装结构相区尺寸和形态的控制变得非常复杂和困难。完全通过实验途径来解决上述问题不仅耗资、耗时，而且有些重要信息是现有的实验技术难于提供的。因此迫切需要合适的理论或计算机模拟方法来预测嵌段共聚物复杂体系的自组装形态结构及其演化规律。

项目组首次将模拟退火方法这一分子模拟技术用于嵌段共聚物自组装体系的研究。该技术是用于获得无序体系"基态"的著名方法，由 Kirkpatrick 等人提出，因其具有逃逸局域陷阱的机制而被广泛应用于各种复杂问题的研究。在对嵌段共聚物自组装体系的研究中，该技术不需要对形态结构做事先的假设，可根据直接模拟结果预测未知形态的存在。另外，使用该技术获得的形态十分规则，因而对形态构象的定量分析很有意义。项目组开发了相关程序代码，系统研究了嵌段共聚物复杂体系（包括受限体系、溶液体系，以及接枝、共混和梯度共聚物体系等）的自组装行为，预测了这类体系中特有的形态结构；阐明了这类典型软物质体系的自组装形态结构及链构象随众多参数演化的规律；为典型体系构建了具有普适性的完整相图。这些工作丰富了人们对嵌段共聚物复杂体系相行为的认识，为可控地制备新型纳米器件、纳米反应器、药物载体、智能表面等提供了有力的理论依据。另外，项目组对软物质体系中的一些基本问题，如受限体系中的结构受挫、复杂自组装结构（如螺旋结构、囊泡结构等）的形成机理，以及不同结构之间转变的微观机制等进行了深入探讨：系统阐明了典型软物质——系列嵌段共聚物体系的受限自组装结构和链构象随模板表面作用、空间受限维度、受限尺度及受限几何形状等因素的演化规律；预测了螺旋、层叠圆环等多种受限诱导的新型有序结构并揭示了其形成原因；提出了基于结构受挫程度的形态转变机理以及通过构建受限模板的几何形状来控制自组装形态的思想；发展了唯象模型，很好地解释了同心层结构中层厚度的变化规律；针对星形 ABC 三嵌段共聚物溶液体系，构建了具有普适性的完整相图，找到了控制胶束微相分离结构和形状的主要因素及其调控方式；发现了多种新型多相分隔胶束，揭示了嵌段共聚物稀溶液中不同胶束结构间的转变机理和浓溶液中有序结构的演化规律；对溶液中接枝共聚物体系，系统研究了溶剂性质、不同组分间的相互作用、共聚物的接枝密度等对体系形态结构的调控，获得了多种新型自组装表面形貌结构。上述的系列创新结果有力推动了软凝聚态物理、高分子自组装设计与合成等领域的发展。

典型软物质系统自组装行为的研究在大分子组装领域产生重要的影响。项目成果在 J.Am.Chem.Soc.、Phys.Rev.Lett. 等国际著名学术刊物发表。工作的科学价值和创新性得到国际同行广泛的高度评价，引文包括美国科学基金 2007 年高分子发展报告、该领域的主要综述以及大量的实验和理论文章。项目在 2011 年获得天津市自然科学二等奖。

成果完成人：李宝会、孙平川、陈铁红、尹玉华、金庆华、丁大同

南开化学百年贡献

| 成果名称 | 锂离子电池关键材料的计算研究、设计制备与性能优化 |

锂离子电池主要是用含锂过渡金属氧化物作正极和石墨基碳材料做负极，目前被广泛应用于便携式电子设备中，并在电动汽车和智能电网储能电站中被寄予厚望。然而目前的材料体系还不能满足需求，急需在对材料体系深入而全面的认识基础上，进行材料创新，改进现有材料并探索新材料。

锂离子电池正极材料过渡金属氧化物存在成本偏高、安全性能较差和循环稳定性低等问题。1997 年橄榄石型 $LiFePO_4$ 被报道用作正极材料以来，以 $LiFePO_4$ 和 $Li_3V_2(PO_4)_3$ 为代表的聚阴离子型材料得到了广泛研究，有望取代过渡金属氧化物，成为新型锂离子电池的正极材料。磷酸盐型正极材料存在两个主要的问题：一个是材料制备，另一个是材料性能优化。周震教授课题组提出用"内外兼修"的策略来改善上述材料的性能，即内部进行掺杂、外部进行碳包覆的核壳结构的材料设计理念，用简单易行的化学方法来制备磷酸盐／C 复合材料，获得了导电性能好、放电容量高的新型复合材料。

锂离子电池负极材料主要为石墨基碳材料，其理论容量仅为 372 mAh/g，而且高倍率性能欠佳。硅材料的理论容量高达 4200 mAh/g，但充放电过程中巨大的体积变化导致结构坍塌和粉化，同时硅材料本身电导率也较低。另一类新型负极材料为 M_nX_m 型化合物，其中 M 表示过渡金属，X 是非金属（如 O、S、P 等）或聚阴离子（如 PO_4^{3-}）。NiO 和 Fe_3O_4 等是其中的典型代表，其理论储锂值大多处于 400～1000 mAh/g 之间，但也存在导电性差和体积膨胀等问题，都需要借助于纳米技术和复合技术来改善性能，尤其是设计制备核壳结构材料。

在锂离子电池材料创新中，可以引入计算化学和计算材料学的研究方法来加深和丰富我们对材料体系的认识，从而探索并发现新材料。过去对一维纳米材料（纳米线／棒、纳米电缆和纳米管等）的研究比较集中。课题组认为厚度在单层和有限层的数纳米范围内的二维层状晶体，为设计制备具有快速锂离子扩散能力的锂离子电池材料带来了希望，值得通过计算与实验相结合开展深入研究。

周震，山东龙口人。1994 年本科毕业于南开大学，获理学学士学位；1999 年毕业于南开大学，获得理学博士学位，同年留校任讲师。2001—2005 年赴日本名古屋大学从事日本学术振兴会（JSPS）等机构资助的博士后研究。2005 年 11 月作为副教授（引进人才）回到南开大学化学学院继续从事教学科研工作。2010 年底晋升教授，2011 年起任博士生导师。2014 年被任命为南开大学新能源材料化学研究所所长。2015 年起为南开大学材料科学与工程学院教授、博士生导师。入选 2019 年教育部长江学者特聘教授，2021 年转赴郑州大学化工学院工作。

主持（含已结题）"863" 计划、国家自然科学基金重点项目、重大研究计划培育项目等研究，通过高性能计算与实验相结合揭示多种电池材料特性。2014—2020 年连续七年入围"爱思唯尔"中国高被引学者榜。2018—2020 年连续三年入选"科睿唯安"全球高被引科学家。2020 年入选英国皇家化学会会士（FRSC）。现为 Journal of Materials Chemistry A、Materials Advances 和 Green Energy and Environment 副主编，JPCA/B/C、《过程工程学报》、《电化学》和《电源技术》编委以及中国电子学会化学与物理电源技术分会第八届委员会委员。

当前社会对锂离子电池关键材料提出了高能量密度、高功率密度和高安全性的性能要求，然而正、负极及电解液等关键材料的发展一直难有新的突破，不仅是成本难以降低，其安全性和稳定性仍然是困扰当今研究者的问题。

仅仅通过实验来研究、发现新的材料效率不高。实验周期长、影响因素多、可重复性差是新材料发展迟缓的原因之一。理论计算与模拟是探索新现象、解释和预言实验、设计新型材料与能源存储体系的有力手段。在锂离子电池关键材料的创新研究中，课题组多年来紧密结合实验研究，将计算化学和计算材料学的研究方法引入到实验现象的理解和新材料设计中，取得了许多创新性的研究成果。

课题组通过高性能计算和实验相结合，建立锂离子电池关键材料（包括正负极材料和电解液）的设计平台，通过内外兼修（内部掺杂和表面包覆）的策略采用纳米技术和复合技术设计构筑微纳结构与核壳结构材料，全面改善已有材料的综合性能，并在高性能计算结果的指导下探索新型材料。针对有望成为下一代锂离子电池材料的磷酸盐、Si 和氧化物中存在的问题，提出了核壳结构纳米复合材料的设计理念，有效地改善了上述材料电化学储锂性能。为下一代锂离子电池材料的设计、改进与应用提供了理论指导和研发方向。

项目取得的主要创新性成果如下：

（1）首次通过高性能计算揭示了 MXene 二维材料 Ti_3C_2 具有高导电性

和快速锂离子传输性能，并被 Science 和 Nature Communications 实验论文验证，代表性论文 2012 年发表于 J. Am. Chem. Soc., 至今已经被引用超过 1000 次。

（2）发展了磷酸盐锂离子电池正极材料的制备新方法，率先通过溶胶凝胶法和微波加热法实现了磷酸盐型锂离子电池正极材料 $Li_3V_2(PO_4)_3$ 和 $LiCoPO_4$ 的低温制备。上述制备方法被国内外同行在相关材料的研究中广泛采用。

（3）通过元素掺杂的方法改善磷酸盐型锂离子电池正极材料的性能，率先报道 Fe 掺杂的 $Li_3V_2(PO_4)_3$，通过 X 衍射精修等表征手段揭示了 V 掺杂 $LiFePO_4$ 的作用机制，为后续锂离子电池材料掺杂研究提供了可靠的研究手段。

（4）研究提出了以无定形碳为壳层、以磷酸盐正极材料为内核的核壳结构材料的设计思路，有效改善了上述材料的性能。设计构筑微纳结构和核壳结构锂离子电池材料，显著提高磷酸盐、过渡金属氧化物和 Si 材料的综合性能。

在进行基础研究的同时，周震课题组还积极将研究成果与生产实践结合，积极与企业进行交流与合作，与台达电子、天津华夏泓源、广东凯思特和贵州绿能等企业开展了广泛的产学研合作，且提出的高电压锂离子电池材料性能优化的"内外兼修"策略得到了产业界的广泛认可，这些基础研究成果对相关产业的发展具有直接的指导意义。

成果完成人：周震、任慢慢、刘璐、唐青、苏利伟、阎杰、魏进平、孙春胜

南开化学百年贡献

| 成果名称 | 几类典型医药中间体源头减排关键技术 |

随着社会经济的发展，健康问题日显突出。医药化学工业的飞速发展，给人类健康带来了极大的福音，但由此带来的严重环境污染问题不容忽视。随着我国医药化工的迅猛发展，制药废水已逐渐成为重要的污染源之一，大量有毒有害废水严重危害着人们的健康，如何处理该类废水是当今环境保护的一个难题。

医药及其中间体的生产过程一般都具有产品种类变化大、产量低、生产工序繁复、间歇操作废水多等特点。对于不同类别的常用药物，其生产的药品原料，无论是种类还是数量都有所差异，甚至在生产工艺、合成的路线上，都存在着较大的区别，从而导致了品种不同的药物在生产过程中所产生的废水存在着比较大的水质与特点上的差别，这也给医药化工的废水处理带来了比较大的困难。

医药生产废水的特点是成分复杂、有机物含量高、毒性大、色度深和含盐量高，特别是生化性很差，且间歇排放，对于这类废水的处理，技术难度很大、处理成本高，属难处理的工业废水。环境保护越来越重要，国家对各种制药企业的管理非常严格。

随着节能减排工作的推进，制药行业废水排放标准日益提高，传统的水环境治理采取的是单纯的污水处理或者河道治理的"末端治理"模式，"末端治理"是一种短期的治标不治本的模式。"十三五"规划出台后，理念上已经从传统的以"末端治理"为主的思路，转变为"源头减排、过程阻断、末端治理"全过程防控水污染的治水模式。当下化学与环境的可持续发展成为一个新的挑战。

减少化学污染物排放的核心是在反应过程或者是反应本身上，往往从源头上把控这些问题，利用清洁生产工艺从源头削减污染物的产生和负荷，特别是有毒有害难降解组分的污染负荷，从源头减排是最根本的治理污染方法。

徐大振，1981年出生，在南开大学获得本科、硕士和博士学位后，2011年留校工作。其研究课题一直以绿色有机合成为中心，研究团队全部由在读本科生组成，通过本科课外创新的方式先后发展了高效离子液体催化体系和"铁盐-空气"催化氧化体系，取得了较好的研究成果和应用成果，推动了可循环催化体系的发展和"氧化固氧"方法的进步。

在21世纪初，虽然有大量的离子液体催化剂合成出来，但是人们在对双功能离子液体催化剂设计时，注意力主要集中在如何将酸、碱或手性催化基团引入到母核中,而忽略了催化剂本身结构和其含有催化基团对反应的控制作用,这使得此类催化剂的种类仍然较为单一,其能够催化的反应类型有限,导致离子液体催化剂在有机合成中的应用停滞不前。另外,化学家们虽然合成了一些手性离子液体催化剂,但其母核来源单一,并且应用范围有限。因此急需对形成离子液体的母核来源进行突破,合成适用范围更广、催化活性更高的催化剂,拓展其催化反应类型,提高催化效率和循环使用效率,为复杂天然产物、药物的合成提供绿色可持续发展的新方法。

徐大振老师在绿色有机合成研究中遇到的困难较为突出。首先,由于他是非教师系列没有研究生,没有自己的科研团队。当今靠一个人完成所有的科研工作几乎是不可能的,尤其是想取得较好的科研成果。他只能通过指导本科生以课外科研创新课题的方式来开展自己的项目。本科生的课外时间非常有限,而且不连续,因此科研项目的开展受到了极大限制。科研本身就是一个探索的过程,得到失败的结果更是家常便饭,但是他的情况不允许这样操作。因此,为了克服研究生的弊端,他必须做到精准选题、思路明确,既要保证所选课题的前沿性,又要保证相关实验对于本科生的可操作性。另外,由于科研经费严重不足,几乎全部由本科生创新项目支撑,这就决定了实验成本必须降到极致。因此他必须选择最廉价的试剂、最安全的反应方式,在最短时间内实现对化学前沿问题的攻克,这本身就是一个挑战。

由于对化学的热爱和坚持,徐大振带领的本科生创新团队从2016年至今共发表了25篇研究论文,2020年将研究成果发表在Angew.Chem.Int. Ed.。在五年如一日的坚持下,最初的目标一点点实现,在绿色有机合成尤其是空气氧化偶联、固氧反应中,建立了自己的研究体系,同时培养了多名拔尖本科学生。

徐大振带领的本科生课外科研创新团队,采用高活性双环烷基离子液体作为催化剂,乙醇作为溶剂,实现了室温下药物中间体1-苯基-3-甲基-5-吡唑啉酮的绿色合成工艺,避免了大量乙酸溶剂的使用,将反应温度118℃降低到了室温25℃,收率85%提高至92%,降低能耗,简化了操作过程,产品纯度高(97%以上),同时实现催化剂和溶剂的快速循环套用,实现超低废水排放。

另外,该团队在去氢偶联反应中做出了自己的特色,用简单的铁盐和

随处可得的空气作为氧化剂实现了碳－碳、碳－杂键的构建，并利用空气中的氧气实现了对底物的羟基化，已实现对多种抗肿瘤、抗疟、抗菌等药物的合成应用，推动了绿色有机合成的发展。而且基于此课题以本科生第一作者发表影响因子大于 10 的高水平研究论文已达到了 3 篇。该研究课题完全符合国家"十四五"发展规划，具有重要的理论意义和应用价值。

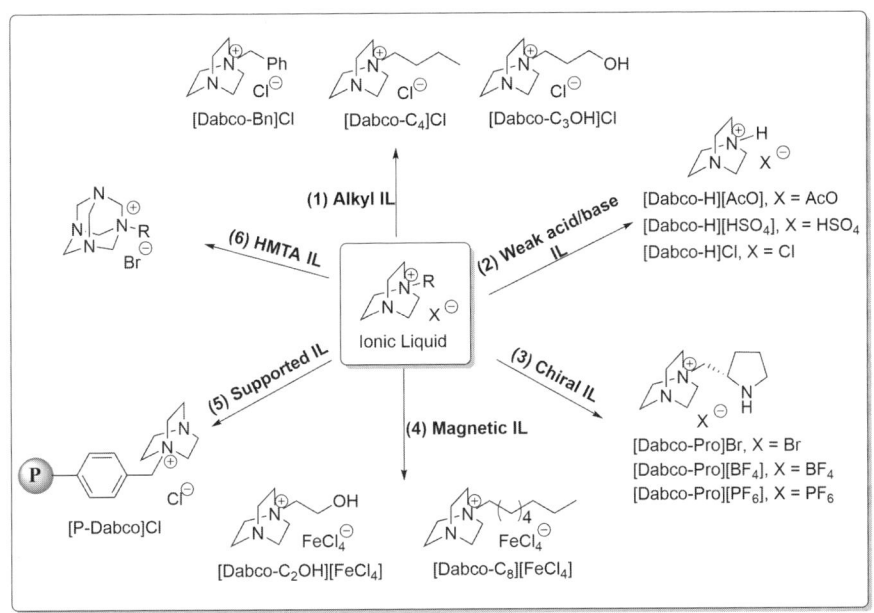

该团队发现了系列的高效离子液体催化剂，实现了离子液体使用量从溶剂到催化剂用量的突破；能够温和地使用空气作为氧化剂，实现去氢偶联反应。2017—2020 年，徐大振独立指导本科生获各级别创新奖 44 项（省部级以上 18 项），其中包括"挑战杯"天津市特等奖 2 项，一等奖 2 项，全国二等奖 2 项，天津市优秀毕业论文 3 项，南开大学优秀毕业论文 7 项，所指导的"国创"项目已连续 5 年入选全国大学生创新创业年会，培养了多名非常优秀的本科生。项目在 2020 年获得了天津市科技进步二等奖。徐大振获得了 2021 年 "Thieme Chemistry Journal Awardees" 国际学术奖。

成果完成人：谷迎春、徐大振、于爱敏、林大勇、沈煜、孟祥太、宋洪海、李庆博

为表彰天津市科学技术进步奖获得者，特颁发此证书。

项目名称：典型医药及染料中间体源头减排与生产废水资源化关键技术及应用

奖励等级：二等

获奖者：徐大振

天津市科学技术进步奖

证　书

二〇二〇年一月二十二日

奖励编号：2019JB-2-050-R2

南开化学百年贡献

成果名称

基于植物免疫调控的新农药创制

农业是国民经济的基础，2012年，习近平总书记指出"只有把饭碗牢牢端在自己手中才能保持社会大局稳定"。粮食生产的关键环节在于植物保护，农药是其不可或缺的重要手段和国民经济的重要战略物资及粮食安全的重要保障。历史上，我国的植保用药长期依赖于跨国垄断的公司，新农药创制更是受制于西方国家。近年来，我国的新农药创制虽然有了长足的发展，但创制的精力重点集中在针对靶标虫菌草上，被保护植物自身防御能力的利用被忽视。植物虽然无法主动出击应对靶标虫菌草的危害，但它们能充分利用自身的生理生化特点代谢出防御有害生物的化学物质，最成功的范例是植物激活剂。

植物激活剂是指其本身或其代谢产物无直接的抗病活性或者直接抗病活性很低，但它的使用可以显著提高植物自身的免疫防御能力，从而使植物产生持久、广谱而滞后的抗病性；与传统农药比较，植物激活剂直接作用于植物而非危害植物的病原物，可以避免病原物对药剂产生抗药性，是真正意义上的"绿色生态农药"。传统农药主要抑制虫菌草生理过程中的关键靶酶，而植物激活剂是促进并加强被保护植物自身木质素的合成，使植物细胞壁加厚，从而在物理作用机制的层面阻碍病原物的入侵；它还能利用植物内源抗病信号分子如水杨酸、茉莉酸和乙烯以及一氧化氮将植物产生的抗病信号传导到植物整株，启动植物抗病相关酶如苯丙氨酸解胺酶、几丁质酶和过氧化物酶以及病程相关蛋白基因的表达，使植物产生过敏反应并在生理生化和分子生物学的层面阻碍病原物的侵染。已成功开发的植物激活剂主要包括：化学源的苯并噻二唑（BTH）、噻酰菌胺（TDL）、异噻菌胺、烯丙异噻唑（PBZ）、Dichlobentiazox；生物源的Harpin蛋白和虎杖的整体提取物等。甲噻诱胺和氟唑活化酯以及从极细链格孢菌（*Alternaria tenuissima*）中分离出的植物激活蛋白PeaT1和Hrip1（6%寡糖·链蛋白可湿性粉剂）是我国具有自主知识产权的创新植物激活剂。然而，植物激活剂原始的作用机制和作用靶标至今未知，已成为制约该领域发展亟需解决的"卡脖子"关键科学问题。

范志金，中共党员，1968年出生，1991年从西南师范大学化学系获得理学学士学位，1994年从北京农业大学农业应用化学系获得理学硕士学位，随后分配到四川师范大学化学系任教。1997年考入中国农业大学农业应用化学系攻读博士学位，2000年毕业并获得农学博士学位，后返回四川师范大学化学系任教。2001年调到南开大学化学学院从事"农药生物学"

"农药生物学实验"和"杀菌剂作用原理"的教学工作及新农药创制与其靶标发现的研究工作，2008年晋升教授；2014被聘为博士生导师。2001—2005年曾任南开大学元素有机化学研究所生物测定研究室主任。担任天津市化工学会农药分会秘书长、中国植物保护学会农药学分会委员和《农药学学报》编委。以2003年开始执行的国家自然科学基金面上项目"植物激活剂创制的基础研究"（30270883）为起点，开启了艰苦而卓有成效的植物激活剂作用机制和新型植物激活剂的创制研究，先后构建了创制植物激活剂的生物活性筛选和作用机制研究平台，发现了甲噻诱胺的诱导抗病活性并联合利尔化学股份有限公司成功实现了其新农药登记。研究团队利用具有自主知识产权的高活性杀菌先导化合物YZK-C22发现了杀菌剂潜在作用新靶标丙酮酸激酶；基于天然产物先导优化发现了高活性稠三环螺内酯抗植物病毒先导骨架及其交联病毒外壳蛋白的抗植物病毒新机制。

2003年，我国新农药创制正值起步阶段，当时植物激活剂的筛选体系和活性评价方法未见文献报道，因此，植物激活剂的创制必须从零（构建筛选体系）开始。得益于在北京农业大学硕士阶段害虫抗药性专业和中国农业大学农药学专业博士学习期间的背景，范志金副教授充分认识到了植物激活剂在植物病害综合防治中的重大意义；加之受到南开大学杨石先等老一辈爱国农药科学家事迹和沈阳化工研究院为了保护我国农业和农民的利益而刻苦攻关开发出吡虫啉影响的震撼和鼓舞，范志金研究团队经过一个自然科学基金3年的艰苦努力，在反复探索试验后，最终以BTH和TDL及BABA为植物激活剂的阳性对照，以DHT为直接抗病毒药剂的阳性对照，以苯并-1,2,3-噻二唑-7-甲酸为抗病毒活性和诱导抗病活性测试的阴性对照，该课题组成功开发了诱导烟草抗烟草花叶病毒和诱导水稻抗水稻稻瘟病菌以及诱导黄瓜抗黄瓜炭疽病菌的植物激活剂筛选平台。

在进行BTH的HPLC定量分析配制标样时，最初范志金错误使用了甲醇做溶剂导致在分析过程中溶剂与BTH发生酯交换而失败（后用乙腈为溶剂得以解决）。研究团队对失败的过程进行了总结和反思：为什么先正达要使用如此不稳定的硫代甲酸酯呢？一定是S原子发挥了很好的诱导抗病活性，为了克服稳定性问题，他们设计合成了苯并-1,2,3-噻二唑7位酰胺键联噻唑胺的衍生物，发现I具有很好的诱导抗病活性，考虑到苯并-1,2,3-噻二唑-7-甲酸的合成成本高，能否直接去掉苯环改用1,2,3-噻二唑呢？研究团队随后设计合成了4-甲基-1,2,3-噻二唑-5-甲酸与噻唑胺缩合的酰胺

II，发现了试验代号为 SZG-7 的化合物有很好的诱导抗病活性，并取得了甲噻诱胺的中文通用名（图1）。

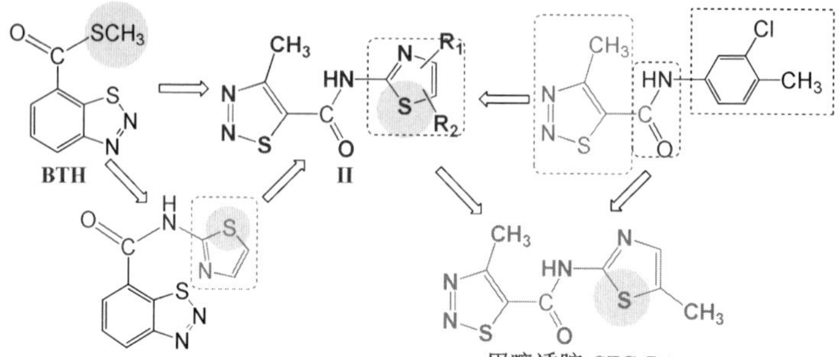

图 1　植物激活剂甲噻诱胺的创制历程

研究团队利用前述筛选体系仔细开展了大量、系统的生物活性验证和作用机制研究，从甲噻诱胺对稻瘟病菌侵染循环各阶段的生长发育与对寄主植物水稻自身以及水稻稻瘟病菌和水稻之间互作的影响验证了其诱导抗病活性，利用基因工程构建的烟草花叶病毒（TMV-EGFP）与本氏烟草体系的研究发现：在钝化模式下，对照药剂宁南霉素能有效抑制 TMV 的侵染和增殖，而甲噻诱胺无钝化效果；但甲噻诱胺具有很好的诱导抗病活性，100 μg/mL 浓度下能有效抑制 TMV 的侵染,效果与 BTH 和 TDL 效果相当；阴性对照虫酰肼无任何抗病毒活性。

甲噻诱胺及其相关专利于 2009 年 7 月 10 日成功实现了向利尔化学股份有限公司的专利权转让。得益于参与李正名院士单嘧磺隆和单嘧磺酯新农药开发过程积累的经验，随后南开大学与利尔化学股份有限公司合作开展了产业化开发，甲噻诱胺于 2013 年 8 月 26 日取得我国新农药临时登记证（96％甲噻诱胺原药登记证号：LS20130370；25％甲噻诱胺悬浮剂登记证号：LS20130369）；2016 年 12 月 23 日取得我国新农药登记证（96％甲噻诱胺原药登记证号：PD20170015；25％甲噻诱胺悬浮剂登记证号：PD20170014）；2018 年 4 月 18 日，24％甲噻·吗啉胍悬浮剂也取得我国新农药登记证：PD20181410（图2）。

图 2 24％甲噻·吗啉胍悬浮剂农药登记证

研究团队还发现了多个比甲噻诱胺活性更高的新型 3,4-二氯异噻唑。植物病虫危害造成的伤口给后续病原物的再次入侵提供了机会，研究团队基于农药代谢的原理，以噻二唑和异噻唑类诱导抗病活性亚结构，开展了基于诱导抗病活性的杀虫剂和杀菌剂创制，以充分利用目标分子的杀虫和杀菌活性及降解产物的诱导抗病活性，避免农药混用的麻烦并有效降低后续杀菌剂的用量以保护农田生态环境。南开大学开展的兼具诱导抗病和杀虫活性的飞防新农药创制发现了高活性含砜（硫）亚胺和 N-氰基砜（硫）亚胺的邻甲酰氨基苯甲酰胺，已获自主知识产权，为合作单位江西天人生态股份有限公司采用对传播媒介昆虫天牛的防治来有效控制松材线虫作出贡献，双方共同申报并获得 2018 年度江西省科学技术进步二等奖（图 3）。

图 3　江西省科学技术进步二等奖（2019 年 9 月 30 日）

研究团队还设计合成并发现了作用于细胞色素 bc1 复合物的甲氧基丙烯酸酯类新化合物（如 CL04-22D）和氧化固醇结合蛋白的新型哌啶基噻唑衍生物（如 WQF2-113）均兼具有很好的诱导抗病活性和杀菌活性（图 4），研究结果取得自主知识产权并于 2017 年和 2019 年发表在国际农业领域的顶级期刊 J. Agric. Food Chem 上，执行该研究的博士生陈来同学的论文获评 2019 年度南开大学优秀博士论文；部分研究内容与天津市农业质量标准与检测技术研究所合作申报并获得了 2019 年度天津市科学技术进步二等奖。（图 5）

图 4　兼具诱导活性和杀菌活性的新型高活性甲氧基丙烯酸酯和哌啶基噻唑化合物

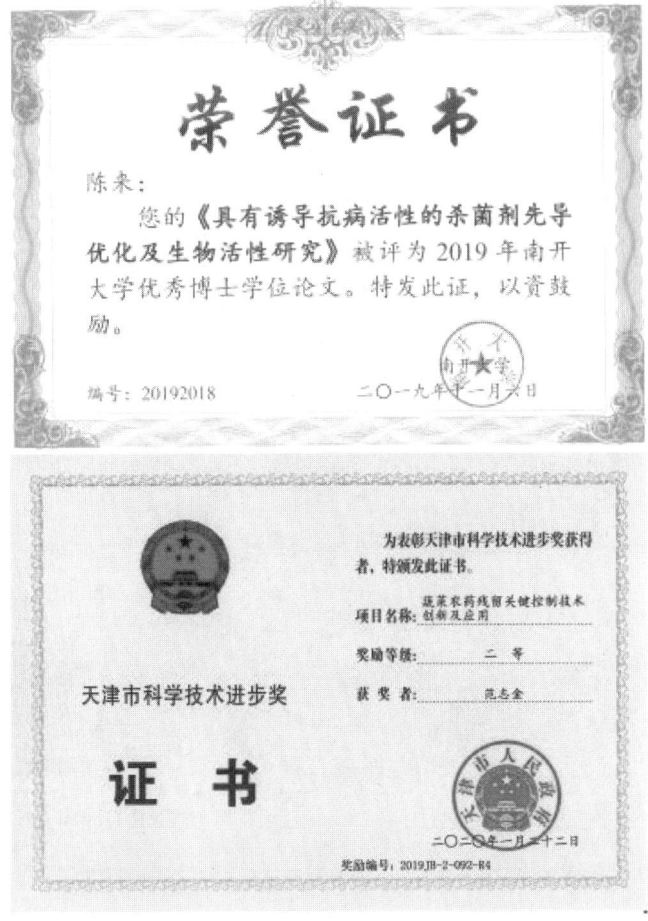

图 5　陈来优秀博士学位论文证书（2019 年）和范志金天津市科学技术奖证书（2020 年）

研究团队以自主知识产权的高活性杀菌先导化合物 3-(4-甲基-1,2,3-噻二唑-5-基)-6-(三氯甲基)-1,7a-二氢[1,2,4]三唑[3,4-b][1,3,4]噻二唑（YZK-C22）（EC_{50} 为 2.5—12.5μg/mL，拜耳公司验证结果为 1.6—23.7 μg/mL）开展了作用机制的挖掘：酵母突变体库的抗性株系筛选和对 DNA 复制影响及转录组学与蛋白质组学结合药物亲和力反应靶点稳定性（DARTS）研究发现，YZK-C22 竞争性抑制菌体三羧酸循环中的关键酶丙酮酸激酶（PK），其 K_i 为 3.33±0.28 μmol/L，PK 是农用杀菌剂的原创性潜在新靶标（图 6）。以此靶标设计合成并发现了高活性异噻唑联嘌呤类 PK 抑制剂。研究结果分别发表在 2018 年和 2021 年的 J. Agric. Food Chem 上。

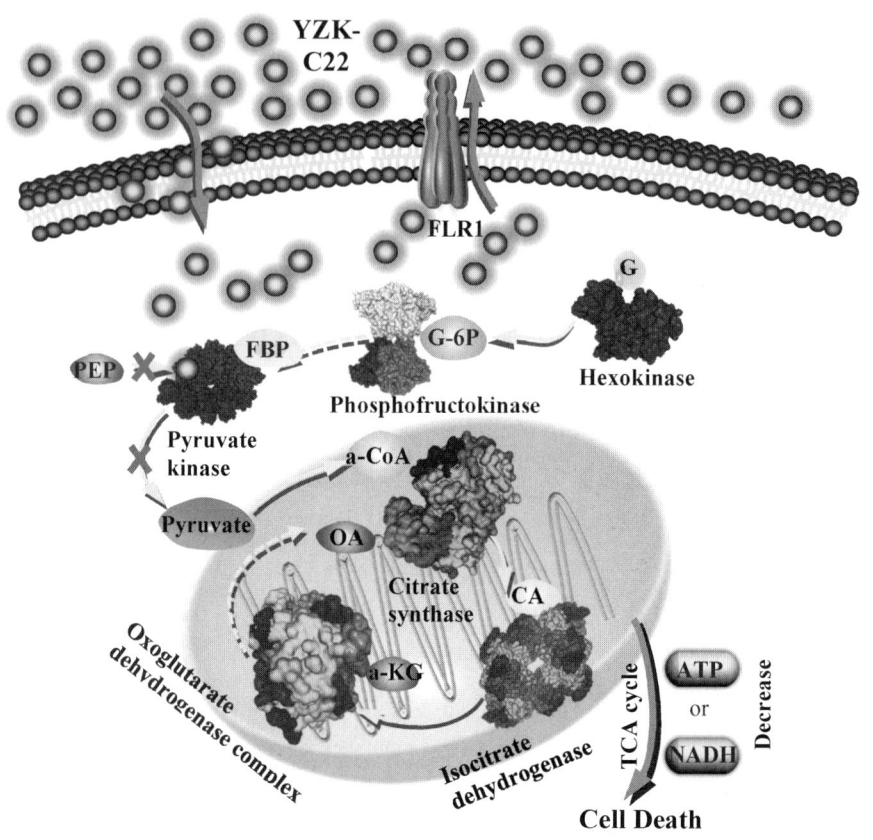

图 6　YZK-C22 作用于丙酮酸激酶的杀菌作用机制

范志金团队在构建植物激活剂筛选体系的基础上开展了系统的创制研究，成功创制出我国第一个具有自主知识产权的植物激活剂甲噻诱胺，并取得新农药登记证，实现了专利成果的产业化转化，为农药减施战略的实施提供了新的选择。

新农药创制的创新分 4 个层次：农药创制新理论的创建，农药新作用靶标的发现、农药新先导化合物的发现及农药新品种的研发。研究团队在新靶标、新先导的发现及新品种的研发领域取得创新和突破，尤其是杀菌剂潜在新作用靶标 PK 的成功发现是我国继周明国教授发现创制杀菌剂氰烯菌酯破坏小麦赤霉病菌细胞骨架和肌球蛋白-5 这一全新作用靶标后的又一个原始创新，为新农药创制和南开大学农药学学科的建设作出了贡献。

植物激活剂甲噻诱胺的成功创制促进了我国利用植物自身免疫调控机制进行植物保护的发展，该药被工业和信息化部于 2016 年 10 月 21 日发文《产业技术创新能力发展规划（2016—2020 年）》列为"石化和化学工业重点发展方向"中"化肥农药领域重点发展的方向"："……，甲噻诱胺等农药系列新品种，绿色生态农药分子设计和系统优化重大共性关键技术……"

研究团队因杀菌剂潜在新靶标 PK 的发现受邀在 2019 年 5 月召开的 IUPAC 农药会上做了题为"Discovery of Pyruvate Kinase as a Fungicide Target by DARTS"的报告。由于创新性突出，组委会邀请研究团队参编了由 Prof. Dr. ir. Sven Mangelinckx 和 Prof. Dr. Peter Maienfisch 主编，Elsevier Inc. 出版的书籍《Recent Highlights in the Discovery and Optimization of Crop Protection Products》中的第 29 章"Discovery and validation of pesticide novel target: take pyruvate kinase as an example"，该书已于 2021 年 3 月正式出版发行。

研究团队的后续研究获得了国家重点研发计划项目"作物免疫调控与物理防控技术及产品研发"子课题"作物免疫调控先导优化及产品研发"（2017YFD0200903）和第三批天津市人才发展特殊支持计划：高层次创新创业团队项目"作物免疫调控创新团队"的支持。与俄罗斯乌拉尔叶利钦大学著名国际杂环研究专家 Vasiliy Bakulev 的长期合作研究获得俄罗斯基础研究基金（18-316-20018）和我国科技部中俄国际科技合作项目的支持（2014DFR40030），合作研究拓展了南开大学新农药创制领域的国际影响，并协助俄方培养了多名博士生，其中 Polina Kroptina（2006）和 Tatiana Kailinina（2011）毕业后留校任教。

成果完成人：范志金、石祖贵、杨知昆、刘秀峰、刘凤丽、赵斌、马琳、米娜、陈来、张乃楼、李岳东、朱玉洁、王炜博、鲍丽丽、付一峰、贾俊超、张海科、张永刚、苑建勋、吴启凡、吴琼、王唤、国丹丹、左翔、郑琴香、李娟娟、黄杰、赵晖、王盾、毛武涛、王守信、房震、宗广宁、姬晓恬、钱晓琳、高卫、齐欣、董静月、吕游、郝泽生、洪泽宇、郭晓凤、张越、范谦、殷勇、邱丰、范志银、V. A. Bakulev。

教学成果贡献

南开化学百年贡献

| 成果名称 | 《化学元素周期系》多媒体教科书软件及教学成果 |

1984年7月，申泮文去加拿大参加第五届世界氢能会议返程回国时，访问了美国密歇根大学，在那里，他第一次见到了计算机辅助教学（CAI），深受触动，"CAI这种教学方式方法太好了！"，申泮文当即决定邀请主管CAI教学工作的威廉姆·巴特勒（William Batler）研究员来南开大学讲学2周，传授刚刚开始的计算机在化学教学中的应用技术，并把这种教学方法引入中国。1986年3月，美国密歇根大学巴特勒夫妇来到南开大学讲学，并送给申泮文一套教学软盘，遗憾的是当时南开校园里还没有计算机，不过这件事启蒙了我国化学教育中最早的计算机应用潮流。10年后，20世纪90年代中期，386、486计算机才开始在国内流行，申泮文敏锐地意识到计算机对辅助化学教学的优势，他以近80岁高龄开始学习计算机技术，并在1995年带领部分师生研制开发出一套《化学元素周期系》多媒体教科书软件，1998年全部开发完成并由高等教育出版社正式出版发行。高等教育出版社称："这是我国第一部多媒体化学教科书软件，改革了传统的基础课教学方式方法，把高新技术引入课堂教学，增强课堂教学效果，它的出版对全国高校现代化教学和提高教学质量起到积极的推动作用。"

《化学元素周期系》多媒体教科书软件是1997年教育部立项、并经国家计委正式批准的"九五"国家重点科技攻关项目、教育部"九五"重点

教材计划项目。该教学软件及其在教学改革中的应用成果获得了2001年国家级教学成果一等奖。

申泮文（1916—2017），广东省从化人，著名教育家、翻译家、化学家。1940年毕业于西南联合大学化学系。1946—1959年，任南开大学化学系教员、讲师、副教授，1952年任第一任无机化学教研室主任。1959—1978年，任山西大学化学系教授、系副主任。1978—2017年，任南开大学元素有机化学研究所副所长、化学系无机化学教研室主任。创建了南开大学新能源材料化学研究所、南开大学应用化学研究所。1980年，当选为中国科学院化学学部学部委员。历任第三届全国人大代表，第五、六、七届全国政协委员，国家教委第一届理科化学教学指导委员会委员，天津市联合业余大学校长，天津渤海职业技术学院名誉院长。曾当选天津市劳动模范（1979、1980）、全国优秀教师（1993、1999）。2017年在天津逝世，享年101岁。

申泮文十分重视高等化学教育与教学工作，长期为本科生授课，是中国执教化学基础课时间最长久的老化学家，也是中国著、译出版物最多的化学家，由他主持和组织撰写或翻译的化学教科书和专著，在国家级出版社的出版物就达70余卷册、4000余万字。20世纪末，申泮文为了改变中国高等化学教育与国际一流大学相比相对落后的面貌，为中国高等化学教育未来现代化的改革做了许多有益的奠基性工作。这些工作连续三届（2001、2005、2009）获得国家级教学成果奖的奖励。

申泮文是《化学元素周期系》多媒体教科书软件及教学成果的总负责人，指导该软件的研制开发与教学实践工作。

《化学元素周期系》软件的主菜单被设计成一个全屏幕的长式化学元素周期表，围绕化学元素周期律这个伟大的定律，介绍了它的发现者——门捷列夫，元素周期系的发现与发展过程，化学元素性质周期性变化的规律，112个元素的发现简史，各个元素基本的物理化学常数，元素单质和重要化合物的性质、结构、生物活性、制备方法与应用，以及7个周期，16个族，2个特殊元素系等，总共设计了139个可以点击的按钮，也就是139个专题、60余万字的内容可供选择。其中除对主要元素逐个进行讨论讲解之外，还分别对7个周期、16个族、2个特殊元素系的通性进行了综述讨论，以利于学生从纵向和横向多方面总结概括知识。《化学元素周期系》专题对周期系理论的发现、发展以及未来远景、化学元素的各类性质的周期性等作了比较全面的论述，使学生能比一般教科书更深入地了解这个伟大的自然规律，增长学生的自然科学史知识。

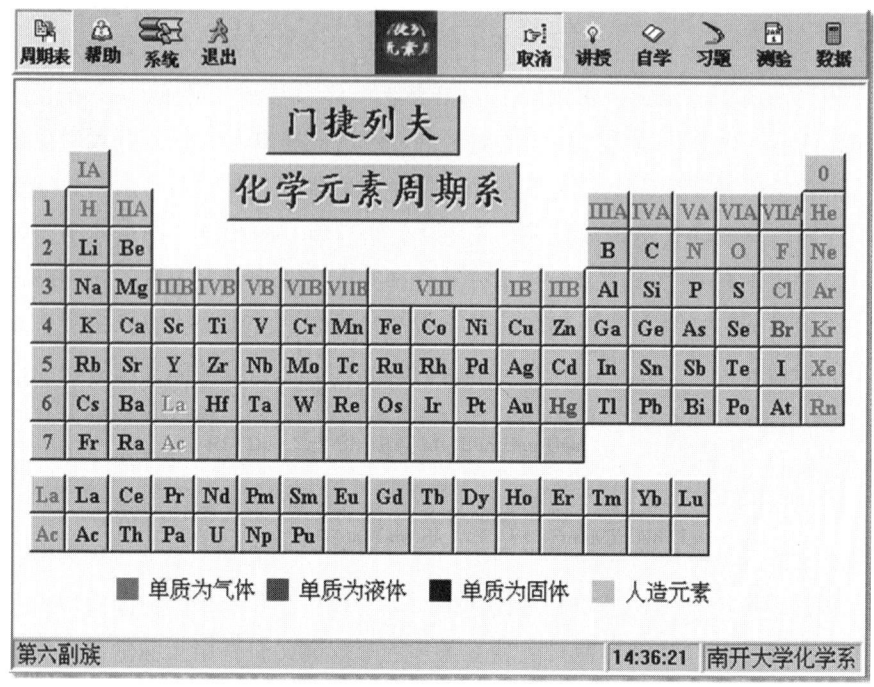

《化学元素周期系》多媒体教科书软件主菜单

每个元素的讲授和自学模块，都提供了该元素的发现简史，对该元素的发现人和发现过程做了简要故事性介绍，把它们合在一起，就是一部"化学元素发现简史"通俗读物，继承了申泮文几十年教学经验中的惯于课堂讲授化学发展史的习惯，通过这种介绍，可以激发学生热爱化学和献身化学事业的热情。

针对这139个专题，在主菜单的上方设计有"讲授""自学""习题""测验"与"数据"五大功能按钮供用户选择。这五个功能按钮代表了每一专题的五大功能模块。其中"讲授"部分采用多媒体的形式对每一专题进行深入浅出的讲授。"自学"部分采用文字的形式对讲授内容进行充实和拓展，并实现了超文本链接和打印功能，方便学生自学。在每一专题中，都安排了一定量的"习题"，供学生巩固和检查学习的成果。"测验"模块提供了大量的试题，电脑可根据学生测试的结果，分析学生的学习效果，提出下一步学习的建议。"数据"模块提供了每种元素常用的几十个物理化学常数，相当于一个小型的数据库，方便师生和化学从业人员检索。

在整个软件中，4000余幅图片，1000余幅二维和三维的动画，用来表达分子或化合物的立体构型、反应过程、制备工艺流程等，形象和直观地表达出教师在黑板上无法绘出的抽象理论，大大拓展和丰富了原有课堂讲授的内容与形式，使教学效果达到理想化程度。该软件既可用于教师课上教学，又可用于学生课下自学，既是一部无机化学纪实材料的教科书，又是一部无机化学简明资料辞典。

为使用户界面更友好，还设计了当将鼠标移至主菜单某一功能按钮上时，屏幕上即出现一黄色显示框放大显示该按钮的名称，同时在屏幕的最下方出现一行文字，说明该按钮的功能。当将鼠标移至某一元素按钮上时，不仅显示出该元素的原子序数、符号、中英文名称和相对原子质量，同时还有该元素中英文名称的读音，这为教授学生读写元素名称和掌握基本知识提供了方便。为用户使用方便，在主菜单的上方还设计有"帮助""系统""退出""软件动画图标"和"取消"功能按钮，总共有十大功能按钮。

通过天津市科学技术信息研究所查新和在因特网上检索发现，当时虽有不少有关元素周期表的软件，但大多数功能单一，比较简单，国内外还未见到像该软件这样集多种功能于一体的多媒体教科书软件。它具有以下几个创新点：

1. 软件信息量大，内容丰富新颖、覆盖面广

软件内容丰富新颖、信息量大，收集资料面广，达到当前基础无机化学最新信息水平。大量的图片、动画显示化合物的立体结构和反应过程，深入浅出地表达出教学的内容，取得良好的教学效果。把作者有特色的科学研究成果纳入软件中，例如氢化锂、氢化铝锂的新合成工艺等，别开生面，有利于启发学生的创新思维。在每个元素的讲授和自学功能模块中，都提供了该元素的发现简史，这是一般教科书所不能达到的。

2. 软件设计思想超前，制作精良、智能化

软件设计精巧、智能化，可以随时补充新知识新内容。人机界面友好、交互性能好，139个专题的内容可以层层打开，对化学元素周期系理论的发现、发展以及未来远景，112种化学元素及其化合物的各类性质的周期性等作了比较全面的论述，各专题还设有"讲授""自学""习题""测验"和"数据"五大功能按钮可以随意选择，智能查索，构思新颖，使用方便。

软件制作精良，表达精练，能形象和直观地表达出教师在黑板上无法

绘出的抽象理论，使教学效果能达到理想化程度。不仅可以节约学时，同时极大地激发了学生学习的积极性和兴趣，锻炼和培养了学生的自学能力。不仅提高了教学质量，还有利于学生的素质教育。

3. 该软件支持基于网络环境的多媒体教学模式，可以实现教学资源共享

4. 该软件为多媒体教学光盘与教科书配套出版创造了先例

该软件经过南开大学化学系四年基础化学教学实践的反复考验，证明有很高的实用性，取得了可向外推广的改革经验。1999年5月，教育部高等教育司、高等教育出版社在南开大学举办了全国高校"化学教学方法和教学手段改革研讨与多媒体教材《化学元素周期系》应用培训班"，在化学、化工类基础课程教学中首先推广应用先进的教学方法和教学手段，进一步促进了该软件在全国高校范围的广泛应用和推广，大大促进和推动了基础化学教学方法和教学内容的改革。使用该软件进行教学改革的经验，受到与会代表一致欢迎，当时全国已有复旦大学、南京大学、浙江大学、上海交通大学、天津师范大学、广东工业大学等70多所高校将该软件用于教学改革实践中，都取得了很好的教学效果。

《化学元素周期系》多媒体教科书软件的中期研究成果曾获教育部1997年全国普通高校优秀计算机教学软件评选一等奖。1998年10月，中国科技大学校长、中科院院士朱清时教授与教育部陈至立部长出席由联合国教科文组织在巴黎召开的"21世纪的高等教育"国际会议，朱清时教授演示了该软件的演示盘，受到与会同行们的一致好评。朱清时教授评议该软件时说："此工作和所得到的成果具有国际一流先进水平，代表着我国大学多媒体教学研究的水平。"

《化学元素周期系》多媒体教科书软件1999年6月29日通过了教育部组织的科学技术成果鉴定，鉴定结论是："《化学元素周期系》软件内容丰富，取材新，构思新颖，制作精良，操作使用方便，人机交互性好。极大地激发了学生学习的积极性和兴趣，节约课时，有利于课堂教学和学生自学。该软件已经过三年试用，是我国化学教学方法和手段改革的一项重大研究成果，属国内领先，达到了国际先进水平。"2000年12月该软件获得南开大学和天津市教学成果一等奖，2001年获得国家级教学成果一等奖。

成果完成人：申泮文、车云霞、林少凡

2001年国家教学成果奖证书

南开化学百年贡献

成果名称

构建学生科研平台，积极培养创新人才

"科学技术是第一生产力",一个国家的科技水平决定着生产力的发展水平,而科技水平提高的前提条件是必须有大量的科技人才。而实现我国经济飞速发展,促进我国实现全面小康,更需要大量具有创新精神的高水平人才。早在2002年,党中央就在十六大报告中提出,"创造数以亿计的高素质劳动者,数以千万计的专门人才和一大批拔尖创新人才",为高等教育的发展提出了新要求。习近平总书记在2018年全国教育大会讲话上也指出"要在增强综合素质上下功夫,教育引导学生培养综合能力,培养创新思维"。而高等学校是培养高水平科技人才的基地,因此必须担负起开展创新教育、锻炼学生科研水平和创新能力的使命,为培养创新型科技人才打下良好的基础。

创新意识与创新能力的培养是整个教育体系的一个组成部分,高等学校对学生的培养和教育,要通过课内、课外两方面的教育实践,两大课堂互相配合,同时进行。课内教学要根据教学计划进行理论知识的学习,课外教学主要引导和组织学生开展有意义、健康的课外教学,其中以开展学术性、知识性的科技活动尤为重要,学生可以将理论结合到实际当中,不但培养了科技创新能力,而且促进了理论知识的学习。

因此,我们化学学院开始思考如何在我校培养自己的具备创新精神与创新能力的本科生。2003年,时任南开大学校长的侯自新教授指出:高等院校应努力转变人才培养观念,引导学生全面发展。在教育内容上,要引进新的研究成果;在教育方式上,引导学生及早进入科学研究的过程,使学校培养的学生既具有前瞻性的视野,又具有主动的创新能力。

1999年,化学学院率先利用国家理科人才培养基地经费在南开大学化学学院设立"创新基金",拨出2万～3万元专门经费资助二、三年级的本科生加入课题组参与科研课题的研究工作,尤其鼓励自己申报选题好、具有创新之处的课题,在教师指导下进行自行设计、独立操作。"创新基金"除了训练学生的设计和操作能力外,还锻炼了学生的学习、主动思考、写作和表达等能力。学生通过"创新基金"项目的训练,拓宽了知识面,提高了科研动手能力,培养了创新意识和创新能力。"创新基金"的开展,是我校"创新科研"活动的试点。

2002年,在总结化学学院取得成功经验的基础上,南开大学推出了本科生创新活动的"百项工程",设立了南开大学校级创新基金,以立项的形式每年资助本科生开展"创新科研百项工程"活动。在学校和学院的积极鼓励下，形成了学校、院（系）两级的本科生创新科研立项的建设体系，构建了本科生创新科研的大平台，学院以这个平台为载体，通过经费的投入，以项目研究的形式，为本科生开辟了展现专业素质和创新能力的一个平台，极大地调动了学生科技创新的积极性，为培养创新能力和创新意识打下了坚实的基础。该项目活动受到本科生的欢迎和肯定，一直持续到现在。随后教育部和天津市先后设立了国家大学生创新训练项目和天津市大学生创新创业项目，形成了多层次多渠道的本科生创新能力培养体系，每年约60％的学生参与各项课外创新训练项目。

为了使"本科生创新科研百项工程"能够顺利开展，在学校"本科生创新科研百项工程项目建设领导小组"指导下，学院成立工作组专门负责此项活动的研究、管理、实施和项目成果的推广工作，从而使该项工作在组织上有了强有力的保证，并且为该项活动走出南开、面向社会起到了积极的促进作用。

为了提高学生创新科研质量，学院特别注重过程管理。项目从立项审批、中期检查到验收评优都有序地进行，学院参考学校制定的《南开大学本科生创新科研项目管理暂行规定》《学生奖励办法》与《教师奖励办法》，系统指导本科生选题、成立研究小组以团队的形式组织科研活动，还充分调动了指导教师的积极性，进一步保障了创新科研项目的良好开展和高质量的完成。

对本科生进行创新教育，开展科研项目的立项，有利于激发学生的学习热情和扩展学生的视野。学生通过科研训练，感到知识不够用，增加学习欲望，形成学习动力，自强不息、奋发成才，提高学习的自觉性和主动性。

本科生深入科研环境，查阅国内外最新科技文献资料，可以打破书本的局限，接触学科发展的前沿，有利于扩展学生的视野和拓宽知识面，加深对学科的了解和兴趣，有利于发展学生的个性，实现因材施教。课堂上由于教学计划的限制，难以照顾学生的个性差异。

科研训练可以根据学生的才能、兴趣的不同，区别对待。为一些基础较好学有余力的学生创造适当的条件，让他们在难度较高的科研项目研究中得到强化锻炼，进一步提高自学能力和科研创新素质。

交叉学科、交叉领域的项目研究有助于学生融会各学科知识，运用综合思维解决交叉问题，可以充分挖掘思路，采取多种思考问题的角度，这是单一学科研究所不具备的。

"百项工程"项目组的同学都能够充分认识团队协作,与他人沟通的重要性。在现代,完成一个项目不是个人可以完成的,需要的是一个团队的每个成员都全力以赴地运作起来,并且把每个人的努力汇集成为合力才可能有所成绩。团队合作是一种能力,更是一种精神。在完成立项的过程中,团队的每个成员必须把完成立项任务放在第一位而放弃许多的个人时间、利益。学生参加科研活动,置身于现实的科研环境和人际关系中,对科研生产的各个环节有了更深入和实际的了解。通过集体合作开发项目,学生的组织协调能力得到了锻炼,团队精神得到加强,有利于学生非智力方面的素质培养。

科研活动中的挫折和失败的经历,有助于培养学生顽强奋发与百折不挠的意志,以及严谨踏实、实事求是的作风。

从"开放实验"的开展到建设创新科研百项工程,院内形成了学生创新科研的风气,并且涌现了大批的学生研究成果。在第一届"百项工程"评选中,化学学院即有10项获得立项。经过启动建设、中期检查、结项答辩、成果评优等过程,各项目于2003年底全部完成,其中本科生吴志杰申请的"超细非晶态合金催化剂的制备与应用"项目获校级一等奖,本科生吴祥申请的"长效高抗凝血性医用聚氨酯合成的研究"项目获校级二等奖。由于本科生提前进入实验或专业科研领域的研究,学生的学习兴趣和创新能力得到很大的提高,部分学生在本科阶段就在专业领域里做出了突出成绩,涌现出了一批本科生拔尖人才。1999级本科生张磊,在2001年第七届"挑战杯"全国大学生课外学术科技作品竞赛中以一篇《发光锌纳米材料》论文赢得特等奖,也是本届比赛唯一获得特等奖的本科生,2002年获得团中央和全国学联授予的"五四"奖章和"建昊"奖学金。2000级学生易龙在2003年第八届"挑战杯"全国大学生课外学术科技作品竞赛中以一篇《分子信息存储材料》论文再次获得特等奖,2004年获得了首届由邓小平同志生前倡议并捐献稿费设立的国内青年最高级别的奖励"中国青少年科技创新奖"。2000级学生李毅彤在神经化学领域取得突破进展,以第一作者在化学权威学术刊物J.Am.Chem.Soc.和Chem.Commun.上发表2篇论文。截至2017年,化学学院学生获得"挑战杯"全国大学生课外学术科技作品竞赛特等奖3项、一等奖3项、二等奖5项,9人获得中国青少年科技创新奖。

大量优秀本科创新人才的涌现,使学院教师和学生参与"创新科研"

活动的积极性空前高涨，2002年至今已立项400余项，获得经费300余万元，本科生参与发表SCI学术论文500余篇。"本科生创新科研百项工程"已经成为我校本科生教育的一张"名片"，"创新"热潮已经在南开园"沸腾"。

我校建设的本科生创新科研平台在校内校外都产生了很大影响。许多兄弟院校都仿照我校做法设立了本科生的课外科研创新基金。在创新教育活动中，我校涌现出一大批创新拔尖人才和创新团队。2004年12月17日，中央电视台《焦点访谈》栏目以"大学里的创新教育"为题作了专题报道，《人民日报》《中国青年报》《中国教育报》《光明日报》《科技日报》都宣传了我校学生取得的成绩，在全国起到示范与辐射作用。

本科生创新立项"百项工程"极大地鼓舞了同学们探索求知、投身实践的热情。通过这项活动，同学们将平时从书中学到的知识与实际研究活动结合到了一起，对知识有了更全面系统的掌握。很多同学都在这次活动中接触到了本学科中比较前沿的领域，这促使同学们积极主动地学习和探索，更新和完善个人的知识体系。

更为重要的是，这是一次完全由本科生自主主持的科研活动，其教学意义超出了科研结果本身。这种高度自主性使他们能够更积极地提出自己的想法，并且让这些想法更具有独创精神，为他们今后进一步从事研究活动打下了一个良好的基础，在一定程度上激励了同学进一步投身科研的热情。

当然，培养学生的创新精神、创新思维、创新能力是一个长期的过程，对学生实施创新教育，开展创新科研项目立项，其成果绝不仅仅是在校期间发表几篇论文、申请几个专利等表面那样简单，其更深远的成果将体现在学生综合素质的提高，以及在本科之后的阶段所取得的成就上。据统计，在校期间曾参与过"百项工程"的本科生中，有10余人继续从事着科研工作并且现已成为各高校学术带头人，他们将继续用南开化学人的创新精神影响更多的年轻学子。

成果完成人：袁满雪、程鹏、刁虎欣、张开显、金柏江

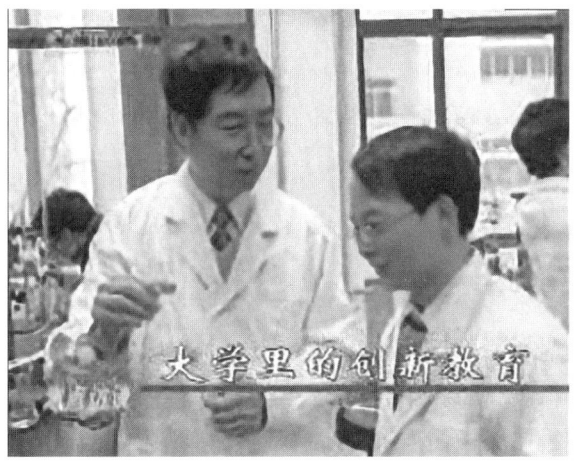

国家级教学成果奖
获奖证书

获奖成果：构建学生科研平台，努力提高学生创新能力

获奖者：袁满雪　程　鹏　刁虎欣
　　　　张开显　金柏江

获奖等级：一等奖

证　书　号：2005025

中华人民共和国
教育部部长：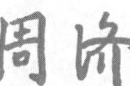

二〇〇五年九月

南开化学百年贡献

成果名称

高等化学资源共建共享平台

进入 21 世纪以来，高等教育的规模不断扩大，教育教学改革不断深入，我国高等教育取得了辉煌的成就。教学质量的提高不仅依赖于教师队伍水平的提高，优秀教学资源的建设和共享也是保证教学质量的重要环节。同时，优质资源的共建共享和应用也是教育信息化的核心，是教育部《2003—2007年教育振兴行动计划》中的六项重点工程之一。21世纪初，我国教育科研网和各高校校园网已经建成，新世纪网络课程建设工程已经完成，但是，优秀的教学资源还没有得到充分的共享和应用，对教学质量和办学效益的提高尚未发挥应有的作用。

2001年9月，教育部新一届高等学校化学化工教学指导委员会成立，化学类教学指导分委员会把化学教育现代化作为工作重点之一，确定由南开大学牵头。2001年11月，在长沙召开的全国化学多媒体课件研讨会上，与会的教师一致认为最重要的是提高现有资源的组织性和可利用性，将分散在各级各类高校的教学资源整合和共享，避免低水平的重复开发，更好地发挥优质资源的辐射作用，建立方便、灵活、广泛但又保护知识产权的资源共建共享的可持续发展机制。在这次会议上确定了由化学教学指导委员会和高等教育出版社共同组织，各高校共同参与，建立高校化学资源共建共享联盟，率先实行资源共享，同时以高等化学资源库和 4A 网络教学平台等作为高等化学资源共建共享平台的长期应用方式。

国际上许多国家也都致力于整合学校和企业的教学资源，以促进交流、共享和再应用，如美国、澳大利亚等以建立教育门户网站（the Gateway 和 EdNA Online）形式集中发布资源索引信息，资源则分别存储，推动资源共享和应用。

以国家教学资源库形式建立学科共建共享平台，在国内外均属首创，是教育教学改革方面的重大突破。

化学类教学软件的研制一直处于国内多媒体教学软件开发的前列，在化学类教学软件的出版、化学类试题库的研制和新世纪网络课程建设中已取得丰硕成果，仅由高等教育出版社正式出版的化学类教学软件有 22 种、化学类试题库 6 种、新世纪网络课程 15 种。这些出版的化学类教学软件、化学类试题库和新世纪网络课程取得了巨大的社会经济效益，获得了很高的社会评价。在 2001 年国家优秀教学成果评选中，南开大学的《化学元素周期系》多媒体教科书软件获得一等奖，大连理工大学的《应用现代教育技术全面实施工科化学系列课程教学改革》和武汉理工大学的《基础化学计算机辅助教学系列软件的研制与实践》分别获得了二等奖。其他获奖的化学类项目大多也包括多媒体教学软件的研制和开发，这些多媒体软件用于教学改革实践中，都取得了很好的教学效果。

2002年以来，各高校教师成立了项目组，集中了国内一大批教学经验丰富同时又擅长多媒体课件制作的优秀教师。由高等学校化学及化工学科教学指导委员会和高等教育出版社组织先后在大连、洛阳和北京召开了高等化学共建共享平台研讨会和"高等化学资源库"建设工作会议。明确了高等化学资源库的任务是存储化学类数字化的媒体素材、知识点素材等教学基本素材以及优秀的示范性课程等，具备安全、可靠、稳定、快捷、可扩充等性能。制定了素材标准和技术规范，通过维护、更新、扩充和吸收科技发展前沿内容等方式，保持其先进性、科学性和权威性，资源库的建设和管理要采用国际先进技术，保持其科学化、现代化，为其他学科教学资源库的建设工作起到示范与指导性作用。

根据高等化学教学的实际需要，高等化学教学资源库将按照二级学科分类，主要包括普通与无机化学、有机化学、分析化学、物理化学、结构化学、化工基础等基础课程的教学资源库。每一个二级学科的资源库建设按照知识点框架建设，打破传统的课程和教材的概念。例如普通与无机化学子库的框架结构分为基本化学原理、化学平衡、元素化学和近代化学热点四个部分，每一部分根据内容需要分为不同层次。

资源库中的素材分为媒体素材和知识单元素材。媒体素材包括文本文稿、图形（图像）、音频、视频、动画等传播教学信息的教学基本素材单元。知识单元素材主要包括名词概念、定理和定律、实验、人物资料、研究成果、试题习题、案例、答疑资料、课件、名师示范课等以教学为目的的素材。素材库还包括应用教学资源组织教学单元工具，可以方便地为各种需求的教师提供搭建具有自己教学特色的教学单元课件的智能型平台。素材库的建设，为方便教师搭建具有自己教学特色的个性化教学方案提供了强大的资源基础。

在制作技术上引入当时国际上最新的 xml 技术，构建共建共享平台的框架结构，既便于现在操作使用，又便于今后更新换代。在素材制作中，使用 Actionscrip（脚本）语言，成功地开发了交互式 3D 分子模型、虚拟实验等新类型素材，使动画更加逼真生动，使素材的交互性大幅度提高。

高等化学教学资源库建设专业主持学校和负责人名单如下：

项目总负责　　　　南开大学　程鹏

普通无机化学

　　　　主持学校：南开大学

　　　　负责人：车云霞

　　　　专家小组：车云霞

有机化学

　　　　主持学校：大连理工大学　北京大学　南开大学

　　　　负责人：高占先

　　　　专家小组：高占先　裴伟伟　张宝申

分析化学

　　　　主持学校：大连理工大学　北京大学

　　　　负责人：张新祥　刘志广

　　　　专家小组：张新祥　刘志广

物理化学

　　　　主持学校：华东理工大学　南京大学　中山大学

　　　　负责人：叶汝强

　　　　专家小组：叶汝强　沈文霞　陈六平

结构化学

　　　　主持学校：兰州大学　南开大学

　　　　负责人：李炳瑞

　　　　专家小组：李炳瑞　孙宏伟

化工基础

　　　　主持学校：武汉大学　天津大学

　　　　负责人：马玉龙

　　　　专家小组：马玉龙　李士雨

除以上主持学校之外，还有西安交通大学、山东大学、西北工业大学、云南大学、河北大学、暨南大学、四川大学、华南理工大学、中南大学等20多所高校参加该项目。

2003年1月，以清华大学校长顾秉林院士为组长的专家组，听取了高等化学资源共建共享平台的工作报告并给予了高度评价。高等教育出版社拨出150万元经费以支持这项工作深入地开展。

参与该项目的教师本着建设与应用同步进行的原则，将共享资源应用

到各自的教学实践中,取得了很好的教学效果。在项目组主要成员中,大连理工大学的高占先教授获得2003年全国首届教学名师奖,沈文霞教授、孟长功教授等分别获得了所在省的教学名师奖。

高等化学资源共建共享平台共计收集动画1117个、图片4805个、音频117个、视频155个、虚拟实验34个、知识单元素材215个、表格104个、公式300个、化学家小传34个、结构数据310个、Coral Draw文件100个。平台提供的教学资源丰富、信息量大、覆盖面广、制作规范、表达精练、操作方便,已经广泛地应用到教学实践中并对教学质量的提高起到了巨大作用。

在共建平台和共享资源的基础上,项目组主要成员中6人主持、2人参加的8门课程被评为国家级精品课程,这些课程包括车云霞教授主持的"化学概论"、孟长功教授主持的"无机化学"、高占先教授主持的"有机化学"、刘志广教授主持的"分析化学"、沈文霞教授主持的"物理化学"、李炳瑞教授主持的"结构化学"、叶汝强教授参加的"物理化学"、李士雨参加教授的"化工基础"。

教育部化学化工教学指导委员会委员和全国著名高校的资深教授分别参加了中期检查和验收,他们是:南京大学的姚天扬教授;北京大学的段连运教授、华彤文教授、李克安教授、高盘良教授;复旦大学陆靖教授、徐华龙教授;南开大学袁满雪教授、朱志昂教授、解涛教授;吉林大学宋天佑教授、林英杰教授;武汉大学季振平教授、潘祖亭教授;清华大学李艳梅教授;浙江大学陈恒武教授;天津大学高鸿宾教授;北京科技大学李文军教授;北京师范大学尹冬冬教授等。该项目成果受到评审专家的高度评价,教育部化学化工教学指导委员会化学类教学指导分委员会主任、南京大学姚天扬教授认为"这是一件功德无量的事情"。教育部化学化工教学指导委员会副主任、北京大学段连运教授认为该项目是本届教学指导委员会所做的最重要工作之一。教育部化学化工教学指导委员会副主任、吉林大学宋天佑教授在鉴定会上对这项工作给予了高度评价,他认为"该项目是一项重大教学成果,是继前些年化学试题库建设项目、化学实验改革项目之后又一个涉及许多知名高校、许多知名教授专家共同完成的教学成果。这个教学成果的创新点在于把资源共享的理念创造性地用到化学教学网络素材建设中,形成一个共建共享的资源平台。能够涉及这么多学校、组织起这么多知名教授专家,这是具有中国特色的。所以无论在科学性、创造

性还是实践性上,在化学教学领域中实在是起到了在全国领先作用,具有这种地位"。在项目的鉴定中,来自完成单位之外的5位化学教育专家以及高等教育出版社资深专家朱仁编审和北京师范大学教育技术专家余胜泉教授一致认为,"高等化学资源共建共享平台"是我国化学教学方法和手段改革的一项重大创新成果,对全国化学教学手段现代化和教学质量的提高具有重要作用,处于国内领先地位,具有国际先进水平。

成果完成人:程鹏、车云霞、高占先、张新祥、刘志广、叶汝强、李炳瑞、马玉龙、沈文霞、李士雨、陈六平、裴伟伟、孙宏伟、张宝申

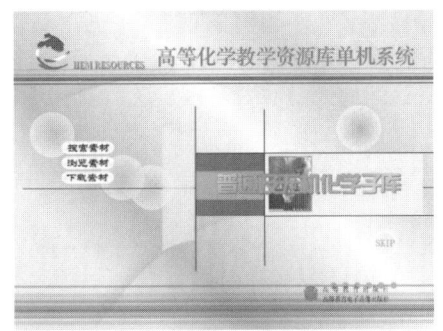
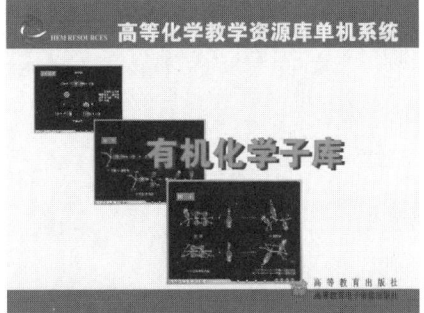
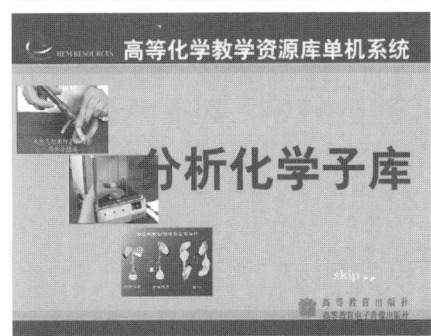
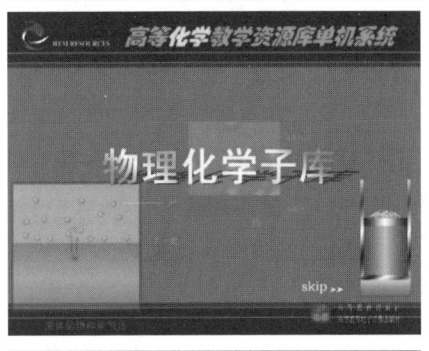

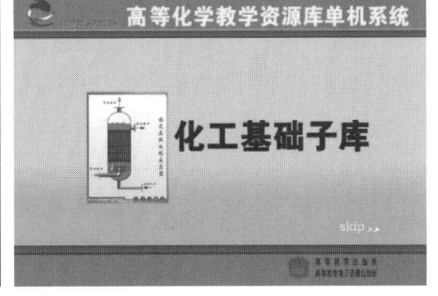

高等化学资源库建设第一次工作会议

国家级教学成果奖
获奖证书

获奖成果：高等化学资源共建共享平台

获 奖 者：程 鹏 车云霞 高占先 张新祥 刘志广
叶汝强 李炳瑞 马玉龙 沈文霞 李士雨
陈六平 裴伟伟 孙宏伟 张宝申等

获奖等级：一等奖

证 书 号：2005024

中华人民共和国
教育部部长：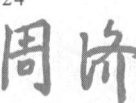

二〇〇五年九月

南开化学百年贡献

成果名称

南开大学近代化学教材系列（教材）

新中国成立后,1952年我国高等教育在党和政府的领导下,有过一次大规模的全面教育体制改革——学习苏联教育经验,推翻半封建半殖民地的旧教育,取得了一定的进步成果。后来"文革"爆发,教育受到了多方摧残和严重破坏,遭受很大损失。在党的十一届三中全会后,拨乱反正、改革开放,教育事业得到恢复和发展,但是改革进步迟缓,滞后于国际和国内经济建设改革发展的形势。

20世纪末,申泮文总结了我国过去50多年教学改革的经验和教训,调研了美国多所世界知名大学的化学教学计划和课程设置,在重视和保留我国优良传统的基础上,结合我国高校的实际情况,构建了高等化学教育科学发展观的理念,创先设计了有前瞻性的"高校化学本科基础课程体系"新课程设置方案,力图以编撰先进、新颖的高等化学教科书来推动我国高等化学教育的深度改革,提高教学质量,培养创新型人才。于是,申泮文广泛邀请校内外专家学者参加新教材的编撰工作,由校内外3位院士、19位教授组成筹建了"南开大学近代化学教材丛书编委会"(详见后文附件,以下简称"编委会"),得到天津市教委和学校教务部门的教材建设经费支持,组编教材工作得以顺利进行。

申泮文①是南开大学无机化学国家级教学团队带头人、南开大学近代化学教材系列丛书编委会主编,是该项成果的总负责人。

申泮文组织校内外力量组建了编委会,积10年努力,编写和出版化学教科书、教学参考书和电子课件等27部32卷册,总字数近1800万(详见附件表格)。编撰教材指导思想明确,以百年诺贝尔化学奖为编撰新教材的背景,展示化学未来发展趋势,实践高等化学教育的科学发展观;重视我国科学家的科学成就,以注重培养学生自主学习能力和发展创新思维为编撰原则;以收录文献的新颖水平达到当今化学学科前沿为编撰的基本要求。其中有以改革创新观点编撰的大一化学教科书《近代化学导论》为排头兵的8部骨干课程教材《近代物理化学》《近代分析化学教程》《近代高分子科学》《无机化学》《化学生物学与生物技术》《基础量子化学与应用》和《简明计算机化学教程》,此外还有在教学中已经应用多年并多次印刷的优秀教材《有机化学》和新兴交叉学科教材《能源化学》《化学电源》等也一并纳入新课程设置方案的教材系列中。

---

① 申泮文先生的生平在本书《氢化物化学》和《〈化学元素周期系〉多媒体教科书软件及教学成果》二文中有介绍,此处不再重复。

主要解决的教学问题是：（1）正确定位大一化学课程的教学内容、教学理念与教材内容的现代化；（2）编撰有前瞻性的系列基础课和专业课新教材；（3）编写与新教材配套的教学参考书和电子课件；（4）将新教材用于教学实践和推广应用，逐步推开改革步伐。

1. 解放思想，破除迷信，纠正历史失误，正确建设大一化学教材

大一化学课程，在国际高校普遍是 General Chemistry，引入我国已有约一百年的历史，当初引入时，把课程名称错误翻译为"普通化学"。新中国成立后，又错误地把此课程内容和名称定为"无机化学"（实际上只是元素化学），与国际高校化学教育要求有很大差距。按照国际标准，General Chemistry 课程的内容和教学目的，应该在"General"字义上作文章，也就是说这门课程是给新生的启蒙课，是向新生全面介绍化学科学总括内容的绪论课。名不正、言不顺，造成了我国这门课程的教学长期处于历史性失误之中。申泮文力排众议，在教学实践和教材建设上，对这项失误进行了矫正，把这门课程正名为"化学概论"（即 General Chemistry），把相应的教材定名为《近代化学导论》（Introduction to Modern Chemistry），以示与国际高等教育并轨。在教材内容上把溶液中的化学平衡理论与定量化学分析的四大滴定合并，减少了教学内容的重复并节省了学时。适应时代发展，教材内容现代化，与时俱进，在教材中增加了"化学的科学发展观和支持人类社会的可持续发展"等教学内容。

经过 10 余年的努力，《近代化学导论》这部教材先后纳入"面向 21 世纪课程教材"（第一版，高等教育出版社，2002）和"十一五"国家级规划教材（第二版，2008）。使用这部教材的课程"化学概论"，2004 年被评为国家级精品课程，建立了远程教学网，受到兄弟院校的欢迎。

2. 无机化学

为端正无机化学课程在高校化学教学计划中的确定地位，申泮文组织国内 10 位专家编撰了一部有我国特色的高年级教材《无机化学》（面向21世纪课程教材，化学工业出版社，2002）专著。

3. 分析化学

由于仪器分析化学的发展，过去手工操作的"化学分析"进入淘汰期，国外高校于 20 世纪 50 年代就淘汰了"定性分析化学"课程，80 年代基本取消了"定量化学分析"课程，但把它作为基础理论保留在大一 General Chemistry 课程中作为溶液化学的组成部分。按照国际现行办法，把原来的

定量化学分析内容经过精简,并入大一化学课程"化学概论"和相应教材《近代化学导论》中,与国际习惯取得一致。

另外,组织国内有丰富实践经验的专家集体编撰了一部仪器分析专著《近代分析化学教程》(高等教育出版社,2005),这也是申泮文课程改革和教材建设的亮点之一。

4. 有机化学

"有机化学"课程教材《有机化学》(南开大学出版社,2003年第二版),是我校已故王积涛教授的名著教科书,在我国化学教育中享有盛名,不仅被大陆多所大专院校选为教材或参考书,甚至为台湾的高校选用,并成为许多自学者首选的畅销书籍,至今已经19次印刷达到52000册。由王永梅教授主持修订的该教材第三版列入"十一五"国家级规划教材。第三版不仅继承了这部教材优秀的传统,还增加了许多与时俱进的新有机化学反应和绿色化学的知识,在每一章的后面增加了许多从文献中精选出的英文文献题目,与实际紧密结合,提高了学生灵活应用所学知识的能力。

与该教材配套的还有《有机化学学习辅导》和《有机化学习题解》等教学参考书,也十分畅销,深受教师和学生的欢迎,为教师教学和学生学习带来方便。

5. 物理化学

南开大学朱志昂教授编撰《近代物理化学》,由科学出版社出版,2004年第三版,2008年第四版,列入"十一五"国家级教材规划。该教材以百年有关物理化学诺贝尔奖获奖项目为相关部分的讲述背景,融汇了近代物理化学学科前沿知识以及作者多年科学研究的成果和教学经验,注重宏观与微观的结合,具有鲜明的创新特色,反映了学科的新进展。

与该教材配套的还有《物理化学学习指导》和《物理化学多媒体网络课件》,是一套一流的立体化教材。该教材长期在南开大学及部分兄弟院校使用,是我国一部享有盛名的畅销教材。

6. 化学生物学

化学生物学是国际上刚刚发展起来的新兴交叉学科,国际上尚未见到有关教材著作,申泮文与华中科技大学徐辉碧教授和武汉大学庞代文教授合作,组编了我国第一部化学生物学专著《化学生物学与生物技术》,中国科学院科学出版基金提供资助,科学出版社2005年出版,这是一部有创新特色的教材。

7. 高分子科学专著

高分子科学在人类社会的可持续发展中,将起到极其重要的作用。为给化学专业学生提供一部全面论述高分子化学、高分子物理学和高分子工程学的综合性教材,申泮文组织张邦华教授主编《近代高分子科学》专著,由化学工业出版社 2005 年出版。该教材将高分子化学、高分子物理学、高分子工程学与本学科的基础理论融汇成一体,具有较高的学术水平。内容新颖,实用性强,是一部难得的高校本科教科书和科学研究参考书,2007 年该教材获得中国石油与化工协会优秀教材二等奖。

8. 双语化学教材

为响应教育部关于加强双语教学的指示,申泮文为本科一年级开设了 2 学分的双语化学入门课,每年选课学生近 300 人。同时他还编撰了专用教材《英汉双语化学入门》,由清华大学出版社出版,2005 年第一版。2008 年第二版,被列入"十一五"国家级教材规划,该教材受到兄弟院校的欢迎和使用。

另外,申泮文自编自印自用的英汉对照双语化学教材 3 部《基本化学原理》《溶液化学初步》《元素化学教程》,校内已经印刷 3 次达 3300 册,供本校学生自用和与兄弟院校之间内部交流使用。

9. 重点建设量子化学与计算机化学教材

在 1998 年诺贝尔化学奖颁奖公报的启发下,申泮文选定量子化学和计算机化学新教材为重点建设教材。2004 年编撰出版了刘靖疆教授的《基础量子化学与应用》(高等教育出版社),该书在国内量子化学教材中首次讲授了量子化学在分子工程学中的应用,是一本前瞻性很强的教科书;2005 年编撰出版了乔园园副研究员的《简明计算机化学教程》(南开大学出版社),该教材是国内外罕见的在篇幅内容与难度上适合本科教学的一部简明教科书。

这两部教材的出版是系列丛书编委会的创新亮点,具有极高的前瞻性和创新性,反映了当代化学科学发展的水平,为推进化学科学进入"严密科学"新时代、逐步进行高校化学课程体制的深度改革在全国率先做出贡献。

10. 有关能源材料化学教材与教学参考书

结合我校创办的材料化学系和新能源材料化学研究所的教学与科学研究的需要,申泮文、陈军教授等编撰了《氢与氢能》《能源化学》《化学

电源》《新能源材料》等教材和教学参考书共 5 部。其中有关清洁和可再生能源内容的《氢与氢能》于 2007 年获得天津市科技进步三等奖。

11. 数字化教学资源与电子课件

申泮文在研制和编写数字化教学资源与电子课件方面的一些早期工作已经获得过 2001 年和 2005 年国家级教学成果奖，在此不再赘述。近年出版的 4 套电子教材多是为骨干课程配套的电子教案。

12. 接受委托翻译引入教材

编委会接受出版社委托，已翻译英语教材两部：

（1）[美]《现代磁性材料原理和应用》，化学工业出版社，2002。

（2）[英]《胶体科学——原理、方法与应用》，化学工业出版社，2008。

南开大学近代化学教材系列丛书

这些翻译教材作为相关课程的主要参考书发挥了重要作用。

该成果主要创新点及社会经济效益体现为：

（1）成果工程巨大，教学效果显著

该成果以编撰先进、新颖的高等化学教科书来实践新课程设置改革方案，推动我国高校化学课程体制的深度改革。尽十年之功，编撰化学基础课程和部分专业课程教材 27 部 32 卷册，总字数近 1800 万。成果工程巨大，教学效果显著，这些教材为提高教学质量和培养创新型人才创造了良好条件，为全国高校化学教学改革作出了显著的贡献。

（2）教材来自课堂教学和教学改革实践的凝练

该成果以《近代化学导论》为代表的《近代物理化学》《有机化学》和《英汉双语化学入门》《简明计算机化学教程》等骨干课程教材，都是南开大学长期应用于课堂教学和教学改革实践的结晶，经过多次印刷和再版凝练而成。

（3）教材成果有前瞻性，居国内领先水平

该教材成果有前瞻性，如《基础量子化学与应用》《近代高分子科学》《化学生物学与生物技术》等每部教材内容都独具创新特色，反映了当代化学科学发展的水平，体现了化学科学的"核心科学"作用。该教材系列成果居国内领先水平。

具体成果影响表现为：

（1）三门基础课程被评为精品课程

使用《近代化学导论》教材的课程"化学概论"2004年被评为国家级精品课程；使用《近代物理化学》教材的课程"物理化学"2008年被评为天津市级精品课程；使用《有机化学》教材的课程2006年被评为校级示范精品课程。这些精品课程开设网站，向全国兄弟院校提供远程教学资源共享。

（2）举办多种形式的教师培训班，教材应用推广、示范辐射作用强

《近代化学导论》《近代物理化学》《有机化学》《无机化学》《英汉双语化学入门》等教材都是国家级规划教材，其中《近代化学导论》《近代物理化学》和《无机化学》教材，在全国高校已经举办了7次教师培训班，共有280多所高校500多人次参加。培训班请来专家作者上课，宣讲教材的新内容、新观点，讲解教学难点等。不少青年教师反映，培训班的学习不仅提高了他们的知识水平，还学习了新的教学方法，对提高他们的授课水平很有帮助。教师培训班的举办使得南开大学的教材和教学改革成果对全国许多高校起到了很好的示范辐射和推广作用。

（3）教材系列中大部分都是国内畅销教材

如2008年统计《有机化学》已经印刷19次，印数达52000册，与之配套的《有机化学习题解》和《有机化学学习辅导》也已经印刷5次，印数达24000册。《近代化学导论》已经印刷2次，印数达11000册。《近代物理化学》已经印刷3次，印数达9000册，与之配套的《物理化学学习指导》已经印刷2次，印数达7000册。《英汉双语化学入门》印数达7000册，《无机化学》印数达5000册，《基础量子化学与应用》印刷2次，印数达4000册；等等。

这些教材对全国高校化学学科系列课程的教学改革提供了有力的支持和帮助，在全国高校有着较大和深远的影响。

（4）专家评价

著名化学家徐光宪院士对《基础量子化学与应用》一书写信给申泮文院士说："昨天刘靖疆同志寄给我他编著的《基础量子化学与应用》，大致翻阅一遍，觉得内容选择很好，既有基础又有应用。因此看到南开大学的教育课程设置方案，反映了21世纪化学的迅速发展，体现了与时俱进的精神，对我国化学教育作出了卓越贡献。"

天津大学王静康院士：《近代化学导论》确实具有创新性，概括了化学发展的脉络，内容从基础到科技发展前沿，和国际接轨，让学生能够找到自己的兴趣点，为将来从事某一方面的专门研究奠定基础。

北京大学苏勉增教授：《近代化学导论》是一部好教材，它可以激发学生学习的主动性和兴趣，解决了多年来元素化学的教学难题。这部教材的另一个特点是对青年学子进行科学世界观和正确人生观的教育，启发了学生的学习热情和创新意识。

西北大学史启祯教授：南开大学的课程设置和近代化学教材系列建设是一项重大的改革，过去一年级的化学叫"无机化学"，讲化学基本原理和元素化学，这种设置严重影响了无机化学50多年的发展。先开"近代化学导论"课，后开"无机化学"课，这种知识结构的定位是十分正确的，所以这项改革是非常有意义的。

复旦大学范康年教授：在盛行只重视SCI论文，不重视教学的风气下，能组织编写出这么多教材是一件很不容易的事情。

北京大学、复旦大学、天津大学、西北大学、湖南大学、大连理工大学等高校的同行专家一致认为："南开大学近代化学教材系列"成果工程巨大，为我国高校化学课程体系的深度改革、提高教学质量和培养创新型人才创造了良好条件，对全国高校化学教学的改革产生了较深远的影响。该项成果具有创新性、科学性、适用性和示范性，是我国化学本科课程及教学改革的一项重大研究成果，达到国内领先水平。该项成果获得2009年国家级教学成果一等奖。

成果完成人：申泮文、刘靖疆、乔园园、朱志昂、何锡文、张邦华、王永梅、陈军、车云霞、李姝

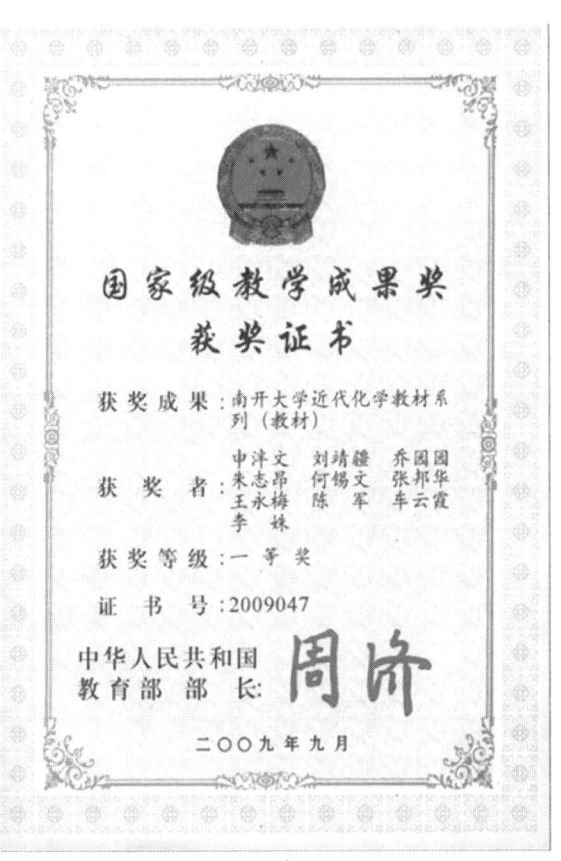

2009年国家教学成果奖证书

附件:"南开大学近代化学教材丛书编委会"教材编写和出版目录

南开大学近代化学教材丛书编委会

主　编　　申泮文院士
副主编　　王积涛教授
编　委　　何锡文教授　　朱志昂教授
　　　　　　袁满雪教授　　程鹏教授
　　　　　　刘靖疆教授　　林少凡教授
　　　　　　张邦华教授　　左育民教授
　　　　　　高如瑜教授　　车云霞教授
　　　　　　王永梅教授　　邱晓航教授
通信编委　姚守拙院士（湖南大学）　　方肇伦院士（东北大学）
　　　　　　宋俊峰教授（西北大学）　　徐辉碧教授（华中科技大学）
　　　　　　庞代文教授（武汉大学）　　陈亮教授（山西大学）
　　　　　　李玉生高级研究员（航空航天工业部）
　　　　　　王华正高级研究员（航空航天工业部）

表 I　高校化学基础课程和部分专业课程教材 15 部共 19 卷册

编号	教材名称	著作人	字数（万）	出版日期或版次	出版社
1	有机化学	王积涛 王永梅等	126	2003 年第二版，2008 年第三版（"十一五"国家级规划教材）	南开大学出版社
2	近代化学导论（上、下册）	申泮文等	100 105	2002 年第一版（面向 21 世纪课程教材），2008 年第二版（"十一五"国家级规划教材）	高等教育出版社（提供教材建设费）
3	基础量子化学与应用	刘靖疆	78	2004 年第一版	高等教育出版社
4	简明计算机化学教程	乔园园等	40	2005 年第一版	南开大学出版社
5	近代物理化学（上、下册）	朱志昂	100	2004 年第三版（国家理科基地规划教材），2008 年第四版（"十一五"国家级规划教材）	科学出版社

续表

编号	教材名称	著作人	字数（万）	出版日期或版次	出版社
6	化学生物学与生物技术	申泮文 徐辉碧 庞代文	60	2005年第一版	科学出版社（科学出版基金资助）
7	近代分析化学教程	何锡文等	120	2005年第一版	高等教育出版社（提供教材建设费）
8	近代高分子科学	张邦华等	120	2005年第一版（石油化工优秀教材二等奖）	化学工业出版社
9	无机化学	申泮文等	70	2002年第一版（面向21世纪课程教材），第二版（"十一五"国家级规划教材）	化学工业出版社
10	英汉双语化学入门	申泮文等	18	2005年第一版，2008年第二版（"十一五"国家级规划教材）	清华大学出版社
11	能源化学	陈军等	33.2	2004年第一版（21世纪化学丛书）	化学工业出版社
12	化学电源——原理、技术与应用	陈军等	79.2	2006年第一版	化学工业出版社
13	胶体科学——原理、方法与应用	[英]译汉 李牛、李姝等译	60	2008年出版（国外优秀化学著作译丛）	化学工业出版社
14	现代磁性材料原理和应用	[美]译汉 周永洽等	63	2002年出版	化学工业出版社
15	英汉对照双语化学： （1）基本化学原理 （2）溶液化学初步 （3）元素化学教程	申泮文等	60 50 80	2004年第三次印刷 2004年第三次印刷 2004年第三次印刷	南开大学校内印刷校际内部交流

表Ⅱ 与教材配套的教学参考书8部

编号	著作名称	著作人	字数（万）	出版日期或计划	出版社
1	新能源材料	陈军等	12.5	2003年第一版 2004年第一版（台湾）	化学工业出版社 五南图书出版股份有限公司（台湾，繁体版）
2	镍氢二次电池	陈军等	32.2	2006年第一版	化学工业出版社
3	氢与氢能	申泮文	15	2000年出版（2006年天津市科技进步三等奖）	南开大学出版社
4	物理化学学习指导	朱志昂等	64	2006年第一版	科学出版社
5	有机化学习题解	庞美丽等	35.2	2004年第一版	南开大学出版社
6	有机化学学习辅导	张宝申等	28.3	2004年第一版	南开大学出版社
7	有机化学提要、例题和习题	王永梅等	58	2009年第二版	南开大学出版社
8	化合物辞典	申泮文 王积涛等	169	2002年出版（第五届中国辞书奖二等奖）	上海辞书出版社

表Ⅲ 与主课教材配套的数字化教学资源与电子课件4部，总计容量1000多兆

编号	数字化教学资料或电子课件名称	作者	信息量	出版日期	出版单位	获奖情况
1	《无机化学》电子教案	申泮文等	1张光盘	2004年	化学工业出版社	
2	《基础化学》电子教案	车云霞等	1张光盘	2003年	高等教育出版社	"十五"国家级规划教材
3	新世纪网络课程——《普通化学》	车云霞等	1张光盘	2002年	高等教育出版社	教育部网络课程项目验收优秀
4	《原子核与原子核反应》	申泮文 车云霞等	1张光盘	2001年	高等教育出版社	第五届"挑战杯"大学生课外学术作品竞赛二等奖；天津市教委CAI优秀课件二等奖

南开化学百年贡献

成果名称

多媒体辅助有机化学及生物教学

20 世纪 90 年代发展起来的多媒体技术，能够将文字、声音、图像、动画、计算、音乐等多种素材进行综合，使原来单调呆板的软件界面变得生动活泼。对于教学而言，采用多媒体技术能够展现在平面和静止的画面下很难表达的内容，有效提高教学效率。多媒体教学软件与印刷教材既有共同点，又存在差异。与印刷教材相比，教学软件在内容上应该有所取舍，不应该完全照搬印刷教材。同时，它还应当具有友好界面，能进行人机对话，这也是它的特点与优势。

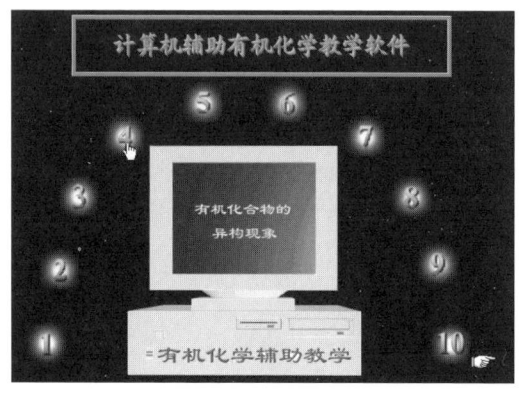

目前一般的教学软件除了展现教学内容之外，在人机对话方面则比较单调，基本上是单向的方式，即软件提问并给出多个结果，由用户选择自己认为正确的结果。真正意义上的人机对话，应当允许在一定范围内，由用户提出问题，而由计算机回答，也就是具有人工智能。人工智能的研究，是近年来国际上的一个研究热点，也是重点之一。例如，有机化合物的异构现象中，光学异构体的 R/S 构型判断和顺反异构体的 Z/E 构型的判断是教学的重点与难点。NK-Model 是我们自行研制的软件，具有化学分子平面和立体结构式的输入和输出功能，也就是具有结构式的识别功能。用户可以利用鼠标任意输入结构式，并能有多种不同的模型显示，如球棒模型、骨架模型、CPK 模型等。这个软件还能应用分子力学进行分子构象的优化，也可以进行量子力学计算，给出相应的物理化学数据。应用 NK-Model，用户输入结构式后，软件可以自动判别并给出该化合物中有关的构型标示，也可以通过计算来确定分子的各种构象中，哪一种是优势构象。因此，我们的教学软件就能够设计许多过去不能在计算机上做的题目，从而大大提高习题的水平和学习效果。

我们在这些相关研究工作的基础上，承接了"九五"攻关项目"计算机辅助教学软件研制开发与应用"的子课题"高等化学 CAI-多媒体辅助有机化学教学",开展了多媒体辅助有机化学及生物教学的软件开发工作。

林少凡教授,1935 年出生于武汉,1958 年毕业于南开大学化学系,1966 年在职研究生毕业,退休前为南开大学化学院教授、博士生导师。曾任南开大学中心实验室主任,南开大学理科教务长。

林少凡教授是国内开展计算机化学研究和教学的先驱者之一,更是南开大学将计算机技术引入化学教学及科研的第一人。他在 X 射线衍射数据计算机处理方面作出了突出贡献,具有国际影响。20 世纪 90 年代,他承担的国家自然科学基金项目"有机物合成路线的计算机辅助设计"和"有机物合成路线的人工智能设计",开创性地引入计算机技术对有机合成路线进行数据化和智能化处理,成为国内最早开展该领域研究的探索者。在计算机辅助教学方面,他领衔的《多媒体辅助有机化学及生物教学》获国家教学成果二等奖(1997 年),与申泮文院士合作的《化学元素周期》多媒体教科书软件及教学成果获国家教学成果一级奖(2001 年)。

他发表的科研期刊论文超过 100 篇,学术会议论文 39 篇,出版电子教材 3 部。培养博士研究生 10 人,硕士研究生 47 人。

"多媒体辅助有机化学及生物教学"项目的目标,是研制一套具有教学功能,应用于基础有机化学、生物学的多媒体教学软件。

有机化学部分包括十个章节。

1. 有机化合物的中文命名

这是对有机化学基础的一个内容全面而详细的讲解,对各种类型的有机化合物、官能团都给出中文名称。

2. 有机化合物的英文命名

对第 1 章各种类型的有机化合物、官能团都给出英文名称,并配有英语发音。

3. 原子轨道杂化及分子轨道理论

这是有机化学的理论基础。在这一章中,所有轨道均附有三维彩色真实图像。

4. 有机化合物的异构现象

包括构造异构和立体异构全部内容,并配有三维动画。

5. 有机反应历程

介绍的是有机反应历程,大量使用二维和三维动画来介绍基本单元历程的表达方式，以及脂肪族亲电加成、亲核加成、亲核取代等反应历程。

6. 薄层色谱

色谱展开条件的选择是必须进行的工作，而过去都是通过反复试验来加以确定，需要花费大量时间。现在，项目组建立了分离条件的数学模型，开发了具有展开体系自动优化程序。用户只要进行少量实验，把相应数据输入后，软件自动进行条件优化，给出分离条件，并能用动画来表现模拟的色谱实验情况。

7. 核磁共振

包括对氢谱和碳谱的讲解，并附有含 400 多张谱图的一个图库。

8. 有机质谱

在这章中，也有相应的人工智能化部分。由于条件的限制，很多用户不可能亲自进行质谱实验，要想知道自己对于某一化合物的质谱分析的推断是否正确，是十分困难的事情，因为查找相应的谱图或数据很不容易。在我们这个软件中，用户只要输入一个化合物的结构式，软件就能自动给出这个化合物的理论谱图，以及相应的裂分方式。这对于学生学习无疑是十分有用的。

9. NK-Model

NK-Model 则是一个功能强大、实用简单的操作平台。它能通过鼠标输入有机化合物的结构式，并以五种不同的模式进行显示；能自动判断所输入结构的（R，S），（Z，E）以及环状化合物上取代基的顺反关系，能对所输入的化合物进行构象优化并给出分子中的键长、键角、二面角、表面积、体积等数据。

10. 习题

本章的习题，是以 NK-Model 为基础，极大地拓展了教学软件的实用功能。前面已经谈到，目前一般的学习软件，只能进行多重选择题的练习，这对于学生来说，是远远不够的。在我们设计的习题中，由于 NK-Model 这个软件能自动识别结构式，所以能够要求用户直接键入化合物名称或画出结构式，计算机能够判断答案是否正确（包括 R/S 和 Z/E 等），这样一来，许多过去不能在计算机上做的题目，现在都可以很方便地进行练习，从而提高了习题的水平和学习效果。

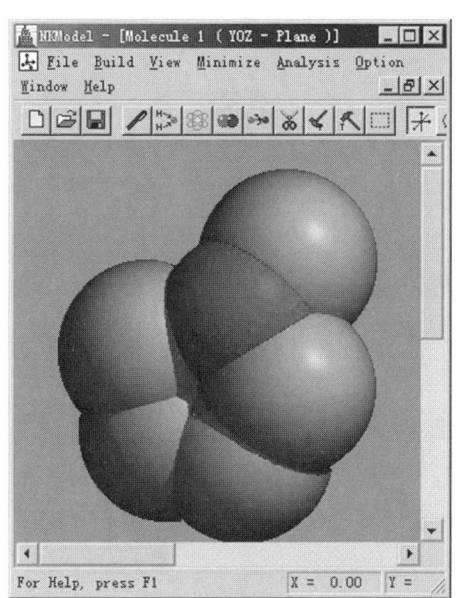

这款软件曾于 1996 年获天津市普通高等学校教学成果一等奖、南开大学教学成果一等奖，1997 年获国家级教学成果奖的二等奖。按《计算机辅助教学软件制作规范》和高等教育出版社对出版物的统一要求，团队于 1998 年 9 月完善了全部章节的内容。1998 年 9 月至 12 月期间进行测试和修改。1999 年 1 月进行打包、封面设计和撰写使用说明书。1999 年 2 月初以《计算机多媒体辅助有机化学教学》的光盘形式寄交高等教育出版社审查出版，出版物编号 ISBN 7-900015-83-3。由卜文俊教授负责的生物教学软件也获得了广泛的好评。

成果完成人：林少凡、卜文俊、唐士雄、马宝全、张金碚

国家级教学成果奖
获奖证书

获 奖 成 果：多媒体辅助有机化学及生物教学

获 奖 者：林少凡　卜文俊　唐士雄
　　　　　　马宝全　张金碚

获 奖 等 级：二等奖

证　书　号：1997-2-061-2

中华人民共和国
国家教育委员会主任　朱开轩

一九九七年十月二十四日

一九九六年普通高等学校

教学成果

获奖证书

获奖项目：多媒体辅助有机化学及生物教学

获 奖 者：南开大学

林少凡　卜文俊　鲁世雄
马宝全　张金碚

奖励等级：

天津市一等奖

天津市人民政府

证书编号　　一九九七年九月　日

南开化学百年贡献

成果名称

深化化学课程体系改革，创建『化学概论』精品课程在我国参加世界贸易组织并进入新的 21 世纪之际,在教育部 2001 年《关于加强高等学校本科教学工作提高教学质量》的 4 号文件和科技部、教育部 2002 年联合发布的《关于发挥高等学校科技创新作用》的 202 号文件的指导下,申泮文总结了过去 50 多年教学改革的经验和教训,对百年诺贝尔化学奖的历史作了分析、统计和归纳,得出重要启示,编撰出一篇《回顾百年诺贝尔化学奖,展望中国高等化学教学改革的发展趋势》的报告,指出我们应该学习西方特别是美国著名大学的先进办学经验,他山之石可以攻玉。为此,申泮文调研了美国多所世界知名大学的化学教育计划,结合我国高等教育的优良传统,取长补短,修订了化学专业的原教学计划和课程设置,设计出"高校化学本科基础课程体系"的火箭示意图,改革课程体系和教学内容,提出新的教学改革方案。

新的教学改革方案说明,高校化学本科的课程设置应以"化学概论"为先导,"实验化学"和"物理化学"为主体,"无机化学""近代分析化学"和"有机化学"并列作为课程体系的比翼助推器。在这个思想指导下,在大一年级开设"化学概论"课,在三年级开设"无机化学"课,使其内容与国际水平接轨,并以这两门课程为定盘星,合理安排其他必修课程。

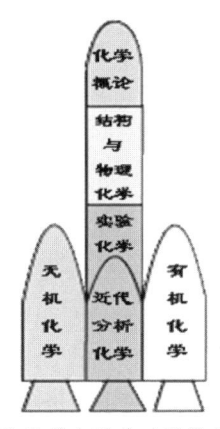

"高校化学本科基础课程体系"火箭示意图

"化学概论"课程是化学等专业学生入学后学习的第一门专业基础课,是为具体落实申泮文教学改革思想和化学课程体系改革方案,在化学学院进行教学改革的试点。经过 7 年的建设,该课程的部分改革内容之一,元素化学部分的教学,即《化学元素周期系》多媒体教科书软件及教学成果获得 2001 年国家级教学成果一等奖。2005 年的教学成果奖是在原工作的基础上,进一步深化对"化学概论"课程教学内容的改革、立体化教材建设、注重人才培养等方面工作的成果,具体体现在创建了"化学概论"国家级精品课程。

申泮文[①]是新教学改革思想的提出者和新教学改革方案的设计者,在"化学概论"课程的具体改革中担任指导工作,是该项成果总负责人。

---

① 申泮文先生的生平在本书《氢化物化学》和《〈化学元素周期系〉多媒体教科书软件及教学成果》二文中有介绍,此处不再重复。

1. 设计化学课程体系改革新方案，教改指导思想具有科学性和前瞻性

申泮文设计出"高校化学本科基础课程体系"新教学改革方案，在一年级开设的"化学概论"课，是化学学科概貌的引论课，它相当于化学的一个总纲，其内容囊括化学的各个领域，学生通过对化学学科在科学体系中的位置及与其他相关学科的关系，特别是它的分支学科与边缘交叉学科在进入新世纪的发展趋势等的认识与了解，对学生进行化学学科的广泛通才教育，有利于提高学生对化学的兴趣。另外，由于化学科学的迅猛发展，无机化学现在已经发展成为包揽多种方向的丰富多彩的学科了，不能简单地用元素化学代替无机化学，"无机化学"应该是一门高年级课程，不能是一年级的课程。

2. 推动课程体系全面改革的教材编写计划

申泮文组织了"南开大学近代化学教材丛书编辑委员会"，投入巨大人力物力，组织编撰课程体系改革新方案需要的全套新教材，如为"化学概论"课程编写的 2 部教材《近代化学导论》（上下册）、《化学元素周期系》，和为三年级"无机化学"课程编写的《无机化学》等。

为"化学概论"和"无机化学"课程编写的部分教材

3. 化学课程体系改革新方案在"化学概论"课程中的具体实施

（1）大力度改革教学内容，与国际水平接轨

参考国外最新和最畅销的化学基础课教材，对"化学概论"课程的教学内容进行了大力度改革，教学内容与国际水平接轨，将该课程教学内容分为4个部分：

① 化学基本原理，这部分内容未做大的改动。

② 溶液平衡和定量化学分析，把溶液平衡和定量化学分析内容相结合，合并授课，在讲授溶液平衡理论的同时，定量化学分析作为理论的实际应用，理论与实践密切结合，增强了课程与课程之间的有机联系，既减少了教学内容上的重复，又节省了学时，学习的针对性更强，这部分内容的改革在国内高校理科化学专业尚不多见。

③ 元素化学部分，这部分教学内容和教学方法的改革，及配套的多媒体课件《化学元素周期系》，获得2001年国家级教学成果一等奖，这些成功的经验已经在整个课程中使用、发展和进一步深化。

④ 近代化学热点专题，结合我国高科技的最新发展，增加编写6篇近代化学热点专题内容，它们是"原子核化学""能源化学""环境化学""材料化学""生命化学"和"回顾百年诺贝尔化学奖，展望21世纪化学科学的发展趋势"专题，这些专题体现了当今化学科学是近代科学技术的中心学科，给学生以巨大鼓舞，提高学生的学习兴趣和树立毕生追求的志向。

（2）教材建设立体化，成果丰硕，达到国内领先水平

教学改革，教材建设是根本，多年来申泮文课题组以极大的工作量从事"化学概论"课程教材的建设工作，编写了与课程改革方案相适应的、具有南开特色的新教科书、参考书，以及配套的多媒体教学课件，形成多种媒体有机结合的立体化教材，为教师教学、学生自学提供服务，全面推进了素质教育。

纸质教材中2部（《近代化学导论》和《无机化学》）被列为"面向21世纪课程教材"；编著英汉对照双语化学教材丛书1套（供校际交流、学生自学）；出版音像多媒体课件5部；编制近代化学热点资料集锦VCD光盘6部（供校际交流）；课程网络资源丰富。

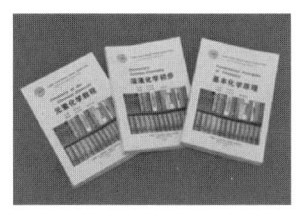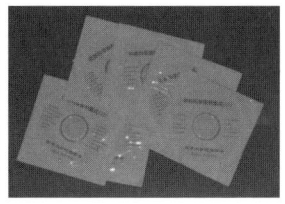

为课程服务的多种媒体结合的立体化教材

"化学概论"精品课程网站

(3) 教学方法和手段现代化,缩减学时,提高教学质量和教学效率

使用大屏幕课堂讲授与学生上机自学相结合的教学方式,既缩减学时,又增大知识信息量,提高教学质量和教学效率,还锻炼和培养了学生自主学习的能力。在旧教学计划中"化学概论"课程为 120 学时,其中"定量化学分析"内容 36 学时,改革后,全课程授课仅需 96 学时。

(4) 院士、教授主讲基础课程

"化学概论"课程教学内容第 4 部分的近代化学热点专题,不占学时,由富有声望的申泮文院士给学生作高级科普报告,边专题报告边 VCD 演示,图文并茂,寓教于乐,开辟了专业教育的新模式,提高了学生的学习兴趣,开阔了学生的眼界。

配合课程的双语教学,除自行编写英汉对照双语化学教材丛书外,申泮文院士给一年级学生开设了"英汉双语化学入门"1学分的课程，指导学生学习化学英语自学成才的方法，深受学生欢迎。

1997年由有丰富教学经验的申泮文院士主讲第一届"化学概论"课程后，即由车云霞教授接任主讲该课程。

（5）教学改革中的人才培养

教学改革的关键在于教师的质量，申泮文提出"培养高层次人才立足于国内"的主张，恢复助教制度，同时在职培养直接攻博，寓工作与培养于同时，既提高教育学生的质量，又同步培养优秀的教学主讲人才，这是培养高层次人才最快捷的人才成长途径。申泮文说："我几十年来一直坚持教学岗位，体会到教学工作绝非一日之功，高等学校应该有一条培养优秀主讲教师的途径，南开大学往昔培养吴大猷等名教授的途径，是培养懂得教学规律的名师的正确途径。"

另外，在培养学生成为创新型人才方面也有独特之处，申泮文组织的师生课外社团"南开大学化软学会"（Nankai Chemisoft Society），组织学有余力的优秀学生，利用课余时间在教师指导下研制多媒体课件，大家互教互学，以具体课件为靶子，集体攻关。学生的工作成果是有偿服务，给以一定报酬。集课余休闲、教学改革、学习培养、勤工俭学、创造成果于一体，在出成果、出人才两个方面达到双赢效果。从化软学会毕业的学生，既是化学方面的专业人才，又是有熟练计算机技术的人才，许多学生考取了高级程序员或微软工程师的资格，深受用人单位的青睐，为交叉学科人才的培养独辟蹊径。

1. 教学改革指导思想具有科学性和前瞻性，反映了当代科学发展的水平，提出的化学课程体系改革新方案设计合理。

2. 对"化学概论"课程内容进行了大力度的改革：把溶液平衡和定量化学分析内容相结合，合并授课，并增加6篇近代化学热点内容，教学内容与国际水平接轨。

3. "化学概论"课程教材建设立体化，教学方法和手段现代化，成果丰硕。

4. 注重高层次、创新型人才培养立足国内，恢复助教制度，成立师生课外社团"化软学会"，为交叉学科人才培养独辟蹊径。

5. 教学成果有特色，有创新，在教学改革方面迈出重大步伐，是我国化学本科基础课程体系教学改革的一项重大研究成果，达到国内领先水平。

校内外同行专家认为,申泮文多年奋战在教学改革一线,提出的改革新方案设计合理,反映了当代科学发展的水平,改革的深度和广度大。编撰改革需要的新教材有特色,有创新,为提高教学质量和培养创新型人才创造了良好条件,此项工程巨大,对化学课程体系的改革有深远的影响。

"化学概论"课程在有丰富教学经验的申泮文指导下,在教学内容、教学方法和手段等方面进行了大胆的改革,该课程在全国最早开展多媒体教学,取得了丰硕的教学成果和可以向外推广的经验,在教育部和高等教育出版社主持下,举办了4次全国高校教师培训班,共有200多所高校300多名教师参加,该课程的教改模式普遍受到兄弟院校同行们的赞赏和支持。

申泮文课题组还多次向天津市兄弟院校赠送教学研究和改革的成果,如多媒体教学光盘和新编教材等。与全国20多所高校建立了协作,多次在各层次教学工作会议上和兄弟高校作报告,在兄弟院校有较大的影响。如广西师范大学在《大学化学》2004年第19卷第4期刊登文章《通过校际协作促进化学教育改革》,详细介绍了他们在大一年级开设"化学概论"课程,促进教育改革的经验。再如延边大学说,在使用了"化学概论"的教材和教学改革的方案后,推动了他们学校的教学改革,他们已有3门基础课程被评为吉林省优秀课程等等。

2002年(北京)在第17届国际化学教育大会和2003年(桂林)第七届全国大学化学教学研讨会暨第二届海峡两岸化学教学研讨会上,申泮文被大会邀请作主题报告,他的教学改革思想、化学本科课程体系的改革方案、在"化学概论"课程中的具体改革措施,以及培养高层次人才立足于国内的主张,受到国内外与会代表的热烈欢迎和一致赞同,在国内外产生很大的影响,起到很好的示范推广作用。

申泮文课题组承担多项教育部、天津市和学校的教学改革项目,获得与"化学概论"课程改革相关的经费达60多万元,发表教学研究论文30余篇。

"化学概论"课程2003年被评为教育部国家理科基地名牌课程,在教育部"新世纪网络课程建设工程"项目中被评为"优秀项目";2004年被评为天津市级精品课程和国家级精品课程;2005年获得国家级教学成果二等奖。

成果完成人:申泮文、车云霞、李姝、阎晓琦、刘双喜

2005年国家教学成果奖证书

南开化学百年贡献

成果名称

理工复合型人才培养的改革与实践

随着21世纪知识经济的发展和我国加入世界贸易组织（WTO），在分子水平上研究物质的化学及其相关的产业面临许多新的机遇和挑战。高新技术的发展对新型功能性化学材料和产品提出了更高的要求。可持续发展战略的实施对环境、能源、资源等也提出了许多亟待解决的课题。在日益激烈的市场竞争中，从分子水平设计和制造新物质、新型功能材料的研制和开发、传统工业过程的改造等课题对人才的知识和能力结构提出了新的需求。主要表现在：（1）需要大量德才兼备、具备扎实专业基础知识和较强动手实践能力的理工结合的专业技术人才。（2）化学化工专业范围的扩大和跨学科发展愈来愈明显，而且成为高新科技不可缺少的技术。化工学科的内容已从过去的宏观层次逐步发展到介观、亚微观、微观及大宏观的多层次学科，化学学科的内容已从过去的原子、分子层次逐步发展到超分子、介观的多层次学科，化学化工的逐步融合已成为国际的趋势。因此，化学化工本科教育视野的深度也要相应扩大，如一些大学已将"化学工程系"改称"化学及分子工程系"。（3）就业观念和就业形势发生变化使得化学化工专业毕业生参与到愈来愈广泛的各类技术工作中，导致化学化工专业界限更加淡化，化学化工专业需要进行新的融合与优化。（4）加入WTO后，为加速我国教育全球化与国际交流，必须推行与国际本科教育接轨的培养方案，以适应国际市场经济下的人才需求，本科教育应逐步走向国际化。

为了培养适应新形势的理工复合型专业人才，南开大学化学学院和天津大学化工学院从2001年开始，在教育部的支持下，充分利用各自的办学优势和特点，按照"独立办学，紧密合作"的原则，通过开放校园、互开课程等方式，实现了优势互补，资源共享，构建了与高校合并办学不同的合作模式，本着"高起点、高标准、创特色、建一流"的原则，合作创办了"分子科学与工程"新专业，成为两校合作办学的一个突出亮点，得到了教育部的高度认可，并专门设立了全新专业代码"070304T"。该专业从2003年开始招生，南开大学和天津大学各招收30人，统一管理，共同培养。

南开大学和天津大学是教育部直属的重点大学。南开大学化学学院和天津大学化工学院是两校最具优势和影响力的学院，拥有两院院士10名，国家级教学名师3人，国家杰出青年基金获得者17人，教育部长江学者特聘教授14人，长江学者讲座教授1人，教育部跨世纪人才和天津市特聘教

授 20 人，教授和博士生导师 159 人，具有博士学位的高层次青年教师 224 人。拥有国家级基础科学人才培养（化学）基地 1 个、国家级化学实验教学中心 2 个，国家级重点学科 8 个（有机化学、农药学、高分子化学与物理、无机化学、分析化学、化学工程、生物化工、工业催化）。在 2006 年教育部最新的学科评估中，南开大学化学学科与天津大学化学工程与技术学科均被评为全国第一名（以上均为 2008 年数据）。

依托强大的学科优势，分子科学与工程专业从开始建立便有了充分的发展空间，为培养理工复合型人才打下了坚实的基础。为了充分利用两校各自在基础理论和工程技术领域的优势，两校对合办专业的学生实行两年轮换制的培养方式，即一、二年级在南开大学学习基础理论知识，三、四年级在天津大学学习工程技术领域的知识内容，毕业实习以及毕业论文（设计）指导工作由两校共同承担。该专业实施双学位制，即如果学生正常完成最低学分（当时是 214 学分）的教学计划，则由两校为其颁发两个学位证书，即南开大学颁发的理学学士和天津大学颁发的工学学士证书。两校共同制定了该专业的培养方案，培养方案的特色是既体现理工结合，又体现两校在各自学科方面的特色，两个专业的任课教师，由两校共同择优聘请。

"分子科学与工程"专业的办学思路是：（1）发挥优势：结合南开大学化学学科的优势和天津大学化工学科的强大优势。（2）突出创新：该专业既不同于传统的化学、化工类专业，更非化学与化工专业的简单加和，它注重用分子层次的理论和知识解决化学以及相关的环境、材料和生命科学的问题，同时立足于国家亟待发展的功能性化学新产品研究、开发与产业化的需求，优化化学与化工教学内容，增添新的交叉学科知识。（3）培养复合型人才：培养适应国家发展需要的，具有良好人文素质和宽广深厚的化学、化工基础，具有较强的创新意识、基础科学研究能力和功能性化学新产品研发与产业化能力，德、智、体、美全面发展的复合型人才。

分子科学与工程专业的培养目标是：培养适应社会主义现代化建设需要的，德智体美全面发展的，具备分子科学与工程方面的知识、设计与研究能力和一定的国际交流能力的宽基础、高素质、具有创新精神与实践能力的复合型科学技术和管理人才。学生毕业后具有广泛的适应性，可到化工、能源、信息、材料、环保、生物工程、轻工、制药、食品、冶金或相关行业及部门从事科学研究、技术开发、工程设计、技术管理工作和教学工作。同时，本专业学生将以较高比例进入研究生阶段深造，主要从事科学研究与新技术开发工作。

分子科学与工程专业毕业生应获得以下几方面的知识和能力：（1）掌握马克思主义基本原理、毛泽东思想、邓小平理论和"三个代表"重要思想，品德高尚，身心素质好。（2）掌握分子科学与工程、化学工程等学科的基本理论、基本知识。（3）掌握分子设计方法、化工过程模拟优化方法，以及化工工艺与设备的设计方法。（4）具有对化工新产品、新工艺、新技术和新设备进行研究、开发和设计的初步能力。（5）了解国家对于化工生产、设计、环保等方面的方针、政策和法规。（6）了解化学、化学工程学科的理论前沿和发展动态。（7）掌握文献检索、资料查询及运用现代信息技术获取相关信息的基本方法，具有一定的科学研究和实际工作能力。（8）具有创新意识和独立获取新知识的能力。（9）具有一定的国际交流能力。

自 2003 年两校合作开办"分子科学与工程"专业以来，两校共同努力，探索化学化工类复合型人才培养的方案和经验。主要取得了以下成果：

1. 经过广泛调研，首先确定了"分子科学与工程"专业的建设目标：以素质教育为指针，全面实施高等教育质量工程；以国际一流大学为参照，大胆借鉴世界先进国家高等教育改革的有益经验；以化学化工学科 21 世纪发展趋势与基本特征为出发点，剖析 21 世纪科技与社会发展对化学化工复合型创新人才综合素质的基本要求，注重学生创新精神和实践能力的培养，注意学生的个性发展，因材施教。

2. 构建并完善了一整套化学化工类交叉学科复合型人才培养体系与培养方案：（1）将课程划分为人文与社会科学、训练与健康、数学与自然科学、学科基础与专业、创新与研修等五个课程体系，调整知识结构，使之适合培养理工结合复合型创新人才。（2）优化教学内容，突出创新能力的培养。(i) 与主修单一学位比较，不过多增加四年学习的总学时（学分），毕业最低学分设定为 214，使学生有充分的时间自学与思考问题以及广泛阅读参考资料。(ii) 增加了具有分子科学特点的课程，减少两校所开的重复课程。(iii) 调整了各学年课程的学时分配，使之更加合理。(iv) 增加选修课的数量，注重增加专业覆盖面；将选修课程设为理（主要由南开大学教师授课）、工（主要由天津大学教师授课）、理工结合（两校课程结合）三大模块，引导学生根据自己的兴趣和发展需要选择相应的模块。(v) 增加双语教学课程比例，如将过程分析与合成、绿色化学工艺学、分子催化等改为双语课程。（vi）开设化学和化工综合型实验，实验包括产品设计、合成、分离、表征等多个层次和多个方面的内容。（vii）开设了深受学生欢迎的"分子科学与工程前沿"课，请在各自研究领域作出突出成绩的教授们结合自己的研究方向将最新的学科前沿研究成果介绍给学生们，使学生们对国际上学科发展的最新动态有了充分的了解，激发了学生们对科学研究的兴趣。

3. 改革教学方法，重视实践类教学，培养学生创新精神，提高创新能力：（1）推行启发式教学，引导思维；鼓励一门课程多本教材或参考书；推行人文素质教育与专业教育的有机结合。（2）高度重视实践类教学环节，增加综合型、设计型、自主型实验；增加计算机辅助设计和分子模拟相关设计内容。（3）为了提高学生写作水平和表达能力，开设"调研及学术报告"课程，要求学生作科研和社会调查报告。科研报告要求学生自己选题、查资料、针对主题进行分析综述并提出自己的观点，并鼓励学生用英语表达。该报告对于培养学生的科研能力及写作、表达能力具有重要的作用。社会调查报告要求学生充分接触社会，针对某个社会问题进行调查并形成报告，该报告有利于督促学生深入社会，认识社会，并提高学生与人交往的能力。

4. 建立学生参加创新活动的机制：（1）在评审各级创新基金等课外科技活动中向分子科学与工程专业的学生倾斜，为学生们努力争取更多的机会参与科研创新活动。（2）确定在分子科学与工程专业设立学术导师的制度，为所有学生配备专业指导教师，一般一名指导教师指导一至两名学生。从一年级开始直到毕业，指导教师负责指导学生专业学习，参加课外创新实践活动等，以提高学生从事创新活动的机会和兴趣。

5. 建立学生学习的激励机制和淘汰机制：（1）在推荐保送研究生时充分考虑分子科学与工程专业的课程特点，在保送政策上有所宽松，增加了本专业的保送生人数。（2）对学习成绩下降、明显跟不上课程进度的学生允许在院内自由转专业，不受全院转专业人数的限制，而且在毕业时不受原专业特定课程成绩的影响。

6. 改进教学管理机制，创造利于创新人才培养的学习环境：（1）为充分利用两校各自在基础理论和工程技术领域的优势，对学生实行两年轮换制的培养方式，即一、二年级在南开大学学习，教学和管理主要由南开大学负责；三、四年级在天津大学学习，教学和管理主要由天津大学负责。

（2）学生户口、身份证、学籍由录取学校统一办理，为便于管理实行"一正式，一临时"的学生证管理方法，即学生学籍所在学校发放正式学生证，对方学校发放临时学生证。（3）为学生同时发放两校图书证、银行卡及饭卡，以满足学生的学习及生活需求。（4）学生奖惩按属地原则进行，即各类奖学金评定、优秀学生干部、三好生、优秀学生的评选工作以及学生违纪处罚按学生学习所在学校的标准进行。当学生违纪处罚涉及毕业及学位问题时按照出口一致的原则，即按两校处罚措施中较低一方的标准进行处理。（5）学生可在学习学校参加各种党、团活动，两年后学生的组织关系将调转到对方学校。（6）学生毕业实习、毕业论文（设计）的指导工作及毕业资格审查工作由两校共同承担。学生可不受所属学校限制，互选导师进行毕业论文工作。（7）实施双学位制，颁发两个证书，即一个南开大学颁发的理学学士证书，一个天津大学颁发的工学学士证书。同时制定一个学位的学分要求，当学生不能获得双学位时，即按一个学位学分要求审核，颁发原学籍所在学校的学位证书。（8）定期召开两校联席会议，由两校教务处领导、学院领导和教学管理人员参加，对本专业的办学情况进行认真的分析，及时总结经验，制订了相应的办法，保证了教学计划的正常运行。（9）两校针对该专业各配备一个班导师，两个班导师紧密合作，不论学生属于哪个学校，都进行统一管理。（10）在每个学期开始，召开一次座谈会，座谈会主要对上一学期的学习进行总结，并介绍新学期的主要课程，明确各门课程之间的关系，课程的学习目的并结合专业特点进行学习。每届毕业生毕业前夕，召开毕业生座谈会，听取学生的意见，以便真实了解学生的情况。

合作办学的成功经验为教育部高度重视，为培养高水平复合型人才开辟了一条新路。该成果建立了一整套适于培养复合型创新人才的培养模式，包括课程体系、教学计划、课外创新活动机制、奖励与淘汰机制、管理机制等。通过几年的实践证明，这种培养模式对复合型创新人才的培养起到了重要作用，为同类学校交叉学科人才的培养提供了经验与借鉴。"化学化工类交叉学科人才培养改革与实践"被列为2006年教育部高等理工教育教学改革与实践重点项目并在验收时评为优秀。

该项目培养了学生理科和工科的不同思维方式，学生创新意识和创新能力显著提升。分子科学与工程专业培养的学生凭借理论基础扎实、实践创新能力强得到业界的普遍赞誉。他们与传统的工科专业出身的学生相比

明显表现出较强的思考问题的能力和探索问题的精神，具有很大的发展潜质。

培养了一批基础扎实、从事交叉科学研究和适应国家重大需求、具备较强创新意识和产品研发与产业化能力的理工复合型高素质人才。在前两届毕业生中，约 21% 的学生选择去国外著名大学如美国麻省理工学院、密西根州立大学、加利福尼亚大学等继续深造，约 52% 的学生在国内重点大学如北京大学、清华大学、南开大学、天津大学等攻读硕士学位，大约 26% 的学生选择了进入国际知名化学或化工企业和国家事业单位工作。如分子科学与工程专业首届毕业生李嫣然 2016 年在加州大学河滨分校获得正式教职，朱剑回到南开大学材料科学与工程学院任教授（2017 年获得国家级青年人才荣誉），邹瑞阳 2016 年回国创业，创立觅瑞（杭州）生物科技有限公司，开发癌症临床诊断试剂盒。第三届毕业生张育淼回到天津大学化工学院任教授（2017 年获得国家级青年人才荣誉）。

建立了与人才培养方案相配套的一系列课程体系和学生跨校管理新模式。通过精选课程、优化教学内容和开设新课程，在没有大幅增加学时的前提下，建立了全新的有鲜明特色的课程体系，并通过共享优质教学资源，保证了教学计划的实施。同时，两校采取了以学生为本、相互协作、统一管理的新模式，顺利解决了因两校在管理模式上的不同而带来的种种问题，充分保障了教学计划的正常运行。

成果完成人：程鹏、贾绍义、李一峻、夏淑倩、吴世华、张凤宝、杨光明、姜忠义、郑健禹

国家级教学成果奖
获奖证书

获奖成果：理工复合型人才培养的改革与实践

获奖者：程鹏　贾绍义　李一峻　夏淑倩　吴世华　张凤宝　杨光明　姜忠义　郑健禹

获奖等级：二等奖

证书号：2009165

中华人民共和国
教育部部长：周济

二〇〇九年九月

| 成果名称 | 全面发展、主动成长——南开大学素质教育体系的探索与实践 |

为落实《国家中长期教育改革和发展规划纲要（2010—2020）》，南开大学围绕素质教育战略主题，在全国率先从学校工作总体格局出发，部署和推进南开特色的素质教育，系统加强德智体美综合培养的育人体系建设，探索新时期大学素质教育模式。

第一，顶层设计，系统规划。2011年学校在党代会报告和"十二五"规划中把实施南开特色的素质教育作为办学基本战略。同年召开教学工作会议，全校形成共识，出台《南开大学素质教育实施纲要（2011—2015）》。南开提出，建设世界一流大学，不仅要在出成果发论文上达到一流水准，关键是要有自己的教育内涵与独特探索。要坚持社会主义办学方向，努力在素质教育方面形成自己的特色和系统做法，这是中国特色世界一流大学建设的题中应有之义。为此，学校特别突出"一心""两点""三新""四育"，即以学生为中心，立足"全面发展""主动成长"两个基本点，推进理念更新、措施创新和实践求新，实现德、智、体、美融合育人。这一轮以素质教育为特色和基本内容的改革，成为南开持续进行教育教学改革的新起点。

第二，领域联动，全面推进。着眼于一体化育人，集全校之力，形成了在学校统一领导下，以教务、学工系统为核心，宣传、组织、人事、外事、科研、后勤、校友等所有党政部门单位支持配合的全方位、多层次联动体系，每年分解具体任务，确定工作完成周期，定期召开推进会议，协调沟通工作关系，着力解决实施中的难题。

第三，立公增能，四育并举。着眼于每个学生的全面发展，把习近平总书记所称赞的南开"允公允能、日新月异"校训凝练为引领学生立"公"增"能"的素质教育导向，并具体化为南开特色的素质教育工作体系，通过完善德育、优化智育、增强体育、拓展美育，推进四育并举并进。历时四年先后召开全校师生参与的四育工作会议，瞄准工作的重点和突破点，整合资源，融合发展。

第四，强化落实，讲求实效。坚持课堂教学-校园文化-社会实践"三位一体"育人模式优势，将课堂教学与课外活动相融合、专业教育与创新创业实践相结合，知行合一，注重践行；改善教学环境，调整学期设置，增强教改活力；改革教学方法，通过"讲一练二考三"等措施推动学生主动学习；通过评选"魅力课堂"等一系列措施，完善评教，促进教学相长；构建公能素质辅学体系，制定素质测评实施方法，健全学生评价体系和机制。

该项目重点解决的教学问题有:

一是从办学理念上解决素质教育在人才培养中的定位问题。确立"育人为本"和"教学优先",把南开校训为特征的大学文化与社会主义核心价值观有机结合,以促进学生德智体美全面发展为目标,实现从学科为本向学生为本转变。

二是从教育内涵上解决德智体美融合并举的素质教育体系问题。端正对学生全面发展的认识,树立正确素质教育观,实现从知识传授向素质提升转变。

三是从培养方式上解决素质教育主体问题。改变以学生为被动接受者的"管、灌"模式,优化课程体系,强化实践环节,促进教学方法和教学手段改革,实现以教为主向以学为主、教学相长转变。

四是从教学体制机制上克服素质教育实施的障碍问题。解决素质教育评价难题,实现素质教育从"大水漫灌"向"精准滴灌"转变,从一般要求向具体实践深化。

该项目解决教学问题的办法是:

(一)抓内涵特色,促四育融合

纲要颁布后,校领导带头到各院宣讲、组织研讨,各单位都制定了相应教改计划,紧扣育人为本,为"允公允能,日新月异"校训为核心的南开文化赋予时代内涵,使素质教育更具质感和特色。特别注重从全面贯彻党的教育方针高度,探索四育融合全面育人方法,在德育中突出社会责任、融入学术道德;在智育中强调科学素养、人文精神;在体育中注重人格塑造;在美育中渗透健康审美取向。

坚持德育为先。实施《公能实践》课程方案,把思想政治工作贯穿教育教学全过程,抓紧核心价值观教育,注重知行统一,把社会实践纳入思政课必修内容,改革思政课的教学方法和考核方式。把周恩来精神和南开爱国传统纳入教育教学,把校训所表达的社会主义核心价值观内涵渗透于日常学习。

优化知识教育。从加强公共基础、拓宽专业口径、优化专业教学、强化实践学习、丰富学生选择等多方面着手,改进教学内容和方法,提高教学质量和学习成效。

弘扬体育精神。以增强学生体质为中心,服务大学生成长需求,通过统筹体育课教学、课外辅导站、体育社团等丰富活动,让学生体验奋力拼

搏、团队合作、遵守规则、尊重对手、耐受输赢的体育精神中。

美育滋养心灵。在拓展艺术美、自然美教育的同时，努力将学术美、职业美渗入专业教学，将行为美培养融入日常生活，通过设立模块化美育课程和传统文化主题活动，培养学生感受、鉴赏和创造美的能力。

推动传统文化分层分类教育。"公能"讲坛大师引领、"丝绸之路上的文明交汇"展览、"中华礼仪大讲堂"等主题活动和"非遗"在校园中育种复活等，将优秀传统文化的种子根植于南开人心中。

（二）抓课程建设，促教学改革

1. 实行夏季学期，增强改革活力。
2. 拓宽专业口径，推进按院大类培养。
3. 加强基础素质教育主干课程、学科核心课程建设。
4. 创新方式方法，促进学生自主学习和全面发展。
5. 加强在线课程建设。
6. 教师培训引入学生参与，建立师生学习共同体。

（三）抓强化实践，助创新创业

本科生创新研究"百项工程"已发展到年度500项；通过双创课程及竞赛建立线下线上创业平台，拓展创业实践基地等措施形成"一体两翼三支撑"模式。以"知中国、服务中国"为目标，组织学生深入贫困地区、革命老区。设置必修课"创新研究与训练"，使学生本科阶段至少参加一次双创训练。

（四）抓评价改革，建机制保障

每年开展"魅力课堂"，重学生评价、同行评议，轻职称资历，特点是将教学魅力作为核心标准。实施"学生素质发展辅学体系"，帮助学生在全面客观认知自身素质状况的基础上有针对性地开展辅学活动。建立学生体质跟踪监测评价制度，《体质测试成绩单》把体育能力、体质状况纳入评价体系。

该项目取得成果的主要创新点为：

（一）从教育理念上推动"三个转变"，打造"四育并举"的素质教育体系

紧扣立德树人根本任务，构建"德育为先、能力为重、全面发展、勇于创新"的"公能"素质教育体系，初步实现了从"学科为本"向"学生为本"、从"传授知识"向"提升素质"、从"以教为主"向"以学为主、

教学相长"的转变。这"三个转变"超越了"以学科为中心",强调学科是育人的平台;超越了"知识为本",提出德、智、体、美育不能止于相关的知识学习;超越了"以教为主",强调获取知识主要靠学,发展素质更靠学生的主动。

(二)从培养方式上探索解决素质发展主体问题,把理念贯彻于教学实践

制定"公能"素质教育培养目标和方案,调整课程结构,落实"宽口径、厚基础、强能力、重创新"。推行启发式、讨论式教学方法,开展以"大班授课、小班教学"的教改探索。推进以"讲一练二考三"的教学组织与考试方式,强化"学习、实践、协作、创新"能力训练,激发学生自主学习。

(三)从综合评价上突破障碍,为素质教育提供机制保障

探索建立多位一体的综合评价体系。在学生层面,实施"公能"素质测评与奖助学金改革;在教师层面,打造以"两重一轻"为特色的教学评价体系——"魅力课堂";在政策层面,实施了《教育教学奖励办法》,在职称评定中加重教学比重,鼓励教师投入教改、提高质量。

(四)从文化建设上将时代要求和学校传统相结合,彰显守正创新的特色内涵

"为公、奉公、大公"的爱国乐群之济世情怀和"治国、富国、强国,知中国、服务中国"的使命担当,是南开立德树人的历史传承和精神力量。学校弘扬南开办学优良传统,以"允公允能、日新月异"校训作为社会主义核心价值观的南开表达,作为素质教育的南开主题,培养学生的社会责任感、实践能力、创新精神,形成有鲜明南开特色、南开内涵的育人文化。

该项目成果推广应用效果显著:

(一)学生的为公志向和社会责任感明显增强

2017年9月,以阿斯哈尔·努尔太等同学为代表的南开学子,弘扬南开爱国奉献传统,毅然携笔从戎,将社会责任付诸行动,受到习近平总书记亲笔回信高度赞扬和鼓励,这也是对南开素质教育探索的肯定和鞭策。几年来,南开学子在井冈山、延安、沂蒙山,寻访红色记忆、参与义务劳动、调研精准扶贫、建立164所"南开书屋",通过挂职实习、"知行南开"研究生创新能力提升计划、校友寻访团队,利用暑期奔赴各地开展社会实践,年均参与人次达5000余人。几年来,在保持高就业率的同时,到基层和艰苦地区就业的南开毕业生显著增加。《光明日报》2016年10月27日

头版头条以《"青莲紫"爱上"苏区红"——南开学子重走长征路》为题对我校学生的家国情怀和社会实践进行报道。

（二）学生的创新精神和创新能力不断提升

2012 年以来，各级创新项目达 2941 项，学生参与人数 12233 人，平均每届学生参与数量超过总数的 2/3，学校投入资金 2294 万元。2012—2016 年 5 年中，学生完成报告 2850 篇，参加学术交流 110 次，发表论文 210 篇，获得专利 69 项，开发模型 55 个，研发实物 47 种。

"玑瑛青年创新创业实践基地"、星空众创空间等，学生创业服务平台已支持 113 个团队入驻，注册公司 53 个，为 160 多个团队、1000 多名创业者提供一站式服务。成功入选天津市首批高校众创空间、天津市高校实践育人示范基地、教育部首批"全国高校实践育人创新创业基地"、教育部"全国深化创新创业教育改革示范高校"、教育部首批"中美青年创客交流中心"、科技部首批国家级"众创空间"，是天津高校众创空间联盟发起单位。

南开选手 2017 年获第十五届全国"挑战杯"大学生课外学术科技作品竞赛特等奖，"欠驱动系统"创新项目获一等奖，捧得"优胜杯"；2016 年农梦成真团队获"创青春"全国大学生创业大赛金奖；2014 年"闯先生"团队获"创青春"全国大学生创业大赛金奖。近三年来，创新创业获得省部级以上奖励百余项。

学生郭鑫获 2012 年全国大学生年度人物、第 19 届"中国青年五四奖章"，学生汤明磊获 2015 年全国大学生年度人物、全国向上向善好青年，受到习近平总书记接见；2017 年"农梦成真"创业团队受邀参加教育部"青年红色筑梦之旅"活动，习近平总书记给参加活动的学生回信鼓励。

国务院、教育部门户网站、中央电视台、《人民日报》、《光明日报》等单位和媒体数十次报道南开创新育人的探索和学生创新创业的成果。

（三）学生的体质和美感得到增进

校院两级运动会、十六项校级体育赛事，已成为南开学生耐受输赢、感受荣誉的青春竞技场；"铁肺在哪里""寻找南开力王""荧光夜跑"等将南开园变成欢腾运动场。设立体育课外辅导站 23 个，仅 2016 年上半年就指导师生 3 万余人次。每门体育专项课程春、秋两季开课 20 个项目，40 多种类，290 多个班次，选课学生超过 8500 人。体育课程考试方法由单一的以课内考核为主的方式延伸到课内外相结合，以出勤、专项技术、身体素质、理论考试等为主，课外锻炼为辅的方式，将课外锻炼考核结果记入课程成绩，激发了学生锻炼的积极性，真正落实"每天锻炼一小时"。2017年南开大学在全国高校中率先颁授了毕业生健康证书。

开设的系列艺术课程每学期一次汇报演出，艺术零起点的学生纷纷登台亮相，演出个性突出，艺术之美浓郁。以学生广泛参与的合唱活动为例，南开大学学生合唱团在 2012 年第三届全国大学生艺术展演中获声乐类节目一等奖；2012 年在世界合唱锦标赛中获得混声室内合唱等三项金奖；2014 年在第八届世界合唱第一阶段比赛摘得青年混声组、有伴奏组、有表演民谣合唱组 3 项金奖。

（四）教师的育人热情和教研成果得到激励

教学优先、魅力课堂等制度措施激励了教师教学热情。近三年来，魅力课堂共评选获奖教师 29 位，青年教师占 41%，一大批热爱讲台、富有魅力的教师脱颖而出，充分调动了教师投入教学的积极性。已建成国家级视频公开课 11 门，国家级资源共享课 31 门，在教育部高教课程资源共享平台"爱课程"网站，"心理学与生活"在总人气榜中列榜首，"大学语文"排名第七。

中国高教学会大学素质教育研究会对第一届大学素质教育优秀研究成果进行表彰，我校有 4 项成果获奖。其中陈洪主持的"大学生母语文化素质教育研究与改革"、顾沛主持的"南开大学数学文化课程的建设与推广"获得试验成果类一等奖，杨岚主持的"南开大学艺术教育公选课教学模式改革探索"获得试验成果类二等奖，李川勇主持的"自主组织系列讲座提升大学生的综合素质"获得试验成果类三等奖。2016 年，南开大学自主研发的《"公能"素质评估自评问卷》《"公能"素质评估指标及项目说明》《本科生"公能"素质评估指导意见》《本科生素质发展辅学支持指导意见》等 4 份重要文件和学生素质"发展辅学平台"软件系统获得国家知识产权登记认定和保护。该项目获 2018 年国家级教学成果二等奖。

成果完成人：龚克、朱光磊、杨克欣、刘立松、杨光明、蒋雅文、白云龙、何璟炜、王成辉、季纳新、杨岚

南开化学百年贡献

成果名称：多层次、立体化、系统性无机化学教材新体系的建设教材是教学工作乃至教育事业的重要组成部分，是教学内容的载体，是教师教学经验的结晶，是编者教学水平的具体体现。最大程度地满足教师授课和学生学习的需要，是教材建设的宗旨。

20 世纪 70 年代末，吉林大学、武汉大学和南开大学三校开始坚持共同建设无机化学教材，形成厚重的历史积淀。经历了 1978—1982 年的初创阶段，1983—2001 年的稳步发展阶段，直至 2002 年，无机化学教材建设逐步进入立体化、系统性、多层次的新阶段。

《无机化学》（上下）于 1978 年出版，武汉大学、南开大学、吉林大学的主讲教师参加了编写工作。这是我国恢复高考招生制度后的首部化学基础课程教科书，填补了"十年动乱"造成的教材空白。1983 年修订出版了《无机化学》（上下）第二版，1994 年修订出版了《无机化学》（上下）第三版，这些教材在第一版的基础上不断完善，同时出版了多部配套习题集以及无机化学实验课教材。这些教材在我国高校几十年的无机化学教学中发挥了重要的作用。

21 世纪的教育事业面临着新的机遇和挑战。高素质、创新型人才培养的要求，高校办学日趋多元化的形势，现代教学技术广泛应用的局面，为教材建设提出了全新的要求。2002 年以来，我国的无机化学教材逐步进入多层次、立体化、系统性建设新阶段。根据读者和教学的需要，在"三校联合、主讲执笔、博采众长"的教材建设原则下，吉林大学、武汉大学、南开大学等校教师编写了全新的"十五"国家级规划教材《无机化学》，完成无机化学教材 23 本，实现了"多层次、立体化、系统性"无机化学教材新体系的建设目标。

《无机化学》第一版于 2004 年在高等教育出版社出版，入选普通高等学校"十五"国家级规划教材；《无机化学》第二版于 2009 年出版，入选普通高等学校"十一五"国家级规划教材；《无机化学》第三版和第四版分别于 2015 年和 2019 年出版，入选普通高等学校"十二五"国家级规划教材。

第一版，2004 年　　　　　　第二版，2009 年

第三版，2015 年　　　　　　第四版，2019 年

吉林大学、南开大学、武汉大学、中国农业大学、清华大学、东北师范大学、北京理工大学、大连理工大学、哈尔滨工业大学、厦门大学、武汉理工大学、西北大学等 11 所高校的同行为"十五"国家级规划教材《无机化学》配备了 PPT 教学课件。该课件已经由高等教育出版社出版，并在吉林大学化学学院的网络学堂中为广大师生使用提供方便。

《无机化学》第一版获得了 2007 年吉林省普通高等学校优秀教材一等奖（编著者：宋天佑、程鹏、徐家宁、王杏乔、程功臻）。《无机化学》第四版（上、下册）获得了 2021 年首届国家教材奖二等奖（上册编著者：宋天佑、程鹏、徐家宁、张丽荣）。

　　成果完成人：宋天佑、徐家宁、程鹏、程功臻、王杏乔

　　注：本文主要内容来自张丽荣、徐家宁、史苏华、宋天佑《多层次、立体化、系统性无机化学教材新体系的建设》（《大学化学》，2010 年 25 卷 6 期 9-11 页）。

南开化学百年贡献

成果名称

教学与科研紧密结合，培养高层次人才

20世纪80年代南开大学元素有机化学研究所建有国家有机化学重点学科，有机化学博士点，1990年又新建农药化学博士点。所里设置统一的教学组负责研究生的教学与培养工作，当时共有博士生指导教师5人，硕士生指导教师29人，每年在学的博士及硕士约70人，1989—1993年，共培养22名博士，116名硕士。

教学组为了贯彻教委关于研究生培养要面向现代化、面向世界、面向未来的方针，实现教学面向21世纪的具有中国特色的研究生教育体系的目标，一直注意将教学与科研任务紧密结合，结果两者相得益彰。瞄准学科前沿，面向经济建设主战场，结合科研任务组织教学，把科研骨干推向教学第一线，使学生能在较高的起点上进行学习，在较短的时间内了解学科的前沿与我国的实际，教学质量大大提高；反过来，教学质量的提高也优化了科研人员的素质，使科研硕果累累，理论研究形成了自己的系统和特色，在国内外具有相当的影响，多次获国家奖励，被评为"全国高等学校科技工作先进集体"及"优秀国家重点实验室"。同时，也为国家输送了大批高级人才，他们除了部分出国深造外，均在各自的岗位上发挥了重要作用。如1990级博士生王建武去天津市轻化工研究所以来，在不长的时间内，就完成了多项科技任务，培养了一批年轻人，创造了数十万元的经济效益。其作为学术带头人，承担着国家"八五"攻关中表面活性剂的重大项目。又如硕士毕业生卢彦昌去天津医药公司科学研究所工作后，在众多知名大学研究生中，最先解决了长久以来生产中的难题，取得了较好的效益。用人单位对我所毕业生普遍感到满意，一致认为，我们的学生有坚实的基础理论知识和较强的实际工作能力，到工作单位后，能很快适应新环境的要求，成为工作中的骨干。

在教学与科研任务紧密结合中培养研究生，我们的主要做法是：

一、狠抓基础教育

为了培养基础扎实、思想敏锐、行动积极的高层次建设人才，加强基础理论知识的教育至关重要。每年从全国各地综合大学、师范及农业院校入学的学生，由于学习背景不同，存在各自的问题，主要表现在非有机专业学生对有机化学的知识深度不够，相当部分学生实验技能不足。怎样使他们在第一学年中更好地承上启下，弥补各自的不足，以适应今后深入学习的要求，是基础课面临的主要任务。同时，我们也注重加强课程的系统性、逻辑性和先进性。"高等有机合成"是两个博士点共同的基础课。任课

教师通过自己出国进修的机会或国外留学生的帮助,在广泛借鉴国内外有关教材或讲稿的基础上,精选出一批国内外先进教材作为主要参考书,将其精华很快地反映在教学中。此外,还不断引入文献的最新发展及本所的研究成果,帮助学生从一些比较枯燥的纪实性资料中,总结出科学发展规律及科学研究的思维方法,组织学生阅读有关的文献,提高思维能力,把分析问题与解决问题的思路与途径教给学生。

加强学生的实验技能,特别是新技术的掌握与应用,有必要在进入学位论文以前集中一定的时间进行学习与训练。我们充分调动了所内现有研究室的人力和物力,遴选出一批具有典型性、先进性、普遍性的实验内容,分散到具有特点的研究室来承担教学任务,如无水无氧操作、光催化反应、红外跟踪监测反应、快速压力柱反应等等。把各方面最有实践经验的教师组织到教学中来,让每一个学生在各研究室循环进行学习,确保其都有机会接触到先进的实验内容,开阔同学的眼界,大大提高了学生的实验和科研的思维能力。

同时,我们密切结合科研方向与学科的需要,开设了"有机磷化学""金属有机化学""有机结构分析""农药化学""农药生物学导论""农药分子设计""近代分离分析"等十余门专业课。在这些课程中注意吸收国内外最新科研成果,特别是结合教师的研究方向及科研成果进行教学。课堂教学生动,使学生能在较短的时间内了解学科发展的前沿及我国的实际。农药化学博士点建立后不久,自行创制新兴高效农药是国家对我们的迫切期望,我们不失时机地开设出"农药化学""农药生物学导论""农药分子设计"等一系列课程,拓宽了学生的知识领域,非农药专业的学生也踊跃听课,普遍反映对今后的研究工作有很大帮助。

为了保持课程内容的科学性与先进性,我们也积极进行教材建设。这些年来编写了十余部各类教材,如有机磷化学课,原有《有机磷化学》教材比较陈旧,不能满足需要,现已编写了《有机磷化学导论》《有机合成中的有机磷试剂》及《有机磷农药化学》三本书,涵盖了有机磷化学领域的主要方面,教材之间相辅相成,是一套完整系统的丛书,受到学生的普遍欢迎。

二、加强科研能力及科研思维的培养

研究生的培养中,更要注重科研能力及科研思维的培养,激发学生学习的主动性,这样才能适应信息量越来越丰富的时代特点。我们除在各门

课程中贯彻外，更下大力量抓好学年论文这一教学环节。

写学年论文是学生深入了解某一领域科学进展的主要机会，也是专业外语、文献综合能力及科研思维能力训练的主要阶段。为充分激发学生学习的主动性和创造性，我们制定了一系列的检查评审制度，要求学生根据导师确定的题目广泛阅读文献资料，学会写文献综述、摘要，作学术报告、答辩等。所内成立评审小组，除对论文的新颖性、重要性、逻辑性、完整性进行评分外，还要考查学生口头及书面表达能力、板书效果。学年论文报告会是一个拓宽知识面、启发学术思维的生动学习的好机会，并且可以促进同学间的学习交流，活跃学术空气，集思广益。研究生都反馈收获很大。

三、在科研实际中锻炼成长

学位论文是研究生培养中另一重要环节，同时研究生队伍也是一支重要的科研力量。我们将培养与科研两者结合，收到了很好的效果。新生入学第一课是所史教育，我所是由我国著名科学家、教育家、老校长杨石先教授创立的。他接受周总理委托，开创了农药化学的研究，几十年来，全所同志秉承老校长"发展学科，繁荣经济"的教诲，团结拼搏，苦干、实干成风。青年学生是我们事业的接班人，从一开始我们就注重专业思想及面向经济建设的教育。

研究生论文的选题，大多是导师承担科研任务的一部分。这样做可使学生在学习阶段就参加学科前沿的研究工作，树立科研为国民经济建设服务的思想，急国家所急。全所每年完成近百篇论文，绝大多数发表在国内外重要学术刊物上。每年有多人参加各类国际会议。近年来，有关基础理论的研究曾获国家自然科学二等奖及国家教委科技进步一等奖一项、二等奖五项、三等奖两项，所涉及的论文大多是研究生论文工作的积累。我所承担的国家"七五"攻关项目"新农药创制"，其中数百个新化合物的合成主要是由研究生完成的。不少具有应用前景的化合物进行了田间试验或中试，申请了多项专利，获化工部国家攻关重要成果奖，并代表化工部参加"七五"攻关成果展览，受到与会专家、领导的好评。全国农药工业协会为了表彰我所研究生在农药研究中作出的贡献，每年给多名研究生颁发优秀论文奖学金，约占其发放总数的一半。此外，我们还承接生产单位急需开发的横向课题，且与国外农药公司有业务往来，并签有合作协议。1989年以来，每年科研经费约200余万元，一批科研成果转化为生产力，创造了重大的经济与社会效益，如高效氯氰菊酯，三年创利润3000万元，节约外汇800万美元,使一个相当规模的农药厂扭亏为盈。同学们参加到各种课题中,成为科研队伍中一支重要力量,由此也争取到了更多的科研经费及创收费,除可弥补研究生培养经费不足外,还用创收费添置了价值百万元的200兆超导核磁等大型仪器直接服务于教学及科研,使学生论文质量有了较大的提高,形成了教学与科研相互促进的良性循环。

总结以上可以看出,教学与科研紧密结合,相互促进,面向国民经济发展学科,既推动了科技进步和学科发展,又促进了经济繁荣,出成果,出人才,做到了教学与科研双丰收。

成果完成人:杨华铮、刘纶祖、邵瑞链、李国炜、陈寿山

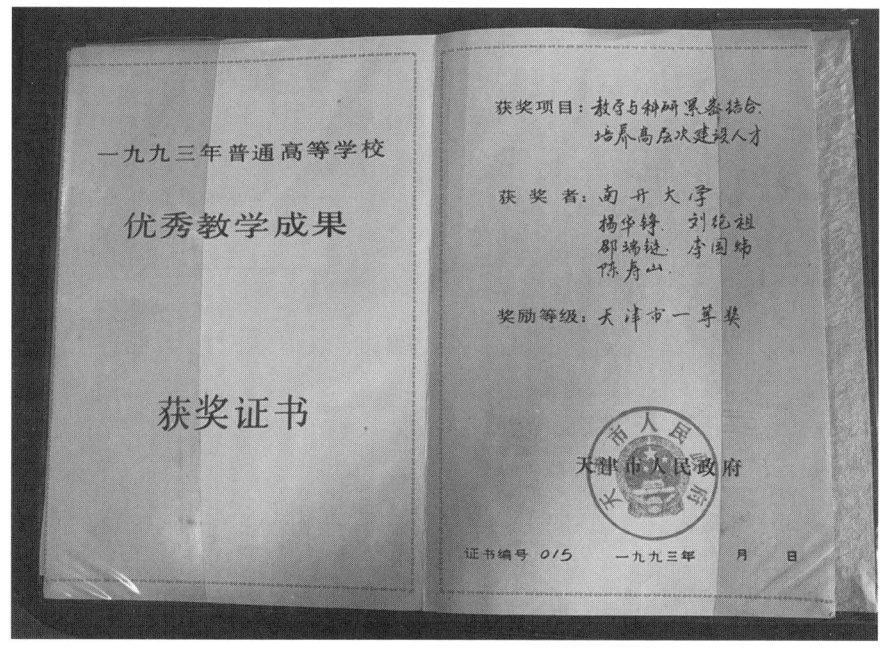

南开化学百年贡献

成果名称

有机化学（教材）

汪小兰教授，1933年出生，1952年毕业于北京燕京大学化学系，同年分配至南开大学化学系工作，历任助教，讲师，副教授，教授等职。1980年后兼任教育部高等学校理科化学教材编审委员会委员，国家教委高等学校化学教学指导委员会委员、副主任委员，理科有机化学教学指导组组长。

20世纪60年代初，化学系安排汪小兰教授为生物系讲授有机化学，当时大学的教科书很少，大都由讲课教师自编讲义，参考书基本上是英文的。因此教育部组织一些大学教师收集部分学校的讲义，进行研究，组织编写教科书，并要求教材要精简。此后，汪小兰教授接受了编写适用于生物系的有机化学教科书的任务，此书《有机化学简明教程》于1965年由高教出版社出版。

70年代后期，随着科学的发展，汪小兰教授接受了重新编写一本生物系非生化专业适用的《有机化学》教材的任务。由于有机化学的内容非常庞杂，发展又极为迅速，新反应、新理论以及新化合物不断出现，在有限的学时内如何精选内容是至关重要的。为此，汪小兰教授在编写过程中翻阅了大量生物系有关课程的教材，旁听了生化和植物生理等课程，并与生物系部分教师座谈，了解对有机化学的要求，从而确定编写的指导思想，即在内容上既要结合生物系的实际需要，为学习后继课程打下基础，同时作为一门学科来说还应保持有机化学的系统性和完整性，并适当反映有机化学的新进展及其在国民经济与人民生活中的重要作用。根据以上原则，考虑到学习生物学科主要是要了解与生物有关的各类有机物的结构，研究它们在机体中的变化和作用，而不是要去制备有机物，所以取消了一般在有机化学教科书中各类化合物的"制备方法"（"合成"）一项，将节省出来的篇幅用来加深某些理论，反映新成就及结合应用实际。虽然"有机合成"是有机化学中相当重要的一部分内容，但一类化合物的性质往往就是另些类化合物的合成方法。所以在讲述性质时可以强调其在合成中的应用，并通过做合成习题加深印象，这样同样可以达到重视合成的目的。

根据以上原则，《有机化学》第一版于1979年由高教出版社出版。出版以后，该书不仅被大学本科生物系选作教材，许多其他类型的高等院校及专科院校也纷纷采用。由于发行量较大，1985年受编委会委托再版，第二版于1987年出版。根据高教出版社"八五"教材规划，再次修订后，第三版于1997年出版。

生物学科的发展对有机化学提出新的更高的要求。所以自第一版开

始,《有机化学》每次修订都有新意。在第三版修订中,对每章都进行了程度不同的修改、删减或增补。对重要代表物的物理性质等均按新版手册进行核对或修改,去掉了与无机化学重复的内容,以及随着有机学科的发展,逐渐显得重要性不大或陈旧的内容。对某些反应机理有所加深,并增加了有机化学或相关学科的新发展,同时始终注意基本保持原来的篇幅。

该书具备以下特点:

(1) 少而精:本书篇幅不多,但内容丰富,既保持了有机化学的系统性和完整性,又密切结合生物系需要。基本概念明确清楚,基本理论有一定深度,基本内容覆盖面广,体现了有机化学在国民经济中的重要作用。

(2) 适用面广:由于内容覆盖面广,理论深度适中,又保持了有机化学的系统性、完整性,该书不仅被大学本科生物系采用,也被许多其他类型院校采用。

(3) 便于自学:该书在编写过程中十分注重文字推敲及逻辑推理,并结合作者在学习有机化学过程中出现的问题及多年教学、科研经验,尽量做到叙述深入浅出、循序渐进,简单清晰、不留语病。

(4) 插图清晰:为增强分子结构的立体感,使学生易于树立立体概念,作者自行设计并绘制了大部分子结构的立体图形。

(5) 书后附有中英文名词对照的索引,便于读者参阅有关英文书刊。

(6) 对于少量不便在正文中连续叙述的问题,用小字加以说明。

(7) 书后附有相当数量难易程度不同的习题,可供教师选用,并因材施教。

该书第一版印数 45.74 万册,1988 年获国家教委优秀教材二等奖。第二版印数 30.2 万册,1992 年获国家教委优秀教材全国优秀奖。第三版印数 33.8 万册,1999 年获教育部科技进步一等奖。据此,经我校评审委员会申报,获得天津市教学成果奖。

根据以上情况,教育部高等学校理科化学教材编审委员会要求再次修改出第四版,并将第四版定为"普通高等教育'十五'国家级规划教材"。第四版于 2005 年出版,共印 71.77 万册。之后,高教出版社要求再次修改出第五版,汪小兰教授因年事已高,无能为力,故推荐华南师大蒋腊生教授进行修改。第五版于 2017 年出版,印数已达 28.3 万册。

据高教出版社不完全统计,《有机化学》一书应用学校有 80 余所。

南开化学百年贡献

成果名称

以国家级实验教学示范中心为平台
培养创新型高素质优秀化学人才

一、实验教学是培养学生创新能力的重要环节

实验教学不仅有利于提高学生的学习兴趣，而且能培养学生严谨求实的科学态度，更能培养学生的动手能力和创新能力，是培养创新型人才不可替代的重要环节。南开大学在关于"加强实验教学，全面提高本科教学质量的若干意见"中指出：一流大学要有一流的本科教育为支撑，而一流的本科教育也必须有一流的实验教学做支撑。学校要做到三个同等对待：实验教学与理论教学同等对待；实验教学人员与理论教学人员同等对待；实验教学示范中心与重点实验室同等对待。这就明确了示范中心在创办世界一流大学中的地位和在学校工作中的定位。

南开大学化学实验教学中心成立于 1998 年，将原来的无机化学等 5 个实验室合并为基础化学实验室，取消 7 个专门化实验室成立综合化学实验室，合并原分析测试中心和仪器分析实验室为中级化学实验室。中心实行校、院二级管理，制定了一系列规章制度，实行规范化、科学化、网络化和个性化管理；制定了切合实际的实验教学评价办法和质量保证体系，成立了教学督导组，通过听课、问卷调查、座谈会等形式进行质量跟踪、控制与反馈。2001 年，中心通过天津市高校实验室合格评估，2005 年 6 月被评为天津市优秀实验教学中心，2006 年 4 月被教育部批准为首批国家级实验教学示范中心。

本中心在"强化基础，注重综合，突出创新，培养能力，提高素质"实验教学方针指导下，积极开展实验教学改革，努力探索适应创新型人才培养的实验教学体系，在管理模式、教学内容、教学方法等方面进行了深入改革，取得了很好的成果。

二、深化实验教学改革，建设创新实验教学平台

中心以建设世界一流实验中心为目标，以培养创新型人才为目的，以学生为主体，以能力培养特别是动手能力和创新能力培养为核心，以实验教学方针为指导，以三大课程组织课堂实验教学，实施"一体化，多层次，多形式"的新型实验教学体系，全面推进国家级实验教学示范中心建设和深化实验教学改革，充分发挥示范中心的示范与辐射作用。

（1）教学内容：实验教学内容不断更新，减少单科性、验证性实验，增加综合性、研究性实验，使实验教学不仅是传授科学知识、验证学科理论，更重要的是培养学生综合素质、设计思想、开拓意识和创新能力。中心将最新科研成果转化为实验项目，还增开了材料化学实验和化学生物学实验，同时将新的实验技术如微波技术、超声技术等用于合成实验。这些都极大地丰富了实验教学内容。化学实验中心所有实验课都含有综合型、设计型、研究创新型实验。在开出的145个实验项目中，综合型、设计型和研究创新型实验所占的比例达到40％以上。

（2）教学形式：中心十分重视教学方法的改革，彻底改变过去存在的"灌输式""照方抓药"的做法，建立以学生为主体的实验教学模式，通过必修实验、命题实验、自选实验、开放实验等多种形式，以满足不同层次、不同需求、不同个性学生的需要，实现因材施教和个性化培养。中心所有实验室业余时间对本科生开放，设立创新研究基金，每年资助20名左右本科生在中心创新实验室完成创新课题的研究。学生在自主实验过程中体会到探究的乐趣和成功的愉悦，唤起他们对化学实验的浓厚兴趣。在实验课成绩评定中采取平时成绩和考试成绩相结合、实验过程与实验结果相结合、实验技能与实验素质相结合的评分标准，全面客观地评价学生的实验成绩。

（3）教材建设与师资队伍建设：2002年起，中心组织人力编写反映十多年以来实验教学改革成果的新的系列化实验教材。王秋长等编著的《基础化学实验》（2003）、杨万龙等编著的《仪器分析实验》（2008）由科学出版社出版，与北京大学等联合编写的《化工基础实验》（2004）由北京大学出版社出版。另外《无机化学实验》《创新化学实验》（2010）也已出版。

中心采取各种措施提高实验教师队伍水平，鼓励高水平的教师投入本科实验教学工作。目前70名实验教师队伍中有教授30人，博士生导师25人，7名"长江学者"，8名"杰出青年"。中心组织他们将其科研成果编写成《创新型化学实验》，应用到本科开放实验中。

（4）建设信息化管理平台：从2002年开始，中心就建立了网站，开展网络化实验教学和管理。中心将自行研制的一批多媒体课件放在中心网站上，为学生预习和自学创造了良好条件。目前网站上有实验中心总体概况、师资队伍情况、仪器设备情况、实验室安全环保常识、实验教学课件及录像资料等。

（5）举办化学实验竞赛：1997年以来，化学实验教学中心已经举办了八届大学生化学实验竞赛。1998年，教育部和国家基金委资助在我中心举办了"首届全国大学生化学实验邀请赛"，该邀请赛已成为我国化学学科大学生唯一的全国性赛事。2004年和2007年，中心又成功地举办了两届"天津市大学生化学实验邀请赛"。这种做法已经推广到天津市及全国许多兄弟院校。

三、创新实验教学平台成效显著

南开大学化学实验教学中心作为首批国家级实验教学示范中心之一，坚持以学生为主体、以能力培养为核心的新的实验教学理念，立足于实验教学的系统性、基础性、综合性和创新性，从教学内容、教学管理、教材建设、师资队伍建设几方面统一规划、统筹安排，构建了创新型高素质优秀化学人才的培养平台。

（1）建立"一体化、三层次、多形式"的新型化学实验教学体系。中心所有课程、设备、人员统一管理，统筹安排，学生在课程中得到系统性的训练。针对不同学生，开设不同层次课程，开放实验室，采取必做实验与选做实验相结合，命题实验与自选实验相结合的形式组织实验教学，最大程度地激发学生的学习热情和探究精神。

（2）更新和丰富实验教学内容。每年开设一些新的实验项目，鼓励教师将科研成果转化为教学内容。为了配合教学内容的更新，中心组织人力编写适应改革与创新的系列化实验教材。

（3）实施信息化管理。中心建立了自己的局域网，网上有丰富的教学资源，并开辟了互动讨论区，方便师生和学生之间交流；实现网上开放实验项目预约和大中型仪器使用预约为实施个性化教育因材施教创造了条件。

（4）采取各种措施提高吸引高水平的教师投入本科实验教学工作。目前一批"长江学者""杰出青年""跨世纪、新世纪人才"等参与本科实验教学，已形成一支结构合理、相对稳定的高水平实验教师队伍。

（5）本中心的建设经验已广为传播和推广，近几年国内200多所大学来中心参观、学习、考察、交流。

成果完成人：吴世华、杨光明、程鹏、李一峻、邱晓航、王秋长、李

文友、尚贞峰、何尚锦、邱平、张守民、于丽华

化学实验教学中心团队

第二届天津市大学生化学实验邀请赛

南开化学百年贡献

| 成果名称 | 基于现代技术的结构化学精品课程的建设与实践 |

结构化学课程是化学类本科生重要的基础理论课，在化学课程体系中具有重要的地位，是化学学科从经验进入理性的阶梯。结构化学课程一直以"教师难讲，学生难学"而著称，是化学学科公认的最难的课程。针对结构化学的教学难点，结构化学课程组充分利用现代计算化学和晶体学的发展，将计算化学、晶体学、计算机多媒体、网络以及交互技术等引入结构化学理论教学，打造了基于现代技术的、新型的结构化学精品课程教学平台，成功地解决了理论课程教学的难点；将现代技术与传统的理论课课堂讲授经验、结构模型实践教学等充分融合，形成了理论教学与实践相结合、课堂教学与虚拟网络相结合的新教学模式。课程建设极大地改变了结构化学的课堂教学形态，激发了学生的学习积极性和教师的创造性，在国内结构化学课程教学中起到引领和示范作用。

本项成果主要完成以下几项工作：

1. 高水平交互式《结构化学》多媒体课件的制作——有效解决了课堂授课中理论概念和空间概念表现的难题

2002年，结构化学成为南开大学最早使用多媒体授课的课程之一，当时采用多媒体授课可以解决亟需的晶体结构讲解问题。同年，课程负责人作为结构化学子库负责人参加了高等化学教学资源库建设，完成资源库标准和内容制定，并提供各种素材370个（正式出版），该项成果获2005年国家教学成果一等奖。

在完成高等化学教学资源库建设的同时，经过课堂不断实践、修改，历经5年，按出版规范精心制作完成了结构化学全套多媒体课件。在课件中，采用几十种计算化学、晶体学、数据绘图、图像渲染、动画制作等方面的软件，设计制作了量子力学简单体系的2D和3D波函数图，原子和分子轨道图，原子轨道形成分子轨道过程，分子结构、晶体结构、晶体宏观外型等多种类型、多种格式的多媒体素材1500多个（其中图片800余张、动画100多个、交互式动画200多个、结构数据400多个），而所有这些相关素材和课件都是由任课教师根据课堂教学需求设计和制作完成的。课件既保证了内容准确与精确，同时也具有较高的艺术水准，充分发挥了交互式多媒体技术的优势，激发学生的学习积极性，有效解决了结构化学授课的难题，在国内结构化学课程教学上起到引领和示范作用。

该项工作完成后，结构化学课堂授课效果大大提高，在课时缩减的情况下，不仅能高效完成正常的教学内容，还增加了部分前沿领域的专题讲

座,结构化学课程从抽象难学的课程变成学生最喜欢的课程之一,学生对该课程的满意度非常高。2009年,结构化学被评为天津市精品课程和国家精品课程。

2. 模型实习网站的建设——解决了空间教学的难点

针对空间结构部分教学的难点,除在课件中使用交互式模型授课外,还加强完善了实践课程——结构模型实习,并将多媒体技术和虚拟现实技术引入实践教学,建设了网上虚拟模型实习。形成了课堂教学、实践教学与虚拟网络相结合的新型教学模式,显著增强了空间结构的学习效果。

结构模型实习是结构化学课程中重要的实践内容,传统方法是学生使用实物模型进行分子与晶体空间结构的学习,其缺点是受模型实习时间(10课时)、地点和模型数量的限制(只能容纳30人),难以充分发挥模型实习的效果。为解决这个难题,课程组用了近两年的时间完成了使用交互技术的5个虚拟模型实习(其中最为艰苦的是将南开大学自制400多块宏观晶体模型全部数字化)并建立了相应的网站,提供分子、晶体的结构数据和虚拟现实模型,同学们可以在课前用虚拟模型预习,课上用实际模型印证,课后用虚拟模型复习,大大增强了空间结构的学习效果。模型实习网站的建设,既可作为本校学生模型实习的重要部分,也为缺乏模型实习条件的其他院校提供了模型实习的学习条件。

3. 结构化学资源网站的建设——解决教师难讲的问题

在多媒体课件制作中,课程组设计制作了大量的结构化学多媒体素材,为辅助学生学习,同时解决教师难讲的问题,经过两年时间的总结、整合、补充和完善,一个可以涵盖结构化学各部分教学的结构化学资源网站于2008年正式上线。

资源网站提供由本课程组精心制作的辅助教学的视频、动画、VRML交互式模型、分子/晶体结构数据、函数2D和3D图等各种结构化学素材3000多个,总量6GB。所有素材严格符合准确(素材内容符合结构化学的概念、定义)、精确(所涉及的分子/晶体结构均来自晶体结构数据或计算化学计算,原子相对位置严格符合实际分子/晶体,2D/3D函数由真实函数产生,不包含示意图)、高艺术水准和易用性(所有素材均采用最新的多媒体技术精心制作,每种素材均提供了多种格式、适宜不同用户使用,同时也适合网络传播)的要求。资源网站除供本校学生自主学习使用外,还面向全国开放,为其他高校教师授课提供了方便,激发了教师的创造性。

4. 结构化学精品课程网站的建设——解决资源共享问题

为解决资源共享问题，课程组建设了集成有课程全程录像、多媒体课件、虚拟模型实习、资源素材和其他相关课程资源的结构化学精品课程网站，全面共享课程的各种资源。课程网站是国内最具特色的化学类教学网站。

早在 2003 年，结构化学课程就建立了自己的 FTP 服务器，提供课件和模型结构数据下载。随着课程的建设，网站建设显得日趋重要，课程组在 2006 年建成结构化学 Web 网站，提供课件、结构数据等内容下载。2008 年，课程网站增加了虚拟模型实习和资源网站两大部分内容，并将由本组教师开设的与结构化学密切相关的一些课程（包括"计算机在化学中的应用""分子模拟"和"量子化学"等）集成到网站中。结构化学精品课程网站从页面设计、制作到服务器搭建、运行维护都是由课程组教师完成，因此可以保持网站稳定运行并能随时更新。

结构化学课程组始终以教学为中心，以教学实际效果为目标，课程建设中从资源素材制作、网站建设运行到视频拍摄，都是由主讲教师亲自制作完成，保证了教学平台的建设从思想到技术上不断更新，并得以持续发展。2009 年，结构化学被评为国家精品课程，2013 年入选国家级精品资源共享课立项项目，2013 年获天津市教学成果一等奖。

在获得天津市教学成果一等奖后，课程组并未停止课程建设的脚步，而是以教学效果为导向，按教学需求，不断融入新的教学思想理念，完善提升教学内容，更新教学手段，每项改革都是经过设计—实践—再设计—再实践稳步实现的，教学效果稳步提升，使这门化学学科的老大难课程变成学生喜欢、教学效果优秀、教学成果突出的课程，在国内化学理论教学上起到了引领作用。本课程教学视频和资源素材是国内许多高校学生、教师和科研人员学习结构化学知识的首选。

结构化学课程网站（http://struchem.nankai.edu.cn）目前网站总量为 36G，内容包括：

（1）电子课件：结构化学全套多媒体课件（PPT 附带全部多媒体素材和结构数据）；（2）结构化学资源库（视频、动画、VRML 交互式模型、分子/晶体结构数据、函数 2D 和 3D 图等各种结构化学素材 3000 多个）；（3）结构化学虚拟模型实习（5 个）；（4）视频：结构化学课堂录像（89 讲）、结构化学全程视频（107 讲）、结构化学重点讲解视频（微课，教材

配套，77讲)、结构化学习题讲解视频(97讲)、结构化学模型实习问题视频讲解(35讲)、《计算机在化学中应用》视频讲解(53讲)；(5)《量子化学》与《分子模拟》课程电子课件等。

结构化学课程 2016 年被教育部评为国家第一批"国家级精品资源共享课"，2020 年，课程入选首批国家线下一流课程。课程负责人先后获得天津市优秀教师、南开大学"魅力课堂"、天津市师德先进个人、天津市高等学校教学名师奖、宝钢优秀教师奖和南开大学教育教学杰出贡献奖。

成果完成人：孙宏伟、陈兰、段文勇、沈荣欣、赖城明

结构化学课程组成员：孙宏伟、陈兰、段文勇、沈荣欣、袁满雪、赖城明

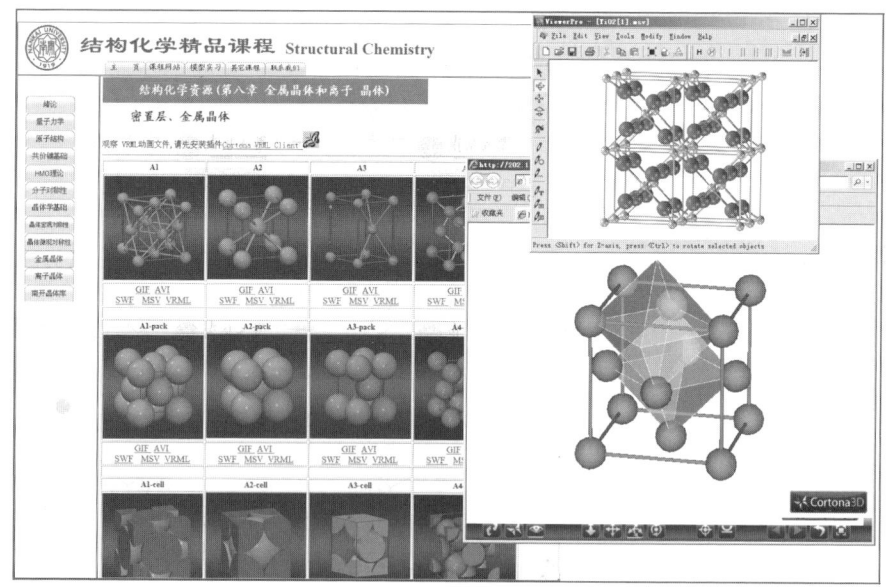

结构化学课程网站（a）

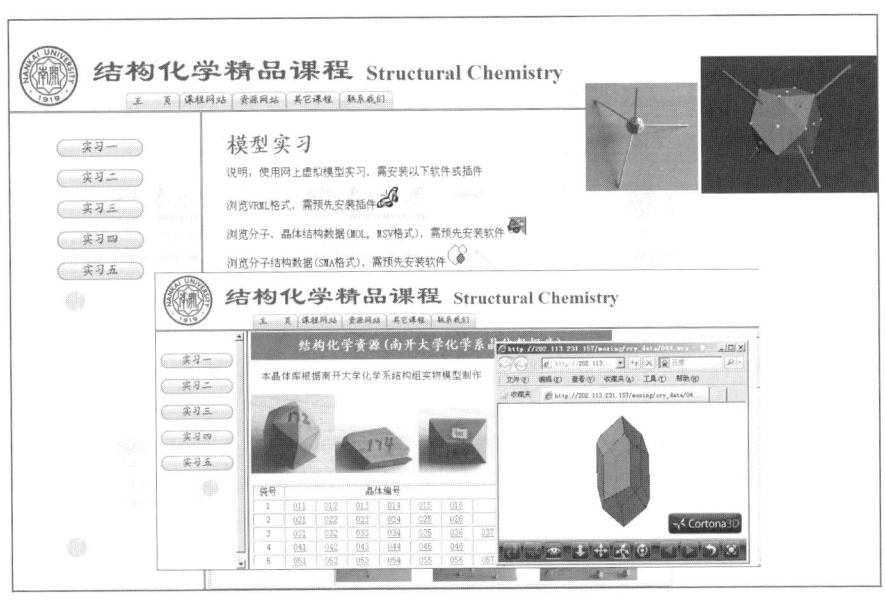

结构化学课程网站（b）

结构化学课程网站（c）

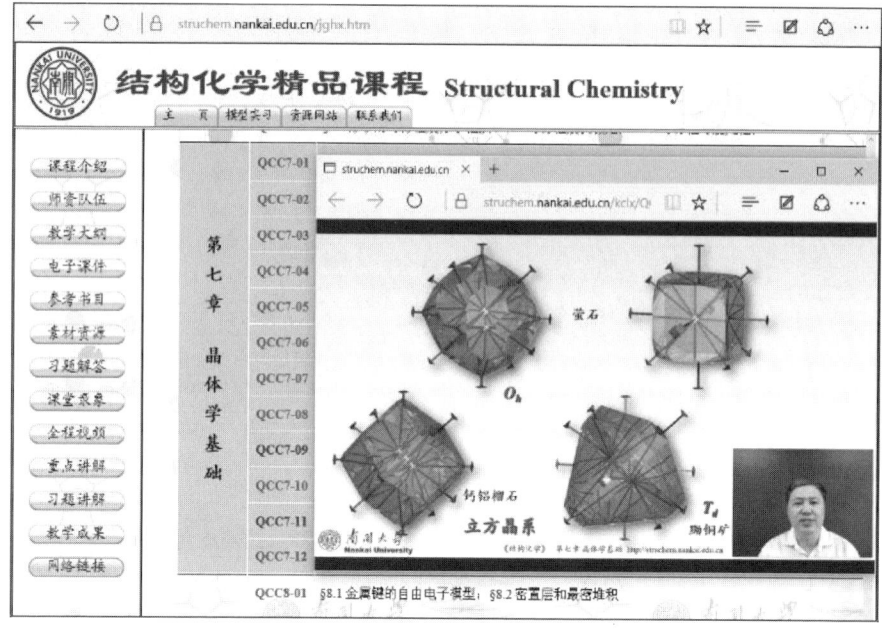

结构化学课程网站（d）

南开化学百年贡献

成果名称

化学类专业本科生科研与创新能力培养探索与实践

本科生科研与创新能力的培养，一直是中国高等教育面临的一大挑战。针对本科生创新意识和科研创新能力不足的问题，南开大学化学学院从2009—2013年实施了针对本科生科研与创新能力培养的系列改革和探索，并在2014—2017年的实践中取得了显著的成效，具体成果总结如下：

（1）改革教学计划、教学内容和教学方法

经过详细的调研和论证，针对本科生培养中存在的问题，在教学计划、教学内容和教学方法等方面都进行了有针对性的改革。针对优秀学生上课学习清闲，集中科研训练时间又不足的问题，在正常的三年学完专业必修课的教学计划之外，专门为优秀学生设置了两年学完专业必修课的教学计划。重要的专业必修课如有机化学2-1和2-2、结构化学等每个学期都平行开课，学生可以根据自身情况更加灵活地制定适合自己的选课计划，选择两年或三年修完专业必修课。一旦发现两年学完专业课有困难，随时可以退回到正常的三年学完专业必修课的教学计划。2016级311名本科生中有153人选择两年修完专业必修课，占比约50%，这就为大三以后集中参加科研训练和国际交流奠定了坚实基础。这种设置两年和三年教学计划分流培养的模式，应该开国内化学本科教学的先例。

针对课程知识陈旧、更新较慢、学生兴趣不高的问题，组织各领域杰出教授精心设计打造"当代化学前沿2-1""当代化学前沿2-2"和"改变世界的化学"等前沿课程作为学院指定专业选修课程，同时鼓励教师在专业课程教学中引入最新学科前沿内容，使学生从一入学开始的教学环节就能够领略化学学科前沿最新进展，并通过学习逐步培养起创新意识。

针对教学与科研脱节的问题，改进教学方法，在教学中增加文献检索、课下文献习题或作业、教学论文写作和ppt展讲等环节，培养学生的科研素养和能力。

为了探索培养学生的创新意识和创新能力，化学学院鼓励教师开展教学改革和教学研究。2012—2017年，化学学院教师承担教育部教改项目2项，天津市教改重点项目1项，南开大学教改项目31项。2013—2017年，化学学院教师在J.Chem.Edu.、《大学化学》和《化学教育》等国际国内顶级化学教育期刊上发表教学论文29篇。孙宏伟、陈兰、段文勇、沈荣欣、赖城明完成的"基于现代技术的《结构化学》精品课程的建设与实践"2013年获得天津市教学成果一等奖。学院已经形成良好的教学改革和教学研究氛围。

（2）搭建创新化学实验教学平台，培养学生的实验能力和解决问题能力

针对本科生动手和实验能力不足的问题，依托国家级化学实验教学示范中心，建设多层次实验教学平台，加强实验教学。在教师配备上，基础实验课每个班带实验老师由一名增加到两名，保证对学生的针对性指导。改革实验教学内容，引入最新科研成果，编辑出版了《创新化学实验》一书用于实验教学，使基础实验教学与科研接轨。鼓励教师改进和自制实验教学仪器，提高实验效率和教学效果。同时，针对学生对化学实验兴趣不高、缺乏协作和团队意识的问题，每年举行南开大学化学实验竞赛，鼓励学生参加天津市和全国大学生化学实验竞赛，激发学生对化学实验的兴趣，提高实验动手能力，培养学生创新意识和团队精神。

（3）实施逐级深入的系列课外科研与创新能力培养计划

针对本科生科研与创新能力不足的问题，除了加强理论课程和实验课程教学以外，实施逐级深入的系列课外科研与创新能力培养计划，具体包括以下几个方面：

大一上学期，组织"我爱实验室"科研体验活动，要求学生走进科研实验室，切实感受科研氛围，每人至少体验5个半天。活动结束填写提交"我爱实验室"活动日志，专业班导师进行审阅评优，然后学院召开年级大会，对科研体验活动进行总结，同时介绍化学学院完整的本科生科研与创新能力培养计划。通过这一活动，让学生加深认识化学类专业，认识化学科研，思考和制定本科四年或更长的人生规划。

大一暑期，开展为期一个月的本科生暑期科研训练，重点培养学生的基本科研素质、基本科学常识和基本实验训练。在这一个月里，学生参加学院组织的暑期科研系列讲座，并在导师指导下，参照科研训练指南，进行各种科研训练。结题时提交结题报告书。2013—2017年参加本科生暑期科研训练学生人数分别为：96，73，193，203，185。

大二下学期，鼓励、组织学生申请"国家大学生创新实验计划""天津市大学生创新实验计划"和南开大学"百项工程"创新项目，利用课余时间参与科研创新活动。通过项目的立项、完成、中期考核和结题，全面培养学生的科研与创新能力。近两年每年参加科研创新活动的学生人数都超过200人，占年级学生总数的70%～80%，已经形成本科生参与科研活动的良好氛围。

大三开始，继续鼓励学生进入实验室进行科研训练、科研创新。对于化学伯苓班学生，化学学院设立 50 万元科研训练基金，按研究生模式配备指导教师，进行为期一年的科研训练。学期末提交书面科研训练报告，学年末还要参加学院组织的 ppt 展讲汇报和考评。

大三结束，鼓励学生提前开始毕业论文工作。化学学院本科生的毕业论文很多都提前到大四上学期开始，特别是获得推荐免试研究生资格和出国交流的学生。毕业论文可以在本校、国内其他大学、中科院研究所等单位进行，也可以在国外进行。部分在国外做毕业论文的学生还可以通过视频进行论文答辩。

同时，针对本科生创新意识和创新思维的培养，开设"创新科研与训练"等课程，并定期开设系列针对本科生的学术讲座活动。从 2013 年开始，每月末的最后一个周五晚上，都开设伯苓讲座，聘请国内外著名的化学家为本科生作学术报告、分享科研体会，解读如何产生创新性思想以及在科研工作中如何实现创新。2016 年开始，每月中旬的周五晚上又增加一次青年伯苓讲座，聘请国内著名的青年化学家为本科生作学术报告、分享成长经历，帮助学生更好地规划人生。

为了使学生加强对科研训练和培养创新能力的重视，化学学院出台相应政策，鼓励和引导学生进入实验室进行科研创新活动。学院在推荐免试攻读研究生政策中，明确对科研训练的要求。参与科研训练的时间多少和取得效果，影响推荐免试攻读研究生的综合排名。对于参加出国交流，到国外课题组进行科研训练的学生，明确规定只有在校期间参加过半年以上科研训练的学生才能够获得资助。同时，化学学院出台政策，对于指导本科生完成科研训练或创新项目的教师，给予一定的工作量和经费奖励，对于指导本科生发表学术论文的导师也给予不同程度的经费奖励。

通过系列的科研创新能力培养计划，化学学院本科生的科研能力得到很大提升。2013—2017 年，本科生署名发表学术论文 306 篇，授权中国发明专利 15 项。本科生作为第一作者发表学术论文 53 篇，其中影响因子大于 3.0 的论文 30 篇，大于 6.0 的论文 6 篇，大于 10.0 的论文 1 篇。本科生作为学生第一作者的授权中国发明专利 7 项。

（4）国际化和全国化培养本科生创新意识与创新能力

通过学院资助一半学生自费一半的模式，化学学院重点资助本科生到国际一流大学课题组进行 3 个月以上的科研训练。2012 级学生共有 42 人

到国际一流大学课题组参加 3 个月以上科研训练；2013 级学生有 60 人到国际一流大学课题组参加 3 个月以上科研训练；2014 级学生有 56 人到国际一流大学课题组参加 3 个月以上科研训练，2014 年有 40 人进入世界排名 Top20 的大学或研究所进行科研训练。

学院也鼓励学生到国内其他高校和研究所进行科研训练或提前开展毕业论文工作。化学学院 2011 级本科生有 15 人到国内其他高校和研究所做毕业论文；2012 级本科生有 17 人到国内其他高校和研究所，22 人到国外做毕业论文；2013 级本科生有 9 人到国内其他高校和研究所，42 人到国外做毕业论文。很多毕业论文都进行一年左右。

同时，为了扩大学生的学术视野和眼界，学院资助本科生参加国内大型学术会议，定期组织本科生参观国内高校和科研院所。

通过国际化和全国化的交流与科研训练，极大地拓宽了学生的学术视野。不同国家、不同学校和不同课题组的科研氛围与科研文化的交流、学习和训练，促进了学生的创新意识和创新能力的提高，为学生进一步深造、攻读研究生学位奠定了基础。

（5）成果的国内外影响

本科教学和人才培养，一般周期较长，仅仅几年还不能全面评估取得的成果。但最近四年的实践检验证明，取得的成效比较显著。

南开化学本科生出国参加科研训练，基本上是学生直接给国外导师写信联系。随着学生创新意识和能力的提高，南开化学的声誉也逐步提高，几乎所有国际顶级大学包括哈佛大学、麻省理工学院、加州大学伯克利分校、加州理工学院、剑桥大学、牛津大学等都认可接收南开大学本科生的科研训练。美国的 Scripps 研究所每年都接受 8～10 名南开化学本科生去科研训练，成为南开化学本科生的海外科研实习基地之一。国外导师在反馈信里对学生的表现都给予了高度评价，少数国外导师或机构还给到访的南开学生支付生活补贴。南开化学本科生在国外交流期间的研究工作，2016—2017 年已经在 J.Am.Chem.Soc. 等国际期刊上署名发表国际合作学术论文 8 篇。

南开化学毕业生出国深造的高校也在逐步提升。2016 届毕业生当年出国深造的 45 人中有 28 人进入国际前 50 名大学或研究机构。

南开化学本科生科研与创新能力培养的探索与实践，在国内产生了很好的影响。2010 年，化学实验系列课程教学团队被评为国家级教学团队。

化学实验教学中心教学改革成果也受到了国内同行的关注。许多国内著名高校如北京大学、清华大学等及一些欧美大学曾来中心参观和交流。2016年7月8日，中心主任李一峻教授在第十届全国大学生化学实验邀请赛暨实验教学研讨会上应邀作了题为"实验教学团队的建设经验"的报告。2016年12月5日，李一峻教授应邀在桂林理工学院作了题为"南开大学化学实验示范中心建设经验"的报告。2015年10月24日，王佰全教授应邀在庆祝浙江大学化学系建系100周年系列活动·化学教育教学论坛上作了题为"创新型化学人才培养模式的探索与实践"的邀请报告。2016年7月4日，王佰全教授应邀在中国化学会第30届学术年会上作了题为"创新型化学人才培养模式的探索与实践"的邀请报告。王佰全教授主持的"创新型化学拔尖人才培养模式探索"、韩杰副教授主持的"研究型有机化学实验教学内容体系与教学模式改革与实践"项目入选教育部2017年"基础学科拔尖学生培养试验计划"研究课题。王佰全教授主持的"化学类本科人才培养模式研究与实践"入选2017年天津市教改重点项目。

2013—2017年，化学学院本科生获"国家大学生创新实验计划"项目56项、天津市大学生创新项目118项；本科生署名发表学术论文306篇，授权中国发明专利15项；在全国大学生化学实验邀请赛中共获得二等奖5次、三等奖1次；在天津市大学生化学竞赛中共获得一等奖83项，二等奖29项，三等奖10项；获得"挑战杯"全国大学生课外学术科技作品竞赛二等奖1项，三等奖3项，天津市特等奖、一等奖、二等奖各1项。2013年12月，在第三届全国化学专业本科生科技活动交流会上，于丽同学获得大会报告类一等奖，管铭同学获墙报类一等奖。2015年10月，在"第四届全国化学类专业大学生科技活动交流会"上，韩佳明同学获得口头报告优秀奖。2017年12月，在第五届全国化学类专业大学生科技活动交流会上，陈梦青获优秀报告奖，薛景获优秀墙报奖。2014年，化学学院"功能分子材料"团队入选团中央首批100支小平科技创新团队。2017年，杨成、刘彤、李明明撰写的论文《新型高效离子液体在绿色有机合成中的应用》入选第十届全国大学生创新创业年会。2017年，张卓晨获得国际遗传机器设计大赛（iGEM）金奖。

南开大学化学类专业本科生科研与创新能力培养探索与实践，不仅提高了南开化学本科人才的培养质量，对推动全国化学类专业建设和人才培养的教学改革，也发挥了积极的辐射和示范作用。该成果获2018年高等教育天津市级教学成果一等奖。

成果完成人：王佰全、李一峻、程鹏、周其林、邱晓航、郭东升、阮文娟、孙宏伟、杨光明

2012级本科生参加美国加州大学伯克利分校暑期学校留影

2014级本科生在美国Scripps研究所参加科研训练留影

第八届高等教育
天津市级教学成果奖证书

成 果 名 称：化学类专业本科生科研与创新能力培养探索与实践

成 果 完 成 人：王佰全 李一峻 程 鹏 周其林 邱晓航 郭东升 阮文娟 孙宏伟 杨光明

成果完成单位：南开大学

获 奖 等 级：一等奖

二〇一八年四月

南开化学百年贡献

成果名称

基础学科拔尖学生培养的探索与实践

拔尖创新人才培养是实现"中国梦"的历史要求，是中华民族伟大复兴的基础工程，习近平总书记2016年在全国高校思想政治工作会议上指出："办好我国高校，办出世界一流大学，必须牢牢抓住全面提高人才培养能力这个核心点。"为了突破我国原始创新与核心技术不足、相关基础学科领域的领军人物和对世界有重大影响力的贡献缺乏的局面，需要对现行教育体制、教学模式和方法手段进行改革和创新，进行特区模式探索。2009年，教育部与中组部、财政部共同启动"基础学科拔尖学生培养试验计划"（简称"拔尖计划"）。该计划是我国目前唯一同时列入《国家中长期教育改革和发展规划纲要（2010—2020年）》和《国家中长期人才发展规划纲要（2010—2020）》的人才项目。该计划的目的是在高水平研究型大学的优势基础学科建设一批国家青年英才培养基地，吸引最优秀的学生投身基础科学研究，努力使受计划支持的学生成长为相关基础学科领域的领军人才，并逐步跻身国际一流科学家队伍；同时积极探索提高人才培养质量的机制和方法。

南开大学首批入选"拔尖计划"，2009年9月分别在数学、物理学、化学、生物科学基础学科展开试点。2010年1月成立伯苓学院，主要负责"拔尖计划"的落实及日常管理和组织协调工作。经过10年的改革与实践，取得了成功的经验和可推广应用的成果，带动了本科教育教学质量提升。

南开大学自2009年开始实施"拔尖计划"至2019年经历了10个年头，从最初的探索实践，发展到机制模式创新、逐步丰富内涵、跨越提高阶段。以数学、物理、化学和生物四个基础学科作为创新本科学生培养的实践"特区"，于2009年9月启动"拔尖计划"，在全校范围内从当年入学的新生中选拔，分别在数学、物理、化学和生物4个基础学科的专业学院组建4个以南开创始人张伯苓名字命名的"伯苓班"。在灵活的进出机制调节下，截至2018年2月，已经毕业5届学生共331人，在校学生494人。

（一）政策和组织保障

2010年1月，在"伯苓班"的基础上，学校成立了"伯苓学院"负责"拔尖计划"的实施和协调。

2011年8月31日，校党委常委会议决定成立"南开大学国家教育体制改革试点工作领导小组及办公室"。

2011年8月31日，学校发布《关于成立南开大学国家教育体制改革试点工作领导小组及办公室的通知》，全面领导学校国家教育体制改革试

点工作，主要负责制定试点工作的实施方案，研究各项目建设过程中的重要问题，并为学校有关决策提出建议；协调、督促、检查、保障试点工作的开展，并给予相应的政策支持。"拔尖计划"的组织协调和战略规划审议，是该领导小组重要任务之一。2011年9月6日，学校发布《关于做好学校国家教育体制改革试点工作的通知》。

2012年7月9日，学校正式公布了以校长为组长的"南开大学国家教育体制改革试点工作领导小组成员名单"。

在2011年底召开了本科教学工作会议上，南开大学从大学的根本任务和使命——"育人"出发，出台了《南开大学素质教育实施纲要（2011—2015）》（以下简称《纲要》），进一步推动了体现南开"允公允能、日新月异"育人特色的"公能"素质教育进程，明确提出：实施"公能"特色素质教育是南开办学的基本战略，为"拔尖计划"的实施注入了新的内涵。

《纲要》坚持育人为本的办学理念，特别强化了"教学优先"的观念和教学保障机制；提出积极推动实现"三个转变"：在办学观念上，从"学科为本"转变为"育人为本"，学科是集教学、科研、队伍、基地等于一体的育人综合平台，学科建设要为"育人"服务；在教育内容上，从侧重"传授知识"转变为重在"提升素质"，即要超越知识教育，实施德智体美全面发展的素质教育，在传授系统专业知识的同时，更要注意学生的人格内涵、学习能力、实践能力和创新能力培养；在培养模式上，从"以教为主"转变为"以学为主、教学相长"，摈弃完全"灌输"的束缚，突破"以教为主"的千年模式。探索"讲一练二考三"的教学方式，精讲（重点、难点），多练，拓宽考试面，为学生留出更广的自主发展空间，使优异学生脱颖而出。

学校还成立了"拔尖计划"专家组和督导组。专家组负责审定培养模式、培养方案、教学计划、课程体系；参与学生选拔工作，制定学生评价体系；参与制定教师聘任原则以及奖惩政策等；督导组负责了解教师授课效果以及学生学习情况，并及时反馈；指导和督促任课教师在课程体系、教学内容、教学方法等方面的改革与创新工作；在每学期末，提交教学督导组工作报告，总结经验，发现不足，就进一步提高教育教学质量提出意见和建议。

采取项目主任负责制，"伯苓班"所在4个专业学院分别成立以院长为项目负责人的领导小组、工作组和考核督导小组。负责学科"伯苓班"培养方案和教学计划的制订、专业必修课程任课教师的选聘等工作。

制定《伯苓学院工作职责》；负责伯苓学院的发展、建设、改革和管理工作，组织学院有关制度和措施的制定和完善，组织教育部"基础学科拔尖学生培养试验计划"的实施；协助专业学院组织学生的选拔、教学计划调整、学籍变更、出国学习交流、创新实践等；配合相关部门进行教学质量和教学改革评价、总结和交流；经费、设备、档案的日常管理；及时保持与教育部及学校相关部门的联系与沟通；上级和学校领导交办的其他工作。

为保证计划的顺利实施，学校制定了一系列相关的政策和具体措施，并结合实际在实施过程中不断修订和完善。《南开大学实施基础学科拔尖学生培养试验计划的暂行规定》的发布，进一步明确了"拔尖计划"的建设目标，是按照建设创新型国家的要求，发挥南开大学的学科优势，探索基础学科拔尖人才成长的规律，充分利用国内外优质教育资源，借鉴国外高水平大学拔尖创新人才培养理念、模式和方法，大胆创新、深入改革。引导学生在"公能"素质教育环境下锻炼成长，促进立志于在基础学科领域发展的学生脱颖而出，使他们在完成整个高等教育后尽快成为具有国际竞争力的优秀学术型人才。"拔尖计划"作为试验区，为高等教育改革和学校探索人才培养质量提高积累经验。

同时，对"拔尖计划"的选拔、动态进出机制、因材施教和个性化培养、科研训练、实践体验、对外交流、管理机制等进行了基本规范。

《南开大学伯苓学院奖学金评选办法》已纳入学校整体奖学金体系。完成《关于伯苓班进出学生公共必修课程学分认定的处理意见》《关于资助伯苓学院学生外出交流学习的暂行规定》《南开大学关于基础学科拔尖学生培养试验计划专项经费使用的管理规定（试行）》等一系列的规章制度制定，随后还将陆续制定课程导则、质量评估、科研计划等细则，从政策上保障计划的实施。

（二）配备一流教师

立足本校两院院士、教学名师、长江学者和一批专业骨干教师，伯苓学院任课教师的选拔通过专业学院领导小组考核及专业学术委员会审议，并经伯苓学院正式聘用，从而保证了任课教师的教学水平和质量。"伯苓班"所在专业学院聘请了大量国内外知名专家、教授为"伯苓班"学生授课或开设讲座。

数学"伯苓班"邀请多名国外著名数学家、数学教育家为伯苓班学生

讲课，如著名几何学家、加州大学 Berkeley 分校项武义教授，西班牙瓦伦西亚大学 M. Hartl 教授，乔治亚理工学院曾崇纯教授等。

物理"伯苓班"每年聘请十余位国外教授进行讲座和交流，如卢布雅那大学 I. D. Olenik 教授在 2012—2013 年为 2011 级伯苓班教授"物理研讨 3"，为 2010 级学生讲授"光子学技术"；伦敦城市大学数学系何杨辉教授每年为学生讲授"理论物理的现代数学方法"。

化学"伯苓班"曾两次邀请厦门大学郑兰荪院士，两次邀请国家级教学名师、吉林大学宋天佑教授为一年级学生讲授无机化学课程；每年夏季学期邀请国外专家开课，如瑞士苏黎世大学的 J. S. Siegel 教授讲授"基础有机化学"、美国南佛罗里达大学的 M. J. Zaworotko 教授和德国卡尔斯鲁厄大学的 A. K. Powell 教授分别讲授"基础无机化学"、加拿大蒙特利尔大学的 J. X. X. Zhu 教授讲授"高分子化学导论"等。

生物"伯苓班"定期邀请国外知名生物学专家、学者来学院为学生举办专场讲座。如：美国科学院院士、美国克里夫兰临床基金会 Lerner 研究所杰出科学家、凯斯西储大学遗传学系教授 G. Stark 教授；爱丁堡皇家学会成员、格拉斯哥大学化学系蛋白质结晶学教授、中科院生物物理所国际顾问组成员 N. William 教授；中国科学院上海生科院生化与细胞所研究员、中国科学院院士、乌克兰科学院外籍院士、第三世界科学院院士、浙江省基因治疗研究中心主任刘新垣教授；中国科学院院士、第三世界科学院院士、上海交通大学生命科学技术学院院长邓子新教授等。

目前，伯苓学院所有"伯苓班"均实行了学业导师和班导师制，即在选课授课、课程学习、辅导答疑、生活管理、科学研究、学业设计等方面，均对学生给予指导。导师定期与学生进行面对面交流，包括学业指导和问题释疑等，及时、有效地为学生解决学习、生活等各方面的问题，使其心身愉快地学习和发展。

为调动教师从事本科教学工作的积极性，伯苓学院在学校财务和审计等部门的支持下，大幅提高了任课教师的课时标准。与教务和人事等有关部门协商，建立教学绩效考核标准及测评方法，在教师聘用、薪酬制定、绩效测评等方面，突破现有体制，按照新制定的绩效考核方式进行，注重考核拔尖学生培养的质量和实效，使聘任教师把精力投入到个性化育人的教学之中。

（三）选拔优秀学生

在选拔学生时，坚持"严入口、小规模、重特色、高水平"的原则，注重考查学生的专业兴趣和思考能力。

在规模上，数学、物理、化学和生物4个"伯苓班"每年各约20人，年总规模80人左右。学生依据专业兴趣自愿报名，在全校范围内从当年入学的新生中广泛选拔有志于从事基础学科学习和研究的学生。考核内容以英语和专业知识为主，并且兼顾思想品质和心理测试。考核形式采取面试和笔试相结合的方式，重点考查学生的思考能力和专业兴趣。根据我校自主招生政策，在自主招生考试中，特别优秀者可直接入选"伯苓班"。

在培养过程中，对"伯苓班"学生，实行双向选择，动态进出机制。第一、二学年末，可由学生本人提出申请，经所在学院专家组综合考核，学院批准，伯苓学院备案，即可转入"伯苓班"学习。经专业学院专家组综合考核，不适合继续在"伯苓班"就读或自愿申请退出者，退出"伯苓班"学习。通过制定灵活的课程免修、学分置换等办法，保证学生进出机制的顺利实施。同时，也探索与重点高中对接的方式，直接从高中选拔成绩优异或入选"英才计划"的学生。

（四）创新培养模式

伯苓学院努力创新学生培养模式，单设方案、单列计划、单独开班、单选教材、小班教学、名师主讲、导师引导；高起点、高要求、高效率，互动授课，理论与实验、实践同步，注重实验训练，加强实验单人操作率。目前，学院已根据"拔尖试验计划"培养模式，基本完成了课程设计和建设，对必修课、专业课及专业选修课进行了统筹设计，并探索对考核及评价的改革。

学院极为重视学生的素质教育，以崭新的视角和创新的思维进行课程设计，依据培养目标对必修课、专业课、专业选修课和通识课进行统筹设计，构筑具有南开"公能特色"的素质教育体系，注重科学精神和人文精神的有机融合。

为给学生营造浓郁的学术氛围，学院举办多种形式的高水平学术讲座和报告，为学生提供多种渠道了解国内外教学和学术动态，特别强调学生参与讲座和报告。如：定期邀请国内外知名教授作学术报告、课程讲授；进一步增加4个学院内部学术报告，每年所有课题研究组都必须面向所有学生介绍他们所在领域的前沿动态和课题组的研究进展；开展学术讨论小

组，组织学生自由选择方向，在老师的引导下阅读文献，定期讨论交流，介绍各自的心得体会；全面开展暑期交流活动，国内和国际结合。

从 2013 年起，学校实施夏季小学期制。学院利用夏季学期聘请知名国外专家进行短期访学，对学生进行专业课授课及科研指导，尽早使学生与国外一流学者接触。此外，选拔部分学生，利用夏季学期，到国内外一流大学、科研院所进行短期交流，开阔视野。

（五）改革教学管理

伯苓班实行班级管理与导师制相结合的管理模式，为每个班级配备班导师和学业导师。伯苓班所在学院推荐综合素质高、业务能力强的教师担任"伯苓班"学业导师，由"伯苓学院"聘任。学业导师在学生学业设计、思想认知、科学研究和综合素养等方面给予指导，定期与学生进行面对面沟通与交流。班导师主要负责班级管理，解决学生在生活方面遇到的问题，使学生身心愉快地投入学习。

为保障伯苓班学生进出机制的顺利实施，伯苓学院已对学校公共必修课程的选修、免修和学分置换等作出了明确规定，并与学校教务部门及相关学院协商，完成了学院必修课、专业必修课和专业选修课程的选修、免修和学分置换方案的制定工作。

学院对"伯苓班"学生实施"柔性评估"与"奖励优秀"相结合的考核机制，考核侧重过程性和个性化，充分强调学生在自主学习和实践研究过程中的创新性与发展潜力，鼓励考核形式多元化。

各伯苓班均制定了管理人员聘用的考核与奖励办法，每年由伯苓学院拨出专项资金，奖励成绩突出的管理人员。

（六）提供科研训练条件

学校为伯苓学院学生开放所有实验室，包括国家重点实验室、教育部重点实验室、开放实验室、国家实验教学示范中心等，并配备专人进行指导。学校所有资料室、数据库等均向伯苓班学生开放，为学生提供学习的一切便利条件，满足学生的各种学习需求。

此外，学院还鼓励学生积极参与"国创项目"和"百项工程"等科研训练项目，并鼓励学生到科研院所和企业开展实训活动。对获得校级科研训练项目的学生，学院均给予经费上的全额资助。通过开放所有实验室、资料室，提供较大力度的政策和经费支持，伯苓班所有学生均参与了科研训练和创新活动，锻炼了实践能力，提高了科研水平，部分同学的论文被

SCI 等著名专业期刊收录。

（七）开展国际化培养

学校十分重视学生的国际化培养，致力加强国际合作，采取走出去、请进来相结合的方式，尽快使学生融入国际竞争氛围之中，在交流中成长，在竞争中成才。

在学校教务处、国际学术交流处的大力支持和积极配合下，学校出台了伯苓班学生出国留学资助办法，鼓励学生利用暑期进行短期学习交流和整学期课程学习，并且全额资助有会议论文的学生参加国际学术会议。积极与国外知名高校建立校级联系，开展合作办学，邀请国外知名专家学者来校讲学讲座，开阔学生视野，了解学科动态。

化学伯苓班支持学生到国际一流大学课题组进行 3 个月以上的科研训练。2012 级、2013 级和 2014 级分别有 42 人、60 人和 56 人参加，其中，2014 级 39 人进入世界排名 Top20 的大学或研究机构。诺贝尔奖获得者 Stoddart 教授在给肖奎的推荐信中指出："肖奎同学将带着来自我的最高评价和推荐回到他的母校南开大学，他对科研工作的奉献和实践都能称得上是真正的典范，我坚信肖奎同学将成为一名杰出的科学家、导师和教师。" 2017 年在加州大学伯克利分校面向全球举办的 Laboratory Research Experience Program 暑期科研项目中，2014 级本科生王焜昱和常雪莹在该项目最后的墙报展示中分别被评选为最佳墙报奖第 1 名和第 3 名，常雪莹同学为此还被伯克利化学学院官方网站报道。2018 年，2015 级本科生汤天化在墙报展示中再次为南开蝉联最佳墙报奖第 1 名。

通过国际化培养的方式，学生的视野得到了拓宽，学习和科研能力得到了增强，许多学生在校期间发表的论文就被 SCI 等核心期刊收录，多项成果获得专利，涌现出一批科研能力强、有创新潜力的优秀学生。目前已有五届毕业生共 331 人，其中在国内外读研深造的 319 人，占毕业生总数的 96.37%。这些学生在批判性思维能力、知识整合能力、相互协作能力等方面表现突出，部分学生在学术领域崭露头角。

伯苓学院已建立了有效的毕业生跟踪措施，随时掌握学生离校后的动态，及时了解毕业生对该项目的意见和建议，为拔尖学生培养试验计划项目积累宝贵经验。

1. 以德为先，建立具有南开特色的拔尖学生培养模式

"公能"素质教育是南开教育传统的精髓，其核心理念是"以德为先、

能力为重、全面发展、勇于创新"。伯苓学院作为本科教育教学改革的先行区和试验田，率先更新教育观念，努力实现"三个转变"：在办学观念上，从"学科为本"转变为"学生为本"；在教育内容上，从侧重"传授知识"转变为重在"提升素质"；在培养模式上，从"以教为主"转变为"以学为主、教学相长"。目前已经形成了以学生为主体、以教师为主导，以"公能"和"创新"为主线和南开特色的拔尖学生培养模式。这一模式紧紧围绕"培养什么样的人、如何培养人以及为谁培养人"这个根本问题，坚持立德树人的根本任务。在培养过程中，通过井冈山重走红军长征路、回望红色摇篮、寻梦西南联大、走进国内外著名高校等活动进行理想信念教育，让学生了解国情校史，"知中国、服务中国"。

2. "选""鉴"结合，不拘一格选拔人才

伯苓班采取动态进出的选拔机制，坚持"严入口、小规模、重特色、高水平"的原则，注重考查学生的远大志向、科研兴趣和思考能力。理科4个专业学院每年从全校选拔 150 名左右优秀的本科生进入伯苓班，其中约四分之一的学生来自其他专业，这些学生（约占新生总数的 1%）在入学之初就获得了重新选择专业的机会。伯苓班的遴选机制也有力地促进了招生工作的开展。在培养过程中，坚持双向选择、动态进出，通过制定灵活的课程免修、学分置换等办法，保证学生进出机制的顺利实施。

3. 因材施教，启发式、探究式、讨论式、参与式学习成为主导

在理念上，伯苓学院注重为学生自主发展创造条件。关注学生不同特点和个性差异，发展学生的优势潜能，激发学生的好奇心，培养学生的兴趣爱好，营造独立思考、自由探索、勇于创新的良好环境。在实践中，伯苓学院强调"点燃一把火"而不是"灌一桶水"，更加强调"会学"而不仅是"学会"，从而取得"知之不如好之，好之不如乐之"的效果。

4. 以学生为本，构建多层次多形式的科研训练体系

在学生培养过程中，通过"一制三化"（导师制、小班化、个性化、国际化）探索全面发展与个性发展相结合的培养机制，强化培养学生自主学习能力。伯苓学院所有"伯苓班"均实行学业导师和班导师的双导师制，导师定期与学生进行面对面交流，包括学业指导和问题释疑等，及时有效地为学生解决学习、生活等各方面问题。对学生开放国家重点实验室等各类科研平台，构建多层次科研训练体系，学生可以根据兴趣和潜力自主选择导师、专业和课程，进行科研训练以及自主进行课题研究与学术探索。

各伯苓班除了安排本校两院院士、长江学者、教学名师等为伯苓班授课和开设前沿讲座，还邀请国内外著名学者来校与伯苓班学生进行交流，每年选派优秀学生到国外一流大学和一流实验室跟随一流导师进行多形式的交流，培养学生的独立科研能力和国际化视野。

5. 有效的平台化运作模式

平台化运作模式并不组建实体化办学机构，而是依托相关专业学院组建拔尖班（伯苓班），单列培养方案，推行以"一制三化"（导师制、小班化、个性化、国际化）为核心的因材施教模式。平台化运作模式不仅避免了"孤岛效应"，而且形成了"外溢效应"。拔尖学生如同高原之上的高峰，海面之上的冰峰，在平台化运作模式下，拔尖学生客观上已经发挥了示范、引领和带动作用，教师在教学相长中全面提高了人才培养能力并已经辐射到普通班级。

6. "领跑者"的理念建立拔尖人才培养试验区

"拔尖计划"是高校人才培养试验区，让拔尖学生为全体学生领跑，带动各类创新人才培养，促进整体人才培养质量提高。伯苓学院定位于南开大学本科教育教学改革的先行区和试验田，在数学、物理、化学和生物4个伯苓班的成功经验基础上，于2016年将"拔尖计划"从自然科学延展到人文社会科学专业，创办经济伯苓班、人文伯苓班和社科伯苓班。目前，南开大学本科人才培养已经形成"雁形"结构（如下图所示），由拔尖学生（占8%左右）培养带动全体学生培养质量的提高。

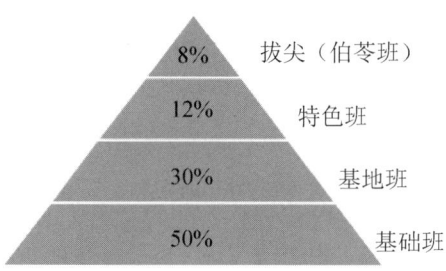

伯苓班的培养模式和教学手段在国内产生重要影响。2012年8月主办了教育部"拔尖学生培养试验计划"国际化培养研讨会及物理学科研讨会。各伯苓班的经验也在全国分学科"拔尖学生培养试验计划"的交流会上作邀请报告，被国内同行专家认可和高度评价，如物理伯苓班的导师制拔尖人才培养体系的经验被称为"南开模式"。

成果完成人：程鹏、许京军、李川勇、余华、陈凌懿、刘方、王佰全、郭军义、卜文俊、杨光明、高翔

南开化学百年贡献

成果名称

培养国际化创新型化学化工复合人才的协同育人机制的建立与实施

随着社会经济的发展和科技进步，世界化学工业正经历着深刻的产业结构调整和转型升级。同时，为了适应资源、能源、安全、环境、健康等重大需求，实现从分子水平研究到产业化应用的全链条创新，以及促进产业间的融合已经成为世界化学工业发展的主要趋势。新趋势对人才培养提出了更高的要求，即培养能够从分子设计、反应路线选择、工艺流程优化、过程装备强化等多角度系统创新，适应经济全球化和全球治理体系建设的需要，引领世界化学化工技术进步和行业发展的国际化战略科技人才。

为满足人才培养需求，提高行业协同创新能力，2012年以南开大学化学学科和天津大学化工学科的协同融合为核心，联合中国科学院过程工程研究所、中国石油化工集团公司以及天津渤海化工集团公司组建天津化学化工协同创新中心（以下称中心），吸引了来自国内外高校、科研院所和企业的专家、学者350余人，有效整合了化学和化工学科的优势教学与科研资源。在天津大学和南开大学的支持下，中心以培养理工复合型国际化创新人才为根本任务，以"人才培养、学科建设、科学研究"三位一体创新能力提升为持续发展的重要支撑。协同创新与人才培养紧密结合，突破组织机构和学科壁垒，建立协同育人机制，围绕理工融合、实践与创新能力培养和国际化视野开拓三个方面，深化本科生与研究生两个层次的培养模式改革是本成果的主要特色。

本成果在南开大学与天津大学合作办学前期实践经验的基础上，依靠中心的学科优势、师资优势和科研平台优势，在课程体系、实践教学、国际交流等方面进行了改革和探索，有效提升了人才培养质量。在本科生层面：以两校合办的分子科学与工程专业为抓手，重点解决课程体系不够精练、课堂学时多和课业压力重、知识衔接不够紧密、理工融合特色不够突出等限制学生实践创新能力培养和国际化视野开拓的问题，进一步优化了课程体系。减少了课堂学时，增加了理工融合特色课程和科学前沿课程；实施了"一体化、三层次、多形式"的实验教学体系，实现了实验与科研能力梯度培养；搭建起高水平的双向国际交流平台，扩大了出国交流生与国际留学生规模。在研究生层面：重点解决机制体制对学科交叉和多学科师资队伍、学术平台、科研条件构建的束缚，以及由此导致的学生知识面窄、科研方法和科研手段受限、国内外学术交流少、学术思想和创新思维不够活跃的问题。中心邀请各团队负责人为研究生开设基础理论讲座，举办科研基础知识和方法专题交流,组织了天南大化学化工博士生学术论坛,并通过举办学术会议，资助研究生出国等形式促进学术思想的交流。

本成果以协同创新中心人才培养、学科建设、科学研究"三位一体"创新能力的提高为指导思想，充分利用中心汇聚的人才队伍、科研条件和资金等方面的资源优势，在理工复合型国际化创新人才培养方面进行了探索和实践，受益面大，并通过大会报告、教改论文、媒体报道、接待来访等多种方式进行了有效的推广。

（1）化学化工复合型人才的培养方案和模式得到优化和推广

在本科生方面，以分子科学与工程专业为抓手，深化理工融合，形成了一套化学化工理工融合型的本科生培养方案，建设了12门理工融合的前沿课程与特色课程，并将改革成果推广到化学、化学工程与工艺等多个相关专业的教学环节中。在研究生方面，中心举办的基础理论讲座和学术会议面向天津大学和南开大学所有学生及社会开放。截至2018年，分子科学与工程专业在校生规模为240人，中心成员指导的硕士、博士研究生共2460人。受益学生数量累计超过5500人。

（2）搭建高水平的研究和学术交流平台，学生的创新能力得到提高

成果实施以来，本科生参加课外实践及科研实践活动40余项，发表学术论文与申请专利24篇（项）。本科生培养质量得到广泛认可，学生在国内外各类科技竞赛中成绩突出，共获国际、国内奖励11项。其中具有代表性的包括：学生在2016年国际基因工程机器设计大赛（iGEM）总决赛中获得金奖；外研社杯全国英语写作大赛二等奖一项（2014年），阅读大赛全国总决赛二等奖一项（2016年）；天津市大学生化学竞赛一等奖一项（2016年）、二等奖一项（2015年）。毕业生一次就业率始终保持在98%以上，超过62%的学生被国内外著名高校录取攻读研究生。

（3）加强学生国际化视野和国际交流能力培养，覆盖面大

2013年至2018年，共有24名分子科学与工程专业毕业生进入斯坦福大学、墨尔本大学等世界知名大学深造，约占毕业生总数的11%；截至2018年的近三年共资助50余名本科生到哈佛大学、耶鲁大学、加州理工学院、麻省理工学院、加州大学伯克利分校等世界名校参加科研实习或科研训练，多名研究生到马普研究所等世界顶级的实验室和研究小组从事研究工作或出国参加学术会议。

（4）成果具有显著的示范辐射效果

本成果主要完成人在《中国大学教学》《高等工程教育研究》《中国高

等教育》等期刊中发表了4篇高水平教育教学论文，多次参加国内外各类研讨会并作交流报告。

成果完成人：王世荣、冯亚青、王佰全、齐崴、夏淑倩、李一峻、孙平川、陈志坚、杨光、卢伟

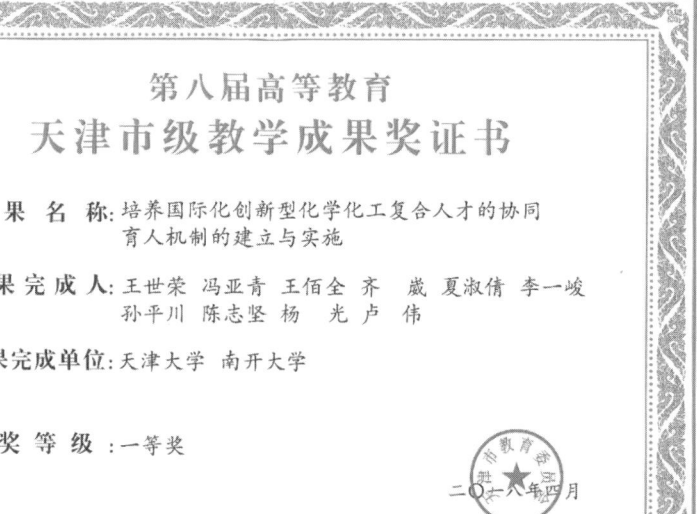

南开化学百年贡献

成果名称

物理化学课程建设

朱志昂，1939年6月出生，江苏江都县人。南开大学化学学院化学系教授、博士生导师，曾任化学系主任。2005年9月1日退休。2009年获国家级教学成果一等奖，2002年教育部和国家自然科学基金委国家基础人才培养基地先进工作者，天津市教学名师，获得宝钢教育基金优秀教师特等奖、国家教委科技进步二等奖、天津市自然科学三等奖。享受国务院政府特殊津贴，南开大学优秀共产党员，"百年南开大讲坛"主讲人。1984年被教育部聘为理科化学教材编委会物化组编委。1990年至2000年被国家教委聘为高等学校化学指导委员会物理化学及结构化学指导组成员。曾任天津化学会理事、南开大学教学指导委员会委员、《中国化学》（英文版）（Chinese Journal of Chemistry）杂志编委、全国危险化学品管理标准化技术委员会委员、全国教学仪器标准化技术委员会委员、中国化学会物理化学专业委员会委员。

物理化学课程是化学、环境化学、材料化学、分子科学与工程等专业的专业基础课，基本原理应用广泛。该课程理论性、逻辑性强，数学公式多，难讲、难学。

南开大学的物理化学课程最初是南开大学化学系创始人之一邱宗岳教授讲授的，邱老一直讲到20世纪50年代初；接着由国外归来的知名教授朱剑寒讲授；后来是陈荣悌院士。他们培养了一批物理化学教师，例如，梁正熙、贾同文、姚允斌等。"文革"后，姚允斌等将老一辈严谨的教学态度、教学风范传承发扬。朱志昂教授从1984年至2005年一直在主讲物理化学。朱志昂教授自1984年起被聘为教育部理科化学教材编审委员会物理化学编审组成员，后为高等学校理科化学指导委员会委员。经历了"文革"后高等教育改革的各个阶段，朱志昂教授带领课程组传承老一辈治学严谨的传统，积极参与了全国的物理化学课程体系及教学方法的改革，承担、完成多项教改项目，并将教改成果付诸教学实践，编写教材，不断提高教学质量。所讲物理化学课程于1989年6月、1998年6月被评为南开大学校级优秀课程。1998年9月被评为南开大学优秀示范课程。多功能综合性高等化学试题库的研制和应用，1997年获国家教委国家级教学成果二等奖，课程组朱志昂、阮文娟为该项目主要研制人员，1998、2000、2002年度分别列为教育部"国家理科基地创建名牌课程"。物理化学课程获2004年校级精品课，物理化学课程建设获2004年天津市级教学成果二等奖。成果第二完成人阮文娟教授从1998年起一直主讲物理化学。朱志昂虽于2005

年9月1日退休,但退休后一直参加课程组的活动,担任指导工作,传承物理化学课程的优良传统。现课程组组长阮文娟教授带领物化课程组不断进取,物理化学课程2008年被评为天津市精品课。物理化学系列课程教学团队2013年获天津市教学团队奖,2017年获南开大学教学成果一等奖,2021年6月申报天津市一流课程建设项目。物理化学课程组所取得的一些成果是南开几代人辛勤努力的结晶。在此,我们不仅总结2004年获奖前的成果,而且总结2005年以来物理化学课程组教学改革的成绩,使优良传统代代相传,将南开大学物理化课程建设成一流课程。

一流的课程必须有一流的教师队伍。南开大学化学学科老一辈十分重视本科教学,许多老教授亲自讲授基础课物理化学。其中有些已经仙逝,有的亦已退休,但他们讲课的风采、严谨认真的教学态度代代相传。年轻教师不断成长,不断补充新鲜血液。物理化学课程组现有11名教师。分布情况如下:

知识结构:教授7人,副教授4人;其中博士生导师7人,硕士生导师4人;杰青1人;青年长江1人;优青1人;天津市教学名师2人;具有博士后学历3人、博士学位9人、硕士学位10人、学士学位1人。

年龄结构:60岁以上2人,40岁以上7人,40岁以下2人。

学缘结构:从具有硕士学位的角度看,5人来自南开大学,其他5人分别来自吉林大学、中国科技大学、山东师范大学、辽宁石油化工大学和山东曲阜师范学院等。

从具有博士学位的角度看,9名具有博士学位的教师中,8位为南开大学的博士,1位来自中国科技大学。3名博士后分别在以色列巴伊兰大学(1人)、日本东京大学(2人)。

师资科研背景强:课程组教师中,有9人具有博士学位。课程组的每位教师除讲授物理化学外,还分别承担着各种教学、科研等工作,如开设选修课、带物理化学实验等。课程组教师积极从事教学研究,共发表教学论文31篇。同时,承担了国家863、国家自然科学基金、天津市自然科学基金等20余项科研项目,国内外刊物发表400余篇科研论文。有1人获国家级教学成果一等奖、1人获国家教委科技进步二等奖、2人获天津市自然科学一等奖、3人获天津市自然科学三等奖、1人获天津市科技进步二等奖。本课程组教师素质优秀、科研背景强、教学科研水平高,为切实提高教学质量、培养创新型人才提供了有力的保障。

在改革开放的浪潮中，高等教育如何为强国、富国培养创新型人才需要探索研究，不断进行教学改革。课程组主持完成16项省部级教改项目，发表31篇教学论文，并把教改成果融入编著出版的教材，融入课堂教学。以下是2004年获奖前的项目、论文，和2004年获奖后课程组与时俱进、不断进取的教改项目及论文目录。

教学教改项目目录：

（1）南开大学校级示范精品课程建设项目，南开大学（2008）

（2）物理化学多媒体网络课件，南开大学教材建设资助立项（2007—2008）

（3）非化学专业物理化学课程的教学内容、教学方法和教学手段的改革，南开大学2007年度教育教学改革项目（2008年1月—2010年1月）

（4）理科基地创建名牌课程项目，教育部（1998—2004）

（5）面向21世纪教学内容和课程内容改革，国家教委（1996—2000）

（6）面向21世纪物理化学课程体系及课程内容改革，天津市教委（1996—2000）

（7）面向21世纪物理化学课程体系及课程内容教学改革，南开大学（1996—2000）

（8）作为主要研制人员，参加并完成"多功能综合性高等化学试题库"，国家教委（1986—1997）

（9）环境科学系化学类课程教学内容及教学体系的改革，天津市面向21世纪教学改革立项项目（1997—1999）

（10）学生的主动性和创新能力的培养，南开大学教改项目（2012—2014）

（11）《物理化学导读》，南开大学教材建设重点资助项目（2012—2014），该教材已于2016年6月由科学出版社出版

（12）《物理化学》（第五版），南开大学教材建设重点资助项目（2012—2014），该教材已于2014年3月由科学出版社出版

（13）物理化学基础课中理论教学与实验教学的结合，南开大学教改项目（2012—2014）

（14）在物理化学教学中引入计算化学内容，南开大学教改项目（2014—2016）

（15）"讲一练二考三"模式建设面向实际应用的计算化学课程，南开

大学教改项目（2015—2017）

（16）非化学专业物理化学课程多媒体教学内容的改革，南开大学教改项目（2009—2010）

发表的教学论文目录：

（1）树立以学生为主体，以教师为主导的人性化教育理念，朱志昂，阮文娟.宁夏大学学报（自然科学版），2007，28，41

（2）主讲基础课21年的体会，朱志昂.中国大学教学，2006，5，15

（3）在物理化学中如何讲授热力学函数规定值及热力学标准态，朱志昂，阮文娟.2007年第二届大学化学化工基础课程报告论坛论文，2007，武汉大学

（4）主讲基础课21年的一些体会，朱志昂.2006年首届大学化学化工基础课程报告论坛论文集，高等教育出版社，2006

（5）以学生为主体，推进教学改革——物理化学基础课教学改革浅谈，张智慧.2006年首届大学化学化工基础课程报告论坛论文集，高等教育出版社，2006

（6）强化创新理念，培养创新型人才，张智慧，宁夏大学学报，2007，28（2），195

（7）由中美部分大学教学的比较谈教学改革，张智慧.2007年第二届大学化学化工基础课程报告论坛论文，2007，武汉大学

（8）结合生物和医学类学科特点开好物理化学课，王春明，张智慧.南开教育论丛，1997，38

（9）在物理化学中如何讲授化学反应进度这一概念，朱志昂*，张智慧.大学化学教学论文集，北京大学出版社，1990

（10）化学平衡教学中的某些问题，朱志昂，化学通报，1987，7，38

（11）关于电池反应方向判据的讨论，朱志昂*，张智慧.教材通讯，1989，1，39

（12）热力学标准态和化学反应的标准热力学函数，朱志昂.物理化学教学论文集（二），高等教育出版社，1991

（13）改变教育思想，更新教育观念，朱志昂*，阮文娟，张智慧，杨秀檩.南开大学思想讨论文集，南开大学出版社，1999

（14）物理化学教学改革与21世纪人才培养的研究，朱志昂，化学类专业教学内容和体系改革研究论文集，1998

（15）深化教学改革必须以转变教育思想和更新教育观念为先导，朱志昂，阮文娟，张智慧，杨秀檩. 全国化学教学与改革研讨论文集，1998

（16）物理化学教学如何少而精，朱志昂，阮文娟. 全国化学教学与改革研讨论文集，1998

（17）关于电动势（ζ-电势）计算公式的讨论，张智慧，杨秀檩，朱志昂. 大学化学，1998，13（5），48-50

（18）面向21世纪深化教学改革，提高物理化学教学质量，梁新义，白正晨，朱志昂.1999年天津首届科技论坛集萃，1999

（19）在物理化学教学中注重能力的培养，杨秀檩，张智慧，朱志昂. 1999年天津首届科技论坛集萃，1999

（20）采取有力措施搞好物理化学基础课教学，王淅临，朱志昂. 南开教育论丛，1999，1-2，81

（21）分散度对物质化学活性影响的热力学分析，杨秀檩，张智慧，朱志昂*. 全国化学教学与改革研讨论文集，1998

（22）化学实验教学体制与管理改革的若干措施，郑书良，朱志昂.实验室科学，1999，1，35

（23）教学内容和课程体系的改革总结报告——面向21世纪化学专业教学内容和课程体系改革的研究和实践，袁满雪，吴世华，朱志昂，裴利民.理科03-8项目总结报告和论文，高等学校化学教育研究中心编，2000

（24）物理化学讲授如何"少而精"，胡珍珠，朱志昂*. 北师范学院学报，2000，2（20），87

（25）讲授物理化学中热力学第二定律的讨论，胡珍珠，朱志昂*. 高等理科教育，2001，2，75

（26）加强基地建设，培养高层次优秀化学人才，吴世华，朱志昂，袁满雪，阎世平，裴利民，郑书良. 大学化学，2000，4（15），13

（27）面向二十一世纪，深化教学改革，提高物理化学教学质量，杨秀檩，张智慧，朱志昂*，阮文娟. 内蒙古大学学报（自然科学版），2001，7，249

（28）培养创新型化学人才的探索，程鹏，吴世华，刘双喜，裴利民，朱志昂. 大学化学，2003，18（4），15

（29）物理化学课程教学内容和教学方法的改革，朱志昂. 大学化学，2012，5（27），9-13

（30）关于反应分子数定义的讨论，阮文娟，朱志昂*. 大学化学，2018，33（12），96-99

（31）物理化学课程中如何讲授二学时的统计力学，朱志昂，第六届全国高等学校物理化学（含实验）课程教学研讨会论文集，科学出版社，2016

教材是教学质量的基石。课程组十分重视教材建设。朱志昂教授在"物理化学教程"基础上重新编撰了《近代物理化学》，2004年发行第三版，2008年发行第四版，列入"十一五"国家级教材规划。该教材以百年有关物理化学诺贝尔奖获奖项目为相关部分的讲述背景，融汇了近代物理化学学科前沿知识以及作者多年科学研究的成果和教学的经验，注重宏观与微观的结合，具有鲜明的创新特色，反映了学科的新进展。与该教材配套的还有《物理化学学习指导》。这两套教材作为"南开大学近代化学教材系列"获2009年国家级教学成果一等奖。朱志昂不断研究探索物理化学教材的改革，不断压缩经典内容，讲透物理化学基本原理，适当增加学科前沿内容。2014年出版了第五版教材，为普通高等教育"十二五"国家级规划教材。第六版《物理化学》教材列入科学出版社"十三五"规划教材，已于2018年出版。与教材配套的《物理化学学习指导》已出版三版。这两套教材长期在南开大学及部分兄弟院校使用，是一部享有盛名的高水平的教材。课程组阮文娟教授于2016年出版《物理化学课程导读》，这是作者将多年讲授物理化学课程的经验不断进行归纳总结和提炼的结晶。2017年至2018年，朱志昂录制了10个物理化学难点讲解视频（挂在中科云网站平台）、100个知识点讲解小视频，在2018年出版的第六版《物理化学》教材中直接扫描二维码即可观看。在2020年上半年新冠肺炎疫情期间，朱志昂不仅为物理化学课程教学团队的网上授课提供电子版教材，还提供亲自讲授的10个课程难点讲解视频、57个知识点讲解视频，为抗疫作出积极贡献。

目前课程组研发的与纸质教材配套的还有《物理化学多媒体网络课件》，其中有院士、专家专题报告的视频，有物理化学基本原理在科研中应用的案例库（已有18个视频资料），有大部分章节主讲教师讲授的视频。这是一套在国内居领先水平的立体化教材。

课程组编著出版的教材目录如下：

（1）姚允斌、朱志昂，物理化学教程（上册），1984年4月，第一版，

49万字，长沙，湖南教育出版社

姚允斌、朱志昂，物理化学教程（下册），1985年1月，第一版，40万字，长沙，湖南教育出版社

（2）姚允斌、朱志昂，物理化学教程（上册）（修订本），1991年8月，第二版，44万字，长沙，湖南教育出版社

朱志昂、姚允斌，物理化学教程（下册）（修订本），1991年8月，第二版，47万字，长沙，湖南教育出版社

（3）朱志昂，近代物理化学（上册），2004年9月，第三版，50万字，北京，科学出版社，为南开大学近代化学教材系列的教材，获2009年国家教学成果一等奖

朱志昂，近代物理化学（下册），2004年9月，第三版，47.7万字，北京，科学出版社，为南开大学近代化学教材系列的教材，获2009年国家教学成果一等奖

（4）朱志昂、阮文娟，近代物理化学（上册），2008年6月，第四版，47.5万字，北京，科学出版社，"十一五"国家级规划教材，为南开大学近代化学教材系列的教材，获2009年国家教学成果一等奖

朱志昂、阮文娟，近代物理化学（下册），2008年8月，第四版，48.6万字，北京，科学出版社，"十一五"国家级规划教材，为南开大学近代化学教材系列的教材，获2009年国家教学成果一等奖

（5）朱志昂、阮文娟，物理化学，2014年3月，第五版，95万字，北京，科学出版社，"十二五"国家级规划教材

（6）朱志昂、阮文娟，物理化学（上册），2018年3月，第六版，48万字，北京，科学出版社，"十三五"规划教材。2021年4月被评为首批天津市高校课程思政优秀教材

朱志昂、阮文娟，物理化学（下册），2018年3月，第六版，49万字，北京，科学出版社，"十三五"规划教材。2021年4月被评为首批天津市高校课程思政优秀教材

（7）朱志昂、阮文娟，物理化学学习指导，2006年6月，第一版，64.3万字，北京，科学出版社，为南开大学近代化学教材系列的教材，获2009年国家教学成果一等奖

（8）朱志昂、阮文娟，物理化学学习指导，2012年8月，第二版，70.7万字，北京，科学出版社

（9）朱志昂、阮文娟，物理化学学习指导，2018年3月，第三版，73.5万字，北京，科学出版社

（10）朱志昂译、姚允斌校，化学弛豫基础（英译汉），1985年12月，13万字，长沙，湖南教育出版社

（11）阮文娟，物理化学课程导读，2016年6月，69万字，北京，科学出版社

坚持立德树人，课程目标坚持知识、能力、素质有机融合，培养学生解决复杂问题的综合能力和高级思维，突出创新性。课堂教学是提高教学质量的核心。课程组教师转变教学观念，以学生为本，以使学生掌握牢固的基础知识和培养学生创新思维与创新能力为目标。深化教学内容改革，贯彻少而精的原则，常教常新。压缩经典内容，课时由原来的144学时压缩到讲课119学时（含习题课）。增加学科交叉和前沿内容，例如非平衡态热力学、分子反应动力学、化学振荡等的简介。在讲授物理化学原理时特别强调物理化学将复杂问题简单化和用可测物理量求算不能直接测量的物理量的思维方式与解决问题的方法。在课程教学中，物理化学第一课以诺贝尔化学奖的182位获得者中，约61%是物理化学家或从事物理化学领域研究的科学家为线索，展现物理化学对人类的巨大贡献和重要作用。通过学科前沿典型案例视频、院士、专家的报告，学科前沿内容展讲及网站资源，为学生学习物理化学助力，拓宽学生视野，培养创新思维。

课程组采用讨论式的教学方式。为培养学生自学能力，激发学生的学习热情，从1996年起，每年组织学生撰写学习物理化学小论文，每个学生就与物理化学有关的自己感兴趣的问题，查阅文献，写成论文。并从中选出10名学生（一般一个教学大班学生人数约为90人）的论文制成多媒体上台宣讲，组织课堂讨论，锻炼了学生文献查阅、归纳总结、表达和团队协作能力。还组织学生主讲习题课的翻转课堂使学生的学习更加深入。通过课堂互动、随堂测验和小组讨论及时考查学生学习情况。学生小论文还让每位学生参审7篇匿名论文，这锻炼了学生进行研究性学习的能力。总之，课程组用一切可能的方法调动学生的积极性和主动性。

严字当头：教师为人师表，严格要求自己，认真备课。对学生严格要求，上课经常抽查点名。每次课布置5道作业题，百分之百批改。20世纪八九十年代，物理化学课是一章一考，后仍坚持期中、期末考试和平时小测验。课程成绩由平时成绩、期中考试和期末考试三部分组成，平时成绩

包括课程小论文、专题展讲、测验（>5次）、平时作业四部分。允许学生查看试卷、查看自己的成绩记录。学生成绩做到公开、公平、公正，在分数面前人人平等。对学生严格要求，才能使其打下扎实的基础。历届毕业生校庆返校时，纷纷称赞物理化学课程带给他们的深刻印象，以及对他们工作的指导作用，作为主讲教师倍感欣慰。

早在1985年、1986年暑期，以课程组为核心分别在无锡轻工业学院、南开大学主办了全国物理化学讨论班，交流研讨了编写的教材《物理化学教程》，南开大学的朱志昂、姚允斌及北京大学的高盘良、中国科技大学的罗瑜然等分别作了报告。1987年暑期，物理化学教研室的姚允斌、赵学庄、朱志昂应邀在黑龙江大学化学系举办的物理化学讨论班上讲课，其中朱志昂讲授20学时的"统计力学"，为提高全国物理化学课程教学质量作出了积极贡献。2004年暑期，在教育部举办的西部地区青年教师培训班上（兰州大学），朱志昂教授讲授物理化学20学时。此外，课程组培养了4名进修教师，有湖北师范学院的胡珍珠、山西师范大学的延玺、包头师范学院的周毅和天津第二医学院的邵迎。其中有两位已晋升为教授。课程组发挥了很好的示范辐射作用。

从2007年起，以物理化学课程组为核心，在化学院领导支持下，由朱志昂策划组织，南开大学化学学院和科学出版社联合主办了全国物理化学课程教学研讨会。此后每两年举办一届，至今已举办八届。在研讨会上，课程组介绍了本课程组教学改革和教材建设的成果，讲授了自编物理化学教材中的一些难点内容。在2014年7月举行的第五次研讨会上，朱志昂和阮文娟教授应邀分别作了题为"热力学基本原理的应用"和"化学动力学基本原理的应用"的专题报告，并介绍了非平衡态热力学的课堂教学经验。在2016年7月举行的第六次研讨会上，朱志昂和阮文娟教授应邀作了题为"物理化学课程中如何讲授两学时的统计力学"和"物理化学教学方法改革的尝试——激发学生的学习兴趣和热情"的大会报告。在每届会上，朱志昂均有大会报告。

成果完成人：朱志昂、阮文娟、张智慧、章应辉、李瑞芳

朱志昂教授在历届物理化学教学研讨会上报告的题目如下：

（1）第一届 2007年 烟台大学

① 纳米粒子

② 热力学标准态及热力学函数规定值

③ 高等教育如何培养创新型人才

（2）第二届 2008 年 新乡师范学院

① 物理化学课程中如何介绍非平衡态热力学

② 物理化学课程中如何讲授统计热力学

（3）第三届 2010 年 山东大学

① 在教学中如何培养学生创新能力

② 物理化学教学内容整合与更新的几点思考

（4）第四届 2012 年 陕西师范大学

① 热力学标准态、标准热力学函数及热力学函数规定值

② 浅谈物理化学课程教学方法及教学内容的改革

（5）第五届 2014 年 浙江师范大学 热力学基本原理的应用

（6）第六届 2016 年 四川大学 物理化学课程中如何讲授两学时的"统计力学"

（7）第七届 2018 年 吉林大学

① 关于反应分子数定义的讨论

② 热力学判据中的"自发发生"和"平衡"的由来

③ 64 学时物理化学讲授内容及课时安排

（8）第八届 2021 年 7 月 华中师范大学

谈谈如何建设一流物理化学课程

2015 年以来，课程组朱志昂教授仍活跃在全国物理化学教学领域，他近几年来参加全国教学研讨会所作报告题目如下：

（1）高等教育出版社主办 2015 年 4 月全国物理化学教学研究会第一次会议（青岛）

① 化学平衡教学中化学反应的 ΔG，$\Delta_r G_m$，$\Delta_r G_m^{\infty}$，$\Delta_r G_m^{\theta}$ 和 $(\partial G/\partial \xi)_{T,p}$ 的区别与联系

② 浅谈自发过程

（2）2016 年 8 月全国物理化学教学研究会第二次会议（威海）

① 如何培养学生素质和能力

② 如何在物理化学教学中引入新知识

③ 物理化学课程中如何讲二学时的统计力学

（3）2019 年 7 月全国物理化学教学研究会第五次会议（苏州）：物理化学课程教学内容更新的几点建议

（4）高等教育出版社主办 2019 年 8 月在兴义召开新时期化学类专业教学改革研讨会：以物理化学为例谈谈如何打造一流课程

（5）2018 年 6 月在北京理工大学召开的物理化学教学研讨会：

① 热力学判据中的"自发发生"和"平衡"的由来

② 关于反应分子数定义的讨论

（6）2018 年 4 月南开大学化学学院物理化学学科研讨会：在双一流建设中教师的作用

（7）2019 年 4 月南开大学化学学院物理化学学科研讨会：

① 物理化学教学改革的几点意见

② 关于反应分子数定义的讨论

（8）2021 年 8 月，高等教育出版社举办物理化学教学研讨会腾讯会议，探讨物理化学课程的思政建设

课程组朱志昂教授在 2017 年秋季及 2018 年秋季应西安交通大学钱学森学院邀请为本科生分别讲授一学期的"物理化学"，受到一致好评。在西安期间还为西安科技大学本科生讲授 4 学时的"统计力学"，为陕西师范大学化学学院物理化学教师作了有关"物理化学"教改及如何讲授"统计力学"的报告，发挥了基地名牌课的辐射作用，扩大了南开大学化学的影响力。

物理化学课程组发挥了很好的示范辐射作用，推动了全国物理化学课程的教学改革，为提高全国物理化学课程教学水平作出了积极的贡献。课程组全体教师将以提高教学质量、培养创新性人才为核心，不断努力不断创新，为再创南开化学新百年的辉煌而奋斗。

成果完成人：朱志昂、阮文娟、张智慧、章应辉、李瑞芳

获奖证书

成果名称：物理化学课程建设

成果完成人：朱志昂 阮文娟 张智慧 章应辉 李瑞芳

成果完成单位：南开大学

获奖等级：高等教育天津市级教学成果二等奖

天津市人民政府

二〇〇四年十二月

附 录

南开大学化学学科自 1921 年创建以来,为祖国化学事业的发展作出了巨大贡献。新中国成立后,南开化学坚持以立德树人为核心,以国际学术前沿和国家重大战略需求为导向,在基础研究、成果转化、人才培养等方面取得了一系列创新性成果。据不完全统计,共获得国家级科研教学奖项 42 项,省部级奖项 108 项。

虽然本书编写组已将其中大部分获奖相关成果汇编成书,遗憾的是,仍有部分成果因年代久远、资料缺失,无法在本书中呈现出来,但我们不应忘记老一辈科研工作者为南开化学事业作出的巨大贡献。

以下是南开大学化学学科获得的所有省部级二等奖以上奖励列表(截至 2021 年 8 月),虽经多方查证,但仍难免疏漏,敬请谅解。在此,让我们向为南开化学教学科研事业作出贡献的所有先贤致以最崇高的敬意。

表 1 科研奖项

获奖年度	获奖类别	获奖等级	项目名称	成果完成人	成果主要完成单位
1978	全国科学大会	全国科学大会	D72 强酸阳离子交换树脂等 5 项成果： 1. D72 强酸阳离子交换树脂 2. 分子筛和分子筛催化剂 3. 离子交换法处理电镀含铬废水并回收铬酸的试验研究 4. 201×7 强碱性阴离子交换树脂合成方法的研究 5. 抗菌素生产重大技术改进——链霉素提取树脂的研究	南开大学化工厂	南开大学
1978	全国科学大会	全国科学大会	叶枯净等 7 项成果： 1. 叶枯净（杀菌组杨石先等） 2. 燕麦敌二号 3. 久效磷（合成室杀虫组、生测室、分析室） 4. 三氯杀螨醇（合成杀虫组、分析室） 5. 矮健素 6. 螟蛉畏（合成杀虫组、生测杀虫组及分析室） 7. 有机磷杀虫剂——磷胺及其中间体亚磷酸三甲酯生产技术改进	南开大学元素有机化学研究所	南开大学
1978	全国科学大会	全国科学大会	分子筛和分子筛催化剂等 9 项成果： 1. 分子筛和分子筛催化剂（石油化学专业） 2. 有机闪烁剂（有机教研室） 3. 390 树脂的改进（高分子专业） 4. 铂族元素的极谱催化波研究及其在矿石分析中的应用 5. 电影洗片废液再生回收污水治理 6. 用 290 离子交换树脂再生回收 TSS 显影废液 7. 用 261 离子交换树脂再生回收 CD-2 显影废液 8. 用 0610 离子交换树脂再生回收 CD-3 显影废液 9. 抗菌素生产重大技术改进——链霉素提取树脂的研究	南开大学化学系	南开大学
2019	国家科学技术奖	国家自然科学一等奖	高效手性螺环催化剂的发现	周其林、谢建华、朱守非、王立新	南开大学

续表

获奖年度	获奖类别	获奖等级	项目名称	成果完成人	成果主要完成单位
1993	国家科学技术奖	国家科技进步一等奖	粉锈宁新技术开发	秦裕基、陈宗庭、梁淑君、唐湖、陈强华、李正名、章希知、徐敏、陈雄飞、黄润秋、孙致远、张国凡、梁美发、邵维忠、薛国夏	上海市农药研究所、南开大学、江苏省化工设计院、江苏省建湖农药厂
1985	国家科学技术奖	国家技术发明二等奖	NKF分子筛（ZSM-5分子筛）的新合成方法	李赫咺、项寿鹤、刘述全、吴德明、刘月亭	南开大学
1987	国家科学技术奖	国家自然科学二等奖	有机磷生物活性物质与有机磷化学	杨石先、陈茹玉、陈天池、李正名、杨华铮、李毓桂、金桂玉、唐除痴、邵瑞链、王惠林、刘纶祖、陈其杰	南开大学
1987	国家科学技术奖	国家自然科学二等奖	大孔离子交换树脂及新型吸附树脂的结构与性能	何炳林、张全兴、史作清、钱庭宝、陈洪彬、孙君坦、李效白	南开大学
1990	国家科学技术奖	国家科技进步二等奖	禾草特残留研究	元素所分析室残留组	南开大学
2003	国家科学技术奖	国家自然科学二等奖	分子磁性的基础研究	廖代正、王耕霖、姜宗慧、阎世平、程鹏	南开大学
2007	国家科学技术奖	国家技术发明二等奖	对环境友好的超高效除草剂的创制和开发研究	李正名、王玲秀、王建国、赵卫光、寇俊杰、王素华	南开大学
2009	国家科学技术奖	国家科技进步二等奖	高性能血液净化医用吸附树脂的创制	俞耀庭、董凡、杜智、孔德领、袁直、张广海、王永健、陈长治、李涛	南开大学、珠海丽珠医用生物材料有限公司、天津市第三中心医院
2010	国家科学技术奖	国家自然科学二等奖	环糊精的分子识别与组装	刘育、张衡益、陈湧	南开大学

续表

获奖年度	获奖类别	获奖等级	项目名称	成果完成人	成果主要完成单位
2011	国家科学技术奖	国家自然科学二等奖	几类无机材料的氢、锂、镁储存与电池性能研究	陈军、李玮瑒、陶占良、程方益、马华	南开大学
2014	国家科学技术奖	国家自然科学二等奖	配位聚合物构筑与结构性能调控	卜显和、李建荣、杜淼、胡同亮、曾永飞	南开大学
2018	国家科学技术奖	国家自然科学二等奖	面向能源转化与存储的有机和碳纳米材料研究	陈永胜、万相见、黄毅、田建国、王成扬	南开大学
1992	国家科学技术奖	国家科技进步二等奖	氢化物镍电池实用化学研究*	宋德瑛（合作）	
2003	国家科学技术奖	国家自然科学二等奖	有毒化学污染物形态研究中的联用技术、方法学及相关机理	江桂斌、严秀平、倪哲明、牟世芬、韩恒斌	中国科学院生态环境研究中心、南开大学
2005	国家科学技术奖	国家科技进步二等奖	镍氢电池、电池组及相关材料产业化关键技术的研究与系统集成	吴锋、单忠强、方世璧、陈实、石力开、高学平、毛立彩、曲金秋、王国庆、宋德瑛	北京理工大学、国家高技术新型储能材料工程开发中心、南开大学
2010	国家科学技术奖	国家科技进步二等奖	卷烟危害性评价与控制体系建立及其应用	谢剑平、刘惠民、朱茂祥、钟科军、戴亚、杜文、谢复炜、缪明明、邓家云、聂聪	中国烟草总公司郑州烟草研究院、中国人民解放军军事医学科学院放射与辐射医学研究所、常德卷烟厂、重庆烟草工业公司、长沙卷烟厂、南开大学、红塔烟草(集团)有限责任公司
1982	国家科学技术奖	国家自然科学三等奖	有机化合物结构与性能的关系	高振衡、周一民、潘家杏、王明真	南开大学

续表

获奖年度	获奖类别	获奖等级	项目名称	成果完成人	成果主要完成单位
1983	国家科学技术奖	国家技术发明三等奖	氯甲醚等五种废液的综合治理与回收工艺*	南开大学化工厂李强、王昭宇等	南开大学
1983	国家科学技术奖	国家技术发明三等奖	D390树脂合成工艺及应用于链霉素的精制工艺	何炳林、洪琅、陈曙晓、李燕平、彭钟一	南开大学
1983	国家科学技术奖	国家技术发明三等奖	紫外光谱区激光染料及合成方法	高振衡、周一民、潘家杏、王明真、范秀菊	南开大学
1984	国家科学技术奖	国家技术发明三等奖	测定高价金属元素用的三羟基荧光酮胶束增敏分光光度法	沈含熙、许光惠、王振清、王连生	南开大学
1986	国家科学技术奖	国家科技进步三等奖	农药安全使用标准*	王琴孙	南开大学
1986	国家科学技术奖	国家技术发明三等奖	乙炔二聚反应NS-02新型催化剂	陈荣悌、邓国才、穆瑞才	南开大学
1990	国家科学技术奖	国家技术发明三等奖	差向异构化制备高效（顺反式）氯氰菊酯	黄润秋	南开大学
1991	国家科学技术奖	国家科技进步三等奖	NK-P植物营养素	范秀菊、冯霄、王积涛、程远尤、孟桂兰	南开大学
1999	国家科学技术奖	国家自然科学三等奖	若干生物医学高分子的研究	冯新德、何炳林、卓仁禧、林思聪、马建标	南开大学、北京大学、武汉大学、南京大学
—	—	—	iBonD键能数据库	程津培	南开大学
1985	农业部科学技术奖	农业部技术改进一等奖	农药安全使用标准*	王琴孙	南开大学
1985	国家教委科学技术奖	国家教委科技进步一等奖	有机磷生物活性物质及有机磷化学	杨石先、陈茹玉、陈天池、李正名、杨华铮、李毓桂、金桂玉、唐除痴、邵瑞链、王惠林、刘纶祖、陈其杰	南开大学
1998	教育部科技进步奖	教育部科技进步一等奖	生物医学高分子	冯新德、何炳林、卓仁禧、林思聪、马建标、郭贤权、陈兆和、范昌烈	南开大学、北京大学、武汉大学、南京大学

续表

获奖年度	获奖类别	获奖等级	项目名称	成果完成人	成果主要完成单位
2013	高等学校科学研究优秀成果奖	自然科学一等奖	基于若干先进功能材料的分离分析新方法	严秀平、王荷芳、古志远、吴鹏、何瑜、吴伯岳、常娜、谭津、杨成雄	南开大学
2020	高等学校科学研究优秀成果奖	（科学技术）自然科学一等奖	钠离子电池关键电极材料与反应机制	陈军、张凯、陶占良、程方益、轩喆、王诗文、段文超、朱智强	南开大学
2018	天津市科学技术奖	天津市自然科学特等奖	基于无机-有机杂化的配位空间的构筑与性能研究	卜显和、常泽、许健、赵炯鹏、章应辉	南开大学
1989	天津市科技奖	天津市科学进步一等奖	高效氯氰菊酯	黄润秋、陈学仁、钱宝英	南开大学
2000	天津市科学技术奖	天津市自然科学一等奖	合成受体的分子识别	刘育、尤长城、厉斌、陈荣悌	南开大学
2000	天津市科学技术奖	天津市自然科学一等奖	新型抗癌抗病毒活性磷脂核苷化合物及 α-氨基膦酸衍生物研究	陈茹玉、戴庆周嘉、张成祥、李惠英、黄君珉、迟国臣、陈焕明	南开大学
2001	天津市科学技术奖	天津市自然科学一等奖	超分子金属有机化学研究	张正之、麦松威、支志明、匡善明、徐凤波、李庆山、宋海斌	南开大学
2001	天津市科学技术奖	天津市自然科学一等奖	功能性有机-无机杂化材料的组装与性质研究	程鹏、杨光明、刘欣、李立存、王文珍、寇会忠	南开大学
2002	天津市科学技术奖	天津市自然科学一等奖	功能高级有序结构分子聚集体研究	卜显和、杜淼、张若桦、陈巍、刘河	南开大学
2004	天津市科学技术奖	天津市技术发明一等奖	对环境友好的超高效除草剂的创制和开发研究	李正名、王玲秀、贾国锋、黑中一、王素华、王建国、王红学、赵卫光、李永红、寇俊杰、范志金	南开大学
2004	天津市科学技术奖	天津市自然科学一等奖	新型过渡金属有机化合物的合成、反应、结构和性质研究	宋礼成、胡青眉、范洪涛、路国梁	南开大学

续表

获奖年度	获奖类别	获奖等级	项目名称	成果完成人	成果主要完成单位
2005	天津市科学技术奖	天津市自然科学一等奖	基于合成受体的分子识别及其纳米超分子体系的构筑	刘育、张衡益、陈湧	南开大学
2006	天津市科学技术奖	天津市自然科学一等奖	清洁能源材料与高能化学电源	陈军、袁华堂、王一菁、陶占良、焦丽芳、程方益、蔡锋石	南开大学
2007	天津市科学技术奖	天津市自然科学一等奖	金属组学和环境化学中的分析新技术和新方法研究	严秀平、李妍、尹学博、江焱、吕运开	南开大学
2007	天津市科学技术奖	天津市自然科学一等奖	手性螺环磷配体及其催化剂的设计、合成研究	周其林、谢建华、朱守非、王立新	南开大学
2008	天津市科学技术奖	天津市自然科学一等奖	新型发光配合物的设计、合成和性质研究	程鹏、赵斌、师唯、陈晓燕、廖代正	南开大学
2010	天津市科学技术奖	天津市自然科学一等奖	碳纳米材料制备及其性质研究	陈永胜、黄毅、马延风、田建国、印寿根	南开大学
2011	天津市科学技术奖	天津市自然科学一等奖	新型功能配位聚合物的构筑与结构性能调控	卜显和、胡同亮、李建荣、刘福臣、曾永飞	南开大学
2013	天津市科学技术奖	天津市自然科学一等奖	不对称催化氢化反应研究	周其林、谢建华、朱守非、王立新	南开大学
2015	天津市科学技术奖	天津市自然科学一等奖	大环超分子体系的构筑及其功能	刘育、郭东升、张瀛溟、张衡益、陈湧	南开大学
2016	天津市科学技术奖	天津市自然科学一等奖	微纳结构与电化学能源器件	陈军、程方益、陶占良、张天然、韩晓鹏、马华、朱智强、梁衍亮、张小龙、梁静	南开大学
2017	天津市科学技术奖	天津市自然科学一等奖	功能导向金属-有机框架的设计、合成与性质研究	程鹏、赵斌、师唯、马建功	南开大学
2019	天津市科学技术奖	天津市自然科学一等奖	高容量长寿命纳米电极材料的锂/钠储存研究	焦丽芳、陈军、王一菁、袁华堂、刘永畅、曹康哲、金婷、卢艳莹	南开大学

续表

获奖年度	获奖类别	获奖等级	项目名称	成果完成人	成果主要完成单位
2020	天津市科学技术奖	天津市技术发明一等奖	合成氯乙烯金基无汞催化剂的研发与工业应用	李伟、薛卫东、刘延财、韩冲、关庆鑫、张军锋、宁小钢、傅斌、王寰、董轶望、晁松林、李荣观	南开大学、内蒙古海驰精细化工有限公司、陕西北元化工集团股份有限公司、陕西金泰氯碱化工有限公司
2015	天津市科学技术奖	天津市自然科学一等奖	有机光伏薄膜材料制备及电池性能研究	印寿根、黄毅、万相见、陈永胜、杨利营（外）、秦文静（外）	天津理工大学、南开大学
1981	化工部科学技术奖	化工部科技进步二等奖	甲醇法提取高丙体"六六六"生产技术	冯秀琼、林孝元	南开大学
1985	国家教委科技进步奖	国家教委科技进步二等奖	络合物化学中的线性热力学函数关系*	—	南开大学
1985	国家教委科技进步奖	国家教委科技进步二等奖	有机化合物结构与光性能的关系-氧氮杂环戊二烯类化合物的研究	高振衡、周一民、潘家杏、王明真	南开大学
1985	国家教委科技进步奖	国家教委科技进步二等奖	合成乙醇的新型催化剂-NKC-01	董为毅、李赫咺、高峰	南开大学
1985	国家教委科技进步奖	国家教委科技进步二等奖	稀土有机发光材料及其应用	孙家镇	南开大学
1985	国家教委科技进步奖	国家教委科技进步二等奖	新型吸附树脂和碳化树脂的合成及应用基础研究	何炳林、张全兴、王槐三、于燕生、李效白、钱庭宝、史作清、王补森、施荣富、郭贤权、陈长治、朱孝伦、俞耀庭、王春来、童明容	南开大学
1986	国家教委科技进步奖	国家教委科技进步二等奖	过渡金属有机化合物合成、结构、反应动力学和催化	王序昆、陈寿山、白明彰、张正之、刘以寅	南开大学
1986	国家教委科技进步奖	国家教委科技进步二等奖	氢化物化学	申泮文、汪根时、张允什、周作祥、宋德瑛	南开大学

续表

获奖年度	获奖类别	获奖等级	项目名称	成果完成人	成果主要完成单位
1987	国家教委科技进步奖	国家教委科技进步二等奖	聚合物固载化络合物催化剂	孙君坦、何炳林、李弘、王玉琴	南开大学
1987	国家教委科技进步奖	国家教委科技进步二等奖	硫代磷酰胺脂类化合物的合成及其结构与生物活性的研究	陈茹玉、杨华铮、张岳军、王玲秀、程慕如、王惠林、陈永正	南开大学
1988	国家教委科技进步奖	国家教委科技进步二等奖	大环配体与稀土及P-过渡金属配合物的合成、性质和结构的研究	王耕霖、廖代正、阎世平、姜宗慧、姚心侃	南开大学
1988	国家教委科技进步奖	国家教委科技进步二等奖	新颖铁硫簇合物的合成、反应、结构与构象研究	宋礼成、胡青眉、王积涛	南开大学
1988	国家教委科技进步奖	国家教委科技进步二等奖	树脂法提取甜菊糖新工艺	何炳林、张全兴、朱孝伦、施荣富、史作清	南开大学
1988	国家教委科技进步奖	国家教委科技进步二等奖	NK-P植物营养素	范秀菊、冯霄、王积涛、程远尤、孟桂兰	南开大学
1990	国家教委科技进步奖	国家教委科技进步二等奖	现代光度分析的研究	史慧明、何锡文、崔万苍、张贵珠、李金和	南开大学
1990	国家教委科技进步奖	国家教委科技进步二等奖	农药化学基础研究	李正名、刘天麟、么恩云、王天生	南开大学
1990	国家教委科技进步奖	国家教委科技进步二等奖	含杂原子的磷杂环化合物研究	陈茹玉、杨华铮、刘淮、程磊峰、包容	南开大学
1990	国家教委科技进步奖	国家教委科技进步二等奖	交联反应及其产物的结构与性能的研究	何炳林、史作清、林雪、郭贤权、于占如、王寿亭、赵芬芝	南开大学
1990	国家教委科技进步奖	国家教委科技进步二等奖	溶液配位反应的热力学及动力学研究	陈荣悌、林华宽、刘恒潜、谷宗信、邓国才、朱志昂、梁家昌	南开大学
1992	国家教委科技进步奖	国家教委科技进步二等奖	计算机辅助色最优化分离	王琴荪、高如瑜、朱昌寿、颜炳文	南开大学
1992	国家教委科技进步奖	国家教委科技进步二等奖	新型多核金属有机物及其方法学研究	宋礼成、胡青眉	南开大学

371

续表

获奖年度	获奖类别	获奖等级	项目名称	成果完成人	成果主要完成单位
1992	国家教委科技进步奖	国家教委科技进步二等奖	新型高分子分离材料的设计、合成及其对天然产物的吸附选择性	何炳林、马建标、王补森、史作清、刘永宁	南开大学
1993	国家教委科技进步奖	国家教委科技进步二等奖	金属氢化物镍电池及相关材料的开发研究及应用	张允什、陈景贵、李培良、宋德瑛、刘琳惠、周作祥、汪继强、汪根时、孙洗尘、陈有孝	南开大学、机电部第十八研究院、包钢稀土研究院
1994	国家教委科技进步奖	国家教委科技进步二等奖	桥联多核偶合体系的合成、结构及分子磁工程	廖代正、王耕霖、姜宗慧、阎世平、程鹏	南开大学
1996	教育部科技进步奖	教育部科技进步二等奖	高效薄层色谱优化分离新进展	王琴孙、颜炳文	南开大学
1996	教育部科技进步奖	教育部科技进步二等奖	近十年有机磷生理生物活性物质及有机磷化学有机研究	陈茹玉、唐除痴、刘纶祖、杨华铮、金桂玉	南开大学
1998	教育部科技进步奖	教育部科技进步二等奖	超分子体系中的分子识别	刘育、韩宝航、童林荟、陈荣悌	南开大学、中国科学院兰州化学物理研究所
1998	教育部科技进步奖	教育部科技进步二等奖	新型过渡金属有机物的反应及其合成方法研究	宋礼成、胡青眉、申金玉、王吉全、颜朝国、董育斌	南开大学
1998	教育部科技进步奖	教育部科技进步二等奖	一个新颖的热重排反应的研究	周秀中、徐善生、王佰全、张永强、谢文华	南开大学
1999	教育部科技进步奖	教育部科技进步二等奖	新超高效除草剂#92825等的创新研究	李正名、贾国锋、王玲秀、赖诚明、钱宝英、刘洁、王素华	南开大学
2001	中国高校科学技术奖	科技进步奖二等奖	氢键吸附剂合成、结构和吸附性能研究	史作清、许名成、施荣富、路延龄、郭书印、金晓农、范云鸽、王春红	南开大学
2002	教育部提名国家科学技术奖	自然科学奖二等奖	合成受体的超分子体系及其分子识别与组装研究	刘育、张衡益、陈湧、李莉、赵邦屯	南开大学

续表

获奖年度	获奖类别	获奖等级	项目名称	成果完成人	成果主要完成单位
2005	教育部提名国家科学技术奖	自然科学奖二等奖	配体引导下的分子聚集体构筑与性能研究	卜显和、杜淼、李建荣、张若桦	南开大学
2006	高等学校科学技术奖	科技进步奖二等奖	高精度光敏印章印油的研制及应用	董铁望、李勇刚、贾洪岭、初春、张毅硕、张燕、杨文华、王建军、吴万林、熊汗水	南开大学、天津南开大学戈德防伪技术有限公司
2020	高等学校科学研究优秀成果奖	（科学技术）自然科学二等奖	多孔骨架材料的分析应用基础研究	严秀平、杨成雄、钱海龙、于丽青、李洋、任呼博、代聪	南开大学、江南大学
1979	天津市科学技术奖	天津市科技进步二等奖	胺草磷	陈茹玉、杨华铮、曾强、陈彬、张树奎	南开大学
1993	天津市科学技术奖	天津市科技进步二等奖	离子膜法制烧碱用螯合树脂生产应用技术	张政朴、李贺先、张华、王瑛、陈洪彬	南开大学
1998	天津市科学技术奖	天津市科技进步二等奖	生物合理方法设计合成新农药及其构效关系研究	杨华铮、刘华银、邹小毛、谭惠芬、程慕如	南开大学
1999	天津市科学技术奖	天津市科技进步二等奖	选择性树脂吸附法银杏叶提取物及生产工艺	何炳林、史作清、许名成、路延龄、施荣富、金晓农、欧阳绍江	南开大学
1999	天津市科学技术奖	天津市科技进步二等奖	喹禾灵（禾草克）右旋光学化工艺技术	陈彬、刘凤萍、杨华铮、谭惠芬、杨秀凤	南开大学
1999	天津市科学技术奖	天津市科技进步二等奖	制备电池用氧化亚钴（CoO）的新方法	阎杰、王登国、周震、许光惠、高峰	南开大学
2001	天津市科学技术奖	天津市技术发明二等奖	新型稀土镍基储氢合金（AB2）电极材料及其制备方法	吴锋、宋德瑛、袁华堂、张允什、曲金秋、高学平、汪根时、周作祥	南开大学
2002	天津市科学技术奖	天津市科技进步二等奖	甲氨基阿维菌素苯甲酸盐合成技术	徐凤波、张正之、解放、贺水济、毕富春	南开大学

373

续表

获奖年度	获奖类别	获奖等级	项目名称	成果完成人	成果主要完成单位
2002	天津市科学技术奖	天津市技术发明二等奖	弱酸性阳离子交换树脂	阎虎生、程晓辉、何炳林	南开大学
2002	天津市科学技术奖	天津市自然科学二等奖	有机锡化合物的合成结构及其应用	谢庆兰、李靖、徐效华、郑健禺、张招贵、孙丽娟	南开大学
2003	天津市科学技术奖	天津市科技进步二等奖	固相有机合成载体树脂	史作清、路延龄、范云鸽、施恩富、阎虎生、马玉新、丁杰、杨益忠	南开大学
2003	天津市科学技术奖	天津市自然科学二等奖	富勒烯化学的理论研究	赵学庄、尚贞锋、潘荫明、王贵昌	南开大学
2003	天津市科学技术奖	天津市自然科学二等奖	自由基-金属配合物及多自旋体系的基础研究	姜宗慧、闫世平、赵琦华	南开大学
2003	天津市科学技术奖	天津市自然科学二等奖	金属氢化物-镍电池关键材料研究	高学平、阎杰、王先友、周震、刘剑、叶世海、宋德瑛	南开大学
2004	天津市科学技术奖	天津市自然科学二等奖	纳米新催化材料的制备及其在环保中的应用基础研究	关乃佳、章福祥、陈继新、高文亮	南开大学
2005	天津市科学技术奖	天津市技术发明二等奖	紫外荧光防伪纤维	李伯平、李明智、王淑芳、王旭、张志光、董轶望、施志华、张燕	南开大学
2005	天津市科学技术奖	天津市自然科学二等奖	分子模板——分子识别联用的基础研究和应用	何锡文、陈朗星、李文友、李一峻	南开大学
2006	天津市科学技术奖	天津市技术发明二等奖	新型纳米催化剂设计及在重要化学反应中的应用	李伟、陶克毅、张明慧、李国然、王寰	南开大学
2006	天津市科学技术奖	天津市自然科学二等奖	超分子化学基础研究——识别、组装和化学传感	张正之、徐凤波、曾宪顺、宋海斌、李庆山	南开大学
2006	天津市科学技术奖	天津市科技进步二等奖	红斑狼疮DNA免疫吸附等四种血液净化吸附剂开发研究	俞耀庭、何炳林、董凡、孔德领、袁直、张广海、陈长治、傅国旗	南开大学

续表

获奖年度	获奖类别	获奖等级	项目名称	成果完成人	成果主要完成单位
2008	天津市科学技术奖	天津市自然科学二等奖	金属有机催化及基础理论研究	孙怀林、张坚、谷建丽、张振生、黄学斌	南开大学
2008	天津市科学技术奖	天津市自然科学二等奖	病原体基因及生物大分子检测新方法的研究	沈含熙、孔德明、宓怀风	南开大学
2009	天津市科学技术奖	天津市自然科学二等奖	具有疏水腔的大环化合物选择键合和高级结构构筑	刘育、陈湧、张衡益、郭东升	南开大学
2011	天津市科学技术奖	天津市自然科学二等奖	典型软物质系统自组装行为的研究	李宝会、孙平川、陈铁红、尹玉华、金庆华、丁大同	南开大学
2014	天津市科学技术奖	天津市自然科学二等奖	锂离子电池关键材料的计算研究、设计制备与性能优化	周震、任慢慢、刘璐、唐青、苏利伟、阎杰、魏进平、孙春胜	南开大学
2019	天津市科学技术奖	天津市科技进步二等奖	典型医药及染料中间体源头减排与生产废水资源化关键技术及应用	谷迎春、徐大振、于爱敏、林大勇、沈煜、孟祥太、宋洪海、李庆博	天津城建大学、南开大学、天津理工大学、中国市政工程华北设计研究总院有限公司、天津炜捷制药有限公司
2019	天津市科学技术奖	天津市科技进步二等奖	蔬菜农药残留关键控制技术创新及应用	郭永泽、张玉婷、邵辉、范志金、刘磊、李辉、李娜、刘烨潼	天津市农业质量标准与检测技术研究所、南开大学

注：由于年代久远，标*项目成果完成人及获奖单位等信息有缺失。

表 2　教学奖项

获奖年度	获奖类别	获奖等级	项目名称	成果完成人	成果主要完成单位
2001	高等教育国家级教学成果奖	高等教育国家级教学成果一等奖	《化学元素周期系》多媒体教科书及教学成果	申泮文、车云霞、林少凡	南开大学
2005	高等教育国家级教学成果奖	高等教育国家级教学成果一等奖	构建学生科研平台，努力提高学生创新能力	袁满雪、程鹏、刁虎欣、张开显、金柏江	南开大学
2005	高等教育国家级教学成果奖	高等教育国家级教学成果一等奖	高等化学资源共建共享平台	程鹏、车云霞、高占先、张新祥、刘志广、叶汝强、李炳瑞、马玉龙、沈文霞、李士雨、陈六平、裴伟伟、孙宏伟、张宝申	南开大学
2009	高等教育国家级教学成果奖	高等教育国家级教学成果一等奖	南开大学近代化学教材系列（教材）	申泮文、刘靖疆、乔园园、朱志昂、何锡阳、张邦华、王永梅、陈军、车云霞、李姝	南开大学
1993	国家普通高等学校优秀教学成果奖	国家普通高等学校优秀教学成果二等奖	以"双结合"为龙头，改革金属有机化学教学，培养高层次研究人才	王积涛、宋礼成、周秀中、胡青眉、张蕴之	南开大学
1997	高等教育国家级教学成果奖	高等教育国家级教学成果二等奖	多媒体辅助有机化学及生物教学	林少凡、卜文俊、唐士雄、马宝全、张金碚	南开大学
2005	高等教育国家级教学成果奖	高等教育国家级教学成果二等奖	深化化学课程体系改革，创建《化学概论》精品课程	申泮文、车云霞、李姝、阎晓琦、刘双喜	南开大学
2009	高等教育国家级教学成果奖	高等教育国家级教学成果二等奖	理工复合型人才培养的改革与实践	程鹏、贾绍义、李一峻、夏淑倩、吴世华、张凤宝、杨光明、姜忠义、郑健禺	南开大学

续表

获奖年度	获奖类别	获奖等级	项目名称	成果完成人	成果主要完成单位
2018	高等教育国家级教学成果奖	高等教育国家级教学成果二等奖	全面发展、主动成长——南开大学素质教育体系的探索与实践	龚克、朱光磊、杨克欣、刘立松、杨光明、蒋雅文、白云龙、何璟炜、王成辉、季纳新、杨岚	南开大学
1997	高等教育国家级教学成果奖	高等教育国家级教学成果二等奖	多功能综合性高等化学试题库的研制和应用	袁满雪、朱志昂、阮文娟、曹玉蓉（合作）	北京大学、南京大学、吉林大学、南开大学等
2005	高等教育国家级教学成果奖	高等教育国家级教学成果二等奖	化学类专业创新人才培养的研究与实践	俞庆森、忻新泉、林少凡、王彦广、张劲	浙江大学、南京大学、南开大学
2009	高等教育国家级教学成果奖	高等教育国家级教学成果二等奖	多层次、立体化、系统性无机化学教材新体系的建设	宋天佑、徐家宁、程鹏、程功臻、王杏乔	吉林大学、武汉大学、南开大学
1999	教育部科技进步奖（科技教材类）	教育部科技进步一等奖	有机化学（第三版）	汪小兰、岳延陆	南开大学、高等教育出版社
1993	天津市教学成果奖	普通高校优秀教学成果天津市一等奖	教学与科研紧密结合培养高层次建设人才	杨华铮、刘纶祖、邵瑞链、李国炜、陈寿山	南开大学
2000	天津市教学成果奖	天津市教学成果一等奖	《化学元素周期系》多媒体教科书软件（教材）	申泮文、车云霞、林少凡	南开大学
2000	天津市教学成果奖	天津市教学成果一等奖	《有机化学》（教材）	汪小兰	南开大学
2004	天津市教学成果奖	天津市教学成果一等奖	创建名牌课程的经验——大一化学《化学概论》	申泮文、车云霞、李姝、阎晓琦、刘双喜	南开大学
2004	天津市教学成果奖	天津市教学成果一等奖	构建学生科研平台，努力提高学生创新能力	袁满雪、程鹏、刁虎欣、张开显、金柏江	南开大学

续表

获奖年度	获奖类别	获奖等级	项目名称	成果完成人	成果主要完成单位
2004	天津市教学成果奖	天津市教学成果一等奖	高等化学资源共建共享平台	程鹏、车云霞、高占先、张新祥、刘志广、叶汝强、李炳瑞、马玉龙、沈文霞、李士雨、陈六平、裴伟伟、孙宏伟、张宝申	南开大学
2009	天津市教学成果奖	天津市教学成果一等奖	南开大学近代化学教材丛书(1999—2008)(教材)	申泮文、刘靖疆、乔园园、朱志昂、何锡文、张邦华、王永梅、陈军、车云霞、李姝	南开大学
2009	天津市教学成果奖	天津市教学成果一等奖	以国家级实验教学示范中心为平台,培养创新型高素质优秀化学人才	吴世华、杨光明、程鹏、李一峻、邱晓航、王秋长、李文友、尚贞峰、何尚锦、邱平、张守民、于丽华	南开大学
2009	天津市教学成果奖	天津市教学成果一等奖	理工复合型人才培养的改革与实践	程鹏、贾绍义、李一峻、夏淑倩、吴世华、张凤宝、杨光明、姜忠义、郑健禺	南开大学
2013	天津市教学成果奖	天津市教学成果一等奖	基于现代技术的《结构化学》精品课程的建设与实践	孙宏伟、陈兰、段文勇、沈荣欣、赖城明	南开大学
2018	天津市教学成果奖	天津市教学成果一等奖	化学类专业本科生科研与创新能力培养探索与实践	王佰全、李一峻、程鹏、周其林、邱晓航、郭东升、阮文娟、孙宏伟、杨光明	南开大学
2018	天津市教学成果奖	天津市教学成果一等奖	基础学科拔尖学生的培养的探索与实践	程鹏、许京军、李川勇、余华、陈凌懿、刘方、王佰全、郭军义、卜文俊、杨光明、高翔	南开大学
2018	天津市教学成果奖	天津市教学成果一等奖	培养国际化创新型化学化工复合人才的协同育人机制的建立与实施	王世荣、冯亚青、王佰全、齐崴、夏淑倩、李一峻、孙平川、陈志坚、杨光、卢伟	天津大学、南开大学

378

续表

获奖年度	获奖类别	获奖等级	项目名称	成果完成人	成果主要完成单位
1999	教育部科技进步奖	教育部科技进步二等奖	化学与社会	唐有祺、王夔、华彤文、张泽莹、袁婉清、施开良、廖正衡、刘啸天	北京大学、北京医科大学、南开大学、中山大学、辽宁师范大学、高等教育出版社
2004	天津市教学成果奖	天津市教学成果二等奖	物理化学课程建设	朱志昂、阮文娟、张智慧、章应辉、李瑞芳	南开大学
2004	天津市教学成果奖	天津市教学成果二等奖	化学类专业本科实验教学改革的深化与实践	吴世华、王秋长、杨光明、李文友、程鹏	南开大学
2004	天津市教学成果奖	天津市教学成果二等奖	大学非环境专业学生多渠道多层次环境教育模式	金朝晖、朱琳、吴世华、申江、李群	南开大学

后 记

在"南开大学化学学科创建 100 周年系列丛书"的编写与出版中,我们得到了南开大学党委宣传部、出版社、档案馆、人事处等单位的大力支持,得到了化学学院全体教师、历届校友和社会各界人士的大力支持,得到了诸多早年教师亲属的大力支持。他们给予我们以真诚热情的帮助,提供了大量可资借鉴的珍贵资料,撰写了大量饱含深情的动人文章。正是这么多人的无私奉献和不懈努力,才使我们能够在较短的时间内为读者献上这套洋洋大观的丛书。在此,谨致以我们最诚挚的谢意!

我们还要特别感谢南开大学化学系 1979 级本科校友游少春出资赞助《南开化学百年简史(1921—2021)》的出版,感谢化学系 1994 级本科全体校友出资赞助《南开化学百年耕耘》的出版,感谢化学系 1990 级本科全体校友出资赞助《南开化学百年树人》的出版,感谢丹娜(天津)生物科技股份有限公司出资赞助《南开化学百年贡献》的出版。

受编者的水平和能力所限,书中难免存在疏漏和不足,敬请广大读者批评指正。

南开大学化学学院
2021 年 9 月